Lambacher Schweizer

Mathematik für die Fachhochschulreife

Trainingsheft Analysis

erarbeitet von
Barbara Kemmler, Dr. Stefan Knorr, Ingrid Kolupa,
Siegfried Schwehr, Carsten Kreutz, Manfred Wagner

Ernst Klett Verlag
Stuttgart · Leipzig

Hinweise für Schülerinnen und Schüler	2
I Ganzrationale Funktionen	
Zuordnungen darstellen und interpretieren	3
Der Begriff der Funktion	4
Lineare Funktionen	5
Anwendungen zu linearen Funktionen	7
Einfache quadratische Funktionen und Gleichungen	9
Die allgemeine quadratische Funktion	11
Nullstellen von quadratischen Funktionen	14
Anwendungen zur quadratischen Funktion	15
Potenzfunktionen	17
Einführung ganzrationaler Funktionen – Symmetrie	19
Nullstellen ganzrationaler Funktionen	21
Schnittpunkte von Graphen	24
Bestimmung von Funktionstermen	25
Funktionen aus der Betriebswirtschaft	26
Test	28
II Einführung in die Differenzialrechnung	
Änderungsrate und Steigung	29
Ableiten, Ableitungsfunktion	31
Tangente und Normale	35
Monotonie – Höhere Ableitungen	37
Extremwerte	38
Wendepunkte von Graphen	40
Extremwertaufgaben	41
Extremwerte in der Betriebswirtschaft	44
Bestimmung einer ganzrationalen Funktion	45
Test	46
III Integralrechnung	
Deutung von Flächeninhalten und Berechnungen	47
Integral und Integralfunktion	49
Integral und Stammfunktion – Hauptsatz	51
Flächen zwischen Graph und x-Achse	54
Flächen zwischen zwei Graphen	56
Anwendungen	58
Test	60
IV Exponentialfunktion	
Die Funktion mit $f(x) = c \cdot a^x$	61
Die e-Funktion – Ableiten und Integrieren der Exponentialfunktion	63
Natürlicher Logarithmus – Exponentialgleichungen	65
Berühren – Untersuchungen mit Exponentialfunktionen	67
Exponentielle Wachstums- und Zerfallsprozesse	68
Test	70
V Trigonometrische Funktionen	
Die Funktionen sin und cos	71
Amplituden und Perioden von Sinusfunktionen	72
Verschieben von Graphen von Funktionen	74
Trigonometrische Gleichungen	77
Ableiten trigonometrischer Funktionen	79
Untersuchung von Funktionen	81
Test	84
VI Gebrochenrationale Funktionen	
Potenzfunktionen mit negativen Exponenten	85
Eigenschaften gebrochenrationaler Funktionen	88
Ableitungsregeln	90
Anwendungen – Kurvendiskussion	92
Test	94
Lösungen	95
Stichwortverzeichnis	134

Liebe Schülerinnen und Schüler,

mit diesem Trainingsheft Analysis können Sie sich begleitend zum Unterricht oder konzentriert vor der Prüfungsphase auf den Analysisteil der Abschlussprüfung vorbereiten.

Die Kapitel

In den einzelnen Kapiteln werden die Basisthemen aus Ihrem Analysisunterricht behandelt. Wir haben zusammengestellt, was für eine sichere Grundlage in der Mathematikprüfung notwendig ist.

Die Lerneinheiten

Zu allen zentralen Lerneinheiten der Analysis finden Sie hier jeweils beispielgestützte Zusammenfassungen der wichtigsten Verfahren und Begriffe.

Direkt im Anschluss haben Sie dann selbst die Möglichkeit an weiteren Beispielen Ihr Wissen zu festigen und prüfungsrelevante Aufgaben zu lösen.
Die Lösungen können Sie oft direkt ins Heft schreiben. Manchmal brauchen Sie zusätzliche Blätter für grafische Darstellungen oder Nebenrechnungen.

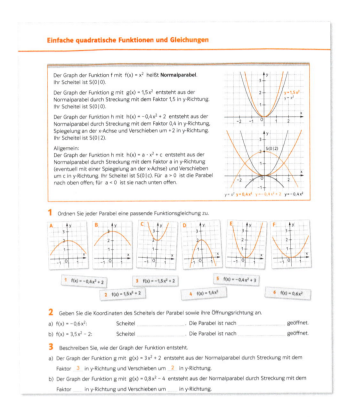

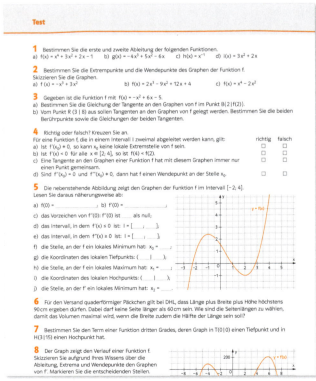

Die Tests

Am Ende jedes Kapitels gibt es einen Test, der die wichtigsten Inhalte noch einmal zusammenstellt und mit Aufgaben abprüft, die auch in einer Klausur gestellt werden könnten.
So bekommen Sie eine Rückmeldung ob und wo Sie noch Übungsbedarf haben.

Die Lösungen

Die Lösungen zu allen Aufgaben und den Tests finden Sie am Ende des Heftes.

Viel Erfolg!

Zuordnungen darstellen und interpretieren

Bei einer **Zuordnung** zwischen zwei Größen wird jedem Wert der ersten Größe ein Wert der zweiten Größe zugeordnet. Eine Zuordnung kann in einer Tabelle dokumentiert oder durch einen Graphen dargestellt werden. Lässt sich die Zuordnung durch einen Term beschreiben, kann für jeden Wert der ersten Größe der zugeordnete Wert der zweiten Größe berechnet werden.

Beispiel: In Großbritannien und den USA wird die Geschwindigkeit von Fahrzeugen üblicherweise nicht in Kilometer pro Stunde $\left(\frac{km}{h}\right)$, sondern in mph = miles per hour angegeben. Jeder Geschwindigkeit v_m in mph kann die dazugehörende Geschwindigkeit v_k in $\frac{km}{h}$ zugeordnet werden. So entspricht z.B. $v_m = 40$ mph nach der Tabelle $v_k = 64,4 \frac{km}{h}$. Berechnet werden kann v_k aus v_m mit dem Term $1,609 \cdot v_m$. Diese Zuordnung kann auch mit einem Graphen dargestellt werden.

v_m in mph	0	20	40	60	80
v_k in km/h	0	32,2	64,4	96,5	129

1 Die Füllmenge V in einem Zylinder der Höhe h mit dem Radius 10 cm lässt sich berechnen gemäß $V = 100\pi \cdot h$ (h in cm, V in cm³). Berechnen Sie die verschiedenen Füllmengen in der Tabelle. Stellen Sie den Zusammenhang in dem Koordinatensystem grafisch dar.

h in cm	0	2	4	6	8
V in cm³					

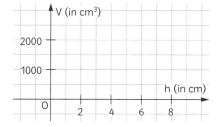

2 Das Diagramm zeigt den Verlauf des Luftdrucks (gemessen in Hektopascal = hPa) beim Durchzug eines sehr starken Hurrikans (in Florida).
a) Wie groß war der Luftdruck jeweils um 18.00 Uhr am 15. bzw. am 16. September?
b) Wie groß war der kleinste Luftdruck? Wann war dies der Fall?
c) Wie lange dauerte es, bis der Luftdruck, ausgehend von 1000 hPa, abnahm und später wieder diesen Wert erreichte?
d) Wie groß war der Luftdruckunterschied vom Beginn bis zum Ende der Messung?

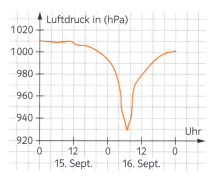

3 Um die Wirkung eines Lauftrainings auf Herz und Kreislauf zu untersuchen wurde von einem Mann, der sich auf einem Laufband bewegt, in Abhängigkeit von der Laufbandgeschwindigkeit (in km/h) die Herzfrequenz (in Herzschläge pro min) gemessen, und zwar vor und nach einem fünfmonatigen Lauftraining.

vor dem Training
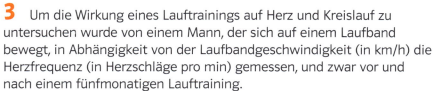

Lauftempo in km/h	0	2	5	10	12
Herzschläge pro Minute	75	82	100	160	175

nach dem Training

Lauftempo in km/h	0	2	5	10	12
Herzschläge pro Minute	58	70	90	155	165

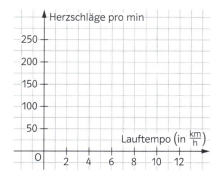

a) Tragen Sie die Werte in das nebenstehende Diagramm ein. Verbinden Sie die zu einer Tabelle gehörenden Punkte miteinander.
b) Um wie viel unterscheiden sich die Herzfrequenzen im untrainierten und trainierten Zustand bei einer Laufbandgeschwindigkeit von $5\frac{km}{h}$, um wie viel bei $12\frac{km}{h}$?
c) Wie groß war jeweils die Laufbandgeschwindigkeit bei einer Herzfrequenz von 125 Schlägen pro min?

I Ganzrationale Funktionen 3

Der Begriff der Funktion

Unter einer **Funktion** versteht man eine Zuordnung, die jedem x aus einer Menge D genau ein y aus einer Menge W zuordnet.
Die Menge D (oder D_f) heißt **Definitionsmenge**, die Menge aller Funktionswerte wird **Wertemenge** W (oder W_f) genannt.

So ist die Zuordnung, bei der jeder Zahl ihr verdoppelter Wert zugeordnet wird, eine Funktion. Man schreibt dafür f(x) = 2x. In diesem Beispiel sind die Definitions- und die Wertemenge jeweils die Menge der reellen Zahlen.

Eine Gleichung wie f(x) = 2x bezeichnet man auch als **Funktionsgleichung**. Der Rechenausdruck 2x heißt Funktionsterm. Es gilt z.B. f(3) = 6. Man nennt 6 bzw. f(3) den **Funktionswert von 3** oder den **Funktionswert an der Stelle x = 3**.

Den **Graphen der Funktion f**, auch **Schaubild** oder **Kurve von f** genannt, erhält man, indem man die Punkte P(x | f(x)) in einem Koordinatensystem abträgt. Der Graph wird z.B. mit K (oder K_f) bezeichnet.

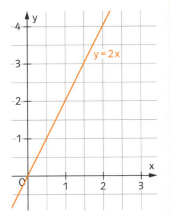

1 Berechnen Sie die Funktionswerte. Geben Sie den Funktionsterm an.

a) Die Zahl x wird halbiert.   f(8) = ____   f(11) = ____   f(−4) = ____   f(−7) = ____   f(x) = _____

b) Die Zahl x wird quadriert.   f(2) = ____   f(10) = ____   f(−4) = ____   f(−3) = ____   f(x) = _____

c) Die Zahl x wird um 3 vergrößert   f(0) = ____   f(4) = ____   f(−3) = ____   f(−4) = ____   f(x) = _____

2 Ergänzen Sie. Fügen Sie bei Teil c) „<" oder „>" ein.

a) f(−2) = 3 bedeutet, dass der Punkt P(____ | ____) auf dem Graphen von f liegt.

b) Der Punkt Q(4 | 1) liegt auf dem Graphen von f, d.h. es ist f(____) = ____.

c) Die Punkte R(3 | −2) und S(5 | 4) liegen auf dem Graphen von f, also ist f(3) ____ 0 und f(5) ____ 0.

3 Lösen Sie näherungsweise mithilfe des Graphen der Funktion.

a) Lesen Sie ab: f(3,5) = _____ ; f(0) = _____ ; f(1,5) = _____ .

b) Geben Sie alle x-Werte an, für die gilt:

   f(x) = 1 _____ ; f(x) = −1 _____

c) Bestimmen Sie c so, dass es genau zwei x-Werte mit f(x) = c gibt.

   $c_1 \approx$ −2,1 ; $x_1 \approx$ −0,3 ; $x_2 \approx$ 3,2 ; $c_2 \approx$ ____ ; $x_1 \approx$ ____ ; $x_2 \approx$ ____ .

d) Bestimmen Sie im Intervall [0; 2,5] den größten bzw. den kleinsten Funktionswert und geben Sie an, an welcher Stelle er angenommen wird. _____

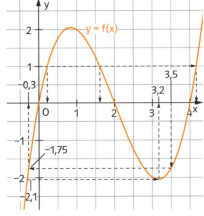

4 Untersuchen Sie die Graphen von f und g.

a) Bestimmen Sie f(2) und g(2): _____

b) Vergleichen Sie f(1) und g(1): _____

c) An welchen Stellen ist f(x) = g(x)? _____

d) Alle Funktionswerte der Funktion ____ sind positiv.

e) Der Funktionswert der Funktion ____ an der Stelle 0 ist negativ.

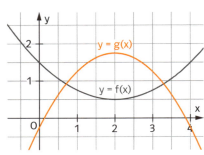

4 | Ganzrationale Funktionen

Lineare Funktionen

Unter einer **linearen Funktion** versteht man eine Funktion f mit
$f(x) = m \cdot x + c$. Ihr Graph ist eine Gerade mit der Gleichung $y = m \cdot x + c$.
Dabei ist m die **Steigung**, c der **y-Achsenabschnitt**.
Für den **Steigungswinkel** α des Graphen gilt: $m = \tan(\alpha)$.

Beispiel: $f(x) = \frac{3}{2}x + \frac{1}{2}$ ist eine lineare Funktion. Ihr Graph ist eine Gerade mit dem y-Achsenabschnitt $\frac{1}{2}$ und der Steigung $\frac{3}{2}$. Das bedeutet, dass bei Vergrößerung eines x-Wertes um 1 der dazugehörende y-Wert um $\frac{3}{2}$ zunimmt.
Man kann den Graphen von f zeichnen, indem man den y-Achsenabschnitt $\frac{1}{2}$ auf der y-Achse abträgt. Dann zeichnet man ein Steigungsdreieck für die Steigung $\frac{3}{2}$ ein, indem man von dort aus um 2 nach rechts und um 3 nach oben geht. Danach zeichnet man eine Gerade durch die beiden Punkte.
Die Gleichung $y = \frac{3}{2}x + \frac{1}{2}$ heißt **Gleichung der Geraden**.
Für den Steigungswinkel ergibt sich: $\tan(\alpha) = \frac{3}{2}$, also $\alpha \approx 56{,}3°$.
Ob ein Punkt auf dem Graphen von f liegt, ergibt eine **Punktprobe**:

$Q\left(2\left|\frac{7}{2}\right.\right)$ liegt darauf, da $f(2) = \frac{3}{2} \cdot 2 + \frac{1}{2} = \frac{7}{2}$;

$R(-1|1)$ liegt nicht darauf, da $f(-1) = \frac{3}{2} \cdot (-1) + \frac{1}{2} = -1 \neq 1$.

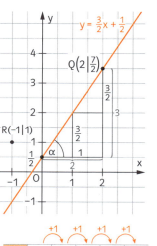

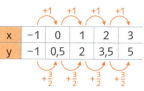

1 Geben Sie die Steigung und den y-Achsenabschnitt an. Führen Sie die Punktprobe durch.

a) $f(x) = 2x + 3$:   Steigung: _____   y-Achsenabschnitt _____   Punktprobe mit P(5|13) _____

b) $f(x) = -0{,}5x - 1$:   Steigung: _____   y-Achsenabschnitt _____   Punktprobe mit P(-2|1) _____

c) $f(x) = 4$:   Steigung: _____   y-Achsenabschnitt _____   Punktprobe mit P(3|4) _____

2 Ergänzen Sie die fehlenden Angaben. Zeichnen Sie die Gerade.

a) $f(x) = 2x - 1$

x	-1	0	1	2
y				

b) Steigung: $-\frac{2}{3}$

y-Achsenabschnitt: 2,5

Funktionsterm _____

c) $y = 3x - 1{,}5$

Steigung: _____

y-Achsenabschnitt: _____

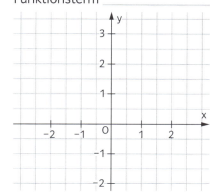

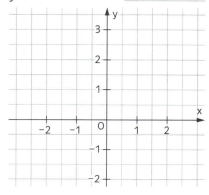

3 Ergänzen Sie die fehlenden Angaben.

a) $f(x) = 0{,}5x - 2$

y-Achsenabschnitt _____

Steigung _____

Steigungswinkel _____

b)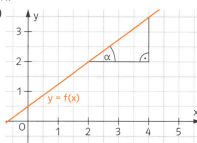

y-Achsenabschnitt _____

Steigung _____

Steigungswinkel $\tan(\alpha) =$ _____

$\alpha \approx$ _____

Funktionsgleichung _____

I Ganzrationale Funktionen 5

Eine Gerade kann durch einen Punkt P(x_P|y_P) und eine Steigung m festgelegt werden. Es gilt

$y = m(x - x_P) + y_P$.

Diese Form der Geradengleichung heißt auch **Punkt-Steigungsform**.

Eine Gerade kann auch durch zwei Punkte P(x_P|y_P) und Q(x_Q|y_Q) festgelegt werden.

Ist $x_P \neq x_Q$, so ergibt sich die Steigung m zu $m = \frac{y_Q - y_P}{x_Q - x_P}$. Für die Geradengleichung folgt dann wie oben $y = m(x - x_P) + y_P$.

Sonderfall: Ist $x_P = x_Q$, so verläuft die Gerade parallel zur y-Achse. Sie hat die Gleichung $x = x_P$. Diese Gerade ist nicht Graph einer Funktion.

Beispiel:
Punkt und Steigung gegeben:
P(−2|4); m = 3
y = 3(x − (−2)) + 4
y = 3x + 10

Zwei Punkte gegeben:
P(2|3); Q(4|7)
$m = \frac{7-3}{4-2} = 2$
y = 2(x − 2) + 3
y = 2x − 1

P(2|3); Q(2|5)
x = 2

4 Der Graph der Funktion f geht durch den Punkt P(3|2). Ermitteln Sie den Funktionsterm von f in der Form f(x) = mx + c, wenn die folgende Zusatzinformation gegeben ist.

a) m = 5; f(x) = _____ b) m = −3; f(x) = _____ c) Q(7|4); f(x) = _____ d) Q(−2|3); f(x) = _____

Um zu überprüfen, ob die Graphen der Funktionen f und g mit $f(x) = m_1 \cdot x + c_1$ und $g(x) = m_2 \cdot x + c_2$ orthogonal zueinander sind, kontrolliert man, ob $m_1 \cdot m_2 = -1$ ist.
Eine zum Graphen von f mit $f(x) = m_1 \cdot x + c_1$ **orthogonale Gerade** erhält man, wenn man deren Steigung gleich $m_2 = -\frac{1}{m_1}$ wählt.

Beispiel: Die Graphen von f mit $f(x) = \frac{3}{2}x - 1$ und g mit $g(x) = -\frac{2}{3}x + 2$ sind zueinander orthogonal, denn es ist $\frac{3}{2} \cdot \left(-\frac{2}{3}\right) = -1$.

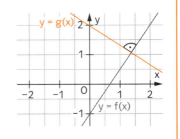

5 a) Überprüfen Sie, ob die beiden Geraden zueinander orthogonal sind: f(x) = 2x + 3; g(x) = 0,5x − 4.
b) Geben Sie zwei Geraden an, die zu dem Graphen von f mit f(x) = 3x + 1 orthogonal sind.

6 In dem Diagramm sind fünf Geraden $g_1, ..., g_5$ eingezeichnet.
a) Ordnen Sie den Geraden, sofern möglich, eine Gleichung, eine Funktionsgleichung oder eine Tabelle zu. Mehrfachzuweisungen sind möglich.
b) Bestimmen Sie die Gleichung der Geraden, die hierbei nicht vorkam. Zeichnen Sie die Gerade ein, deren Gleichung nicht zugeordnet werden konnte.
c) Überprüfen Sie rechnerisch, ob g_2 und g_3 zueinander orthogonal sind.
d) Zeichnen Sie eine zu g_4 orthogonale Gerade g_6 ein. Geben Sie deren Gleichung an.

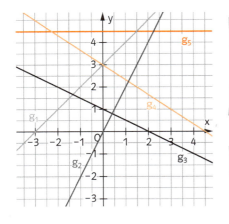

A $f(x) = -\frac{4}{3}x + 4$

B $y = -\frac{2}{3}x + 3$

C $2y = -x + 2$

E $y = 2x$

F $4y + 2x = 4$

D $f(x) = \frac{9}{2}$

G

x	−1	0	1	2	3
y	1,5	1	0,5	0	−0,5

H

x	−1	0	1	2	3
y	−2	0	2	4	6

Anwendungen zu linearen Funktionen

Lagebeziehung zweier Graphen linearer Funktionen
Die zwei Geraden können
sich schneiden,   parallel zueinander liegen,   identisch sein.

Beispiele:

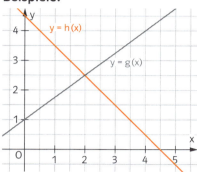 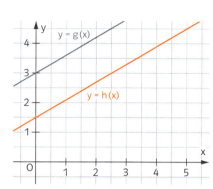 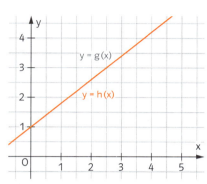

$g(x) = 0{,}75x + 1;$	$g(x) = 0{,}6x + 3;$	$g(x) = 0{,}8x + 1{,}5;$
$h(x) = -x + 4{,}5$	$h(x) = 0{,}6x + 1{,}5$	$h(x) = 0{,}4(2x + 3{,}75)$
gleichsetzen:	gleichsetzen:	gleichsetzen:
$g(x) = h(x)$	$g(x) = h(x)$	$g(x) = h(x)$
$0{,}75x + 1 = -x + 4{,}5 \quad \|+x-1$	$0{,}6x + 3 = 0{,}6x + 1 \quad \|-0{,}6x$	$0{,}8x + 1{,}5 = 0{,}4(2x + 3{,}75)$
$1{,}75x = 3{,}5 \quad \|:1{,}75$	$3 = 1$	$0{,}8x + 1{,}5 = 0{,}8x + 1{,}5$
$x = 2$		$1{,}5 = 1{,}5$
$y = g(2) = 2{,}5$	falsche Aussage	wahre Aussage
Schnittpunkt $S(2 \mid 2{,}5)$	kein Schnittpunkt	identische Geraden

1 In der Zeichnung befinden sich die Graphen K_f, K_g und K_h der Funktionen f, g und h mit $f(x) = -2x + 4$, $g(x) = 1{,}5x - 1$ und $h(x) = 1{,}5x + 2$.

a) Beschriften Sie die Graphen. Lesen Sie aus der Zeichnung Näherungswerte für die Koordinaten der Schnittpunkte ab. _____

b) Berechnen Sie die exakten Koordinaten der beiden Schnittpunkte. Ermitteln Sie die Lage der Graphen.

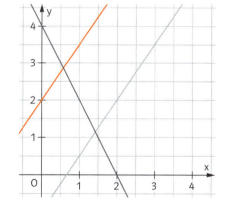

$f(x) = g(x)$ $f(x) = h(x)$
$-2x + 4 = 1{,}5x - 1 \quad | +2x + 1$

Die Graphen zu den Funktionen g und h liegen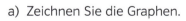

2 Gegeben sind die Funktionen f und g mit $f(x) = -1{,}2x + 3$ und $g(x) = 0{,}8x + 1$.

a) Zeichnen Sie die Graphen.

b) Für welchen x-Wert gilt $f(x) = g(x)$? _____

c) Für welche x-Werte gilt $f(x) < g(x)$? _____

d) Für welche x-Werte gilt $f(x) \geq g(x)$? _____

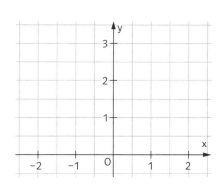

I Ganzrationale Funktionen

Beim Bearbeiten von **Anwendungsaufgaben** mithilfe linearer Funktionen geht man meistens so vor:
1. Aufstellen der geeigneten linearen Funktionen
2. Lösen des mathematischen Problems
3. Interpretation der Lösung

Beispiel: Taxiunternehmen A verlangt 2,10 € Grundgebühr und 1,30 € pro km. Unternehmen B verlangt 2,80 € Grundgebühr und 1,10 € pro km. Ermitteln Sie, bei welchen Entfernungen Unternehmen A günstiger als B ist und umgekehrt. Veranschaulichen Sie die Situation in einem Koordinatensystem.

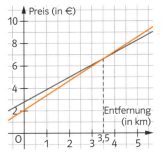

1. A: $f(x) = 1,3x + 2,1$ B: $g(x) = 1,1x + 2,8$
2. $f(x) = g(x)$
   $1,3x + 2,1 = 1,1x + 2,8$ | $-1,1x - 2,1$
   $0,2x = 0,7$ | $: 0,2$
   $x = 3,5$
3. Bis zu einer Entfernung von 3,5 km ist Tarif A günstiger, ab 3,5 km ist es Tarif B.

3 Die geistige Leistungsfähigkeit eines Menschen hängt unter anderem von der Raumtemperatur ab. Nach Untersuchungen sinkt sie von 95 % bei 22 °C auf 75 % bei 26 °C.
a) Um wie viel Prozent pro Grad Celsius nimmt die Leistungsfähigkeit ab?
b) Stellen Sie eine lineare Funktion für den Zusammenhang zwischen Raumtemperatur und Leistungsfähigkeit auf.
c) Wie groß ist die Leistungsfähigkeit bei 28 °C?
d) Bei welcher Temperatur beträgt die Leistungsfähigkeit 100 %?
e) Begründen Sie, dass dieser in b) formulierte Zusammenhang nur begrenzt gültig ist. Berechnen Sie hierzu z. B. die Leistungsfähigkeit, die sich bei 0 °C ergeben würde.

4 In einer Anweisung zur Infusion einer Kochsalzlösung wird empfohlen, die Infusionsgeschwindigkeit im Normalfall auf 4 ml/min einzustellen. Hier werden 500 ml Flaschen betrachtet.
a) Ermitteln Sie, in welcher Zeitspanne eine Flasche zur Hälfte bzw. ganz geleert ist.
b) In einem konkreten Fall wurde die Infusionsgeschwindigkeit nicht genau eingestellt, nach 10 min waren 470 ml in der Flasche. Wie muss die Geschwindigkeit korrigiert werden?
c) In Notfällen kann die Dosiereinrichtung so eingestellt werden, dass eine Flasche schon nach 15 min leer ist. Wie groß ist dann die Dosiergeschwindigkeit?

5 Ein Tank enthält 600 l Flüssigkeit. Pro Tag werden 25 l entnommen.

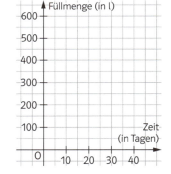

a) Begründen Sie, dass dieser Vorgang mit der Funktion f mit
   $f(x) = 600 - 25x$ (x in Tagen, f(x) in Liter) beschrieben werden kann.
b) Wie viel Flüssigkeit wurde innerhalb von 20 Tagen entnommen, wie viel ist dann noch im Tank?
c) Nach wie vielen Tagen sind noch 200 l enthalten?
d) Zu welchem Zeitpunkt ist der Tank leer?
e) Zeichnen Sie den Graphen von f in das Koordinatensystem.
f) Aus einem anderen Tank mit einem Fassungsvermögen von 400 l werden täglich 5 l entnommen. Geben Sie die Funktion an, die diesen Vorgang beschreibt, und zeichnen Sie deren Graph in das vorliegende Koordinatensystem.
g) Ermitteln Sie grafisch den Zeitpunkt, zu dem die beiden Tanks gleich viel enthalten. Überprüfen Sie Ihr Ergebnis durch eine Rechnung.

6 Zum gleichen Zeitpunkt werden zwei Kerzen angezündet. Die eine ist zu Beginn 15 cm lang, die andere 28 cm. Die erste wird pro Stunde um 1,5 cm kürzer, die andere um 2,5 cm.
a) Wie lang sind die beiden Kerzen nach 4 h?
b) Welche Kerze ist zuerst abgebrannt?
c) Zu welchem Zeitpunkt unterscheiden sich die Kerzenlängen um 5 cm?
d) Zu welchem Zeitpunkt sind die beiden Kerzen gleich lang? Interpretieren Sie das Ergebnis.

8 | Ganzrationale Funktionen

Einfache quadratische Funktionen und Gleichungen

Der Graph der Funktion f mit $f(x) = x^2$ heißt **Normalparabel**.
Ihr Scheitel ist S(0|0).

Der Graph der Funktion g mit $g(x) = 1,5x^2$ entsteht aus der Normalparabel durch Streckung mit dem Faktor 1,5 in y-Richtung.
Ihr Scheitel ist S(0|0).

Der Graph der Funktion h mit $h(x) = -0,4x^2 + 2$ entsteht aus der Normalparabel durch Streckung mit dem Faktor 0,4 in y-Richtung, Spiegelung an der x-Achse und Verschieben um +2 in y-Richtung.
Ihr Scheitel ist S(0|2).

Allgemein:
Der Graph der Funktion h mit $h(x) = a \cdot x^2 + c$ entsteht aus der Normalparabel durch Streckung mit dem Faktor a in y-Richtung (eventuell mit einer Spiegelung an der x-Achse) und Verschieben um c in y-Richtung. Ihr Scheitel ist S(0|c). Für $a > 0$ ist die Parabel nach oben offen; für $a < 0$ ist sie nach unten offen.

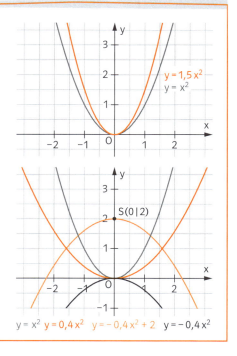

1 Ordnen Sie jeder Parabel eine passende Funktionsgleichung zu.

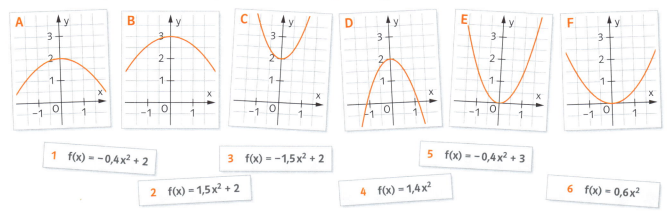

1 $f(x) = -0,4x^2 + 2$
2 $f(x) = 1,5x^2 + 2$
3 $f(x) = -1,5x^2 + 2$
4 $f(x) = 1,4x^2$
5 $f(x) = -0,4x^2 + 3$
6 $f(x) = 0,6x^2$

2 Geben Sie die Koordinaten des Scheitels der Parabel sowie ihre Öffnungsrichtung an.

a) $f(x) = -0,6x^2$: Scheitel _____. Die Parabel ist nach _____ geöffnet.

b) $f(x) = 3,5x^2 - 2$: Scheitel _____. Die Parabel ist nach _____ geöffnet.

3 Beschreiben Sie, wie der Graph der Funktion entsteht.

a) Der Graph der Funktion g mit $g(x) = 3x^2 + 2$ entsteht aus der Normalparabel durch Streckung mit dem Faktor _3_ in y-Richtung und Verschieben um _2_ in y-Richtung.

b) Der Graph der Funktion g mit $g(x) = 0,8x^2 - 4$ entsteht aus der Normalparabel durch Streckung mit dem Faktor ____ in y-Richtung und Verschieben um ____ in y-Richtung.

c) Der Graph der Funktion g mit $g(x) = -3x^2 + 2$ entsteht aus der Normalparabel durch Spiegelung an der x-Achse, Streckung mit _____ und Verschiebung _____.

d) Der Graph der Funktion g mit $g(x) = -x^2 - 2,5$ entsteht aus der Normalparabel durch

_____.

4 Ermitteln Sie die fehlenden Funktionswerte und zeichnen Sie die Graphen der Funktionen f, g und h.
Beschreiben Sie, wie der Graph von h aus dem Graphen von f entsteht.

x	−2,5	−2	−1	0	1	2	2,5
$f(x) = x^2$							
$g(x) = 0,5x^2$							
$h(x) = 0,5x^2 + 1$							

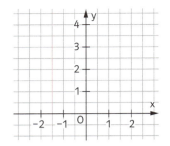

Punktprobe
Um zu entscheiden, ob ein Punkt auf einer Parabel liegt, setzt man seine Koordinaten in die Parabelgleichung ein. Der Punkt P(2|10) liegt auf dem Graphen von f mit $f(x) = 3x^2 − 2$, denn es ist $f(2) = 3 \cdot 2^2 − 2 = 10$. Der Punkt Q(−3|−12) liegt nicht auf dem Graphen von f mit $f(x) = −2x^2 + 4$, denn es ist $f(−3) = −2 \cdot (−3)^2 + 4 = −14 \neq −12$.

5 Überprüfen Sie, ob die angegebenen Punkte auf dem Graphen der Funktion liegen.
a) $f(x) = 1,5x^2 + 3$; P(2|9); Q(−3|16,5)
b) $f(x) = −2x^2 + 0,5$; P(1,5|−4,5); Q(0|−0,5)

6 Der Punkt P liegt auf der Parabel. Ermitteln Sie deren Gleichung.

a) P(−2|6); $y = a \cdot x^2$	b) P(2|12); $y = a \cdot x^2$	c) P(8|−13); $y = a \cdot x^2 + 3$	d) P(−2|8); $y = 2,5x^2 + c$
$6 = a \cdot (−2)^2$ $6 = 4a \quad |:4$ $a = \frac{6}{4} = 1,5$ $y = 1,5x^2$			

Um mögliche Schnittstellen des Graphen der Funktion f mit $f(x) = a \cdot x^2 + c$ und der x-Achse zu ermitteln, löst man die Gleichung $f(x) = 0$, das heißt $a \cdot x^2 + c = 0$.

Beispiel

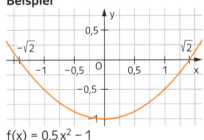

$f(x) = 0,5x^2 − 1$
$0,5x^2 − 1 = 0 \quad |+1$
$0,5x^2 = 1 \quad |:0,5$
$x^2 = 2$
$x_1 = −\sqrt{2}; \; x_2 = \sqrt{2}$
zwei Lösungen

Beispiel

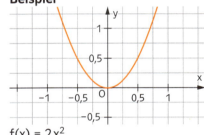

$f(x) = 2x^2$
$2x^2 = 0 \quad |:2$
$x^2 = 0$
$x = 0$
genau eine Lösung

Beispiel

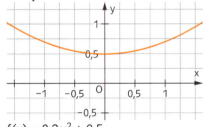

$f(x) = 0,2x^2 + 0,5$
$0,2x^2 + 0,5 = 0 \quad |−0,5$
$0,2x^2 = −0,5 \quad |:0,2$
$x^2 = −0,25 < 0$
keine Lösung

7 Untersuchen Sie den Graphen von f auf Schnittstellen mit der x-Achse.
a) $f(x) = −4x^2$
b) $f(x) = 3x^2 − 12$
c) $f(x) = −1,5x^2 + 1,5$
d) $f(x) = x^2 + 3$

8 Entscheiden Sie, welche der Aussagen richtig sind.

		richtig	falsch
a)	Der Graph der Parabel mit der Gleichung $y = −2,5x^2 + 4$ ist nach oben geöffnet.	☐	☐
b)	Der Scheitel des Graphen von f mit $f(x) = −1,5x^2 + 4$ liegt unterhalb der x-Achse.	☐	☐
c)	Der Punkt P(2|−1) liegt auf dem Graphen der Funktion f mit $f(x) = −x^2 + 3$.	☐	☐
d)	Der Graph von f mit $f(x) = −3x^2 + 2$ schneidet die x-Achse an zwei Stellen.	☐	☐
e)	Eine Parabel mit der Gleichung $y = a \cdot x^2 + 2$ ($a \in \mathbb{R}^*$) schneidet nie die x-Achse.	☐	☐

10 | Ganzrationale Funktionen

Die allgemeine quadratische Funktion

Der Graph der Funktion g mit $g(x) = \frac{1}{3}(x-2)^2 + 1$ entsteht aus dem Graphen der Funktion f mit $f(x) = x^2$ durch Strecken mit dem Faktor $\frac{1}{3}$ in y-Richtung, Verschiebung um +2 in x-Richtung und Verschiebung um +1 in y-Richtung.
Der Scheitel dieses Graphen ist S(2|1).
Der kleinste Wert, d.h. das Minimum der Funktion g, beträgt 1.

Allgemein:
Der Graph der Funktion g mit $g(x) = a(x - x_0)^2 + y_0$ entsteht aus dem Graphen der Funktion f mit $f(x) = x^2$ durch Strecken mit dem Faktor a in y-Richtung, Verschiebung um x_0 in x-Richtung und Verschiebung um y_0 in y-Richtung. Der Scheitel dieses Graphen ist S($x_0|y_0$).
Die Gleichung $g(x) = a(x - x_0)^2 + y_0$ wird auch **Scheitelform** der Parabel genannt.
Durch Ausmultiplizieren der Scheitelform bekommt man die $g(x) = ax^2 + bx + c$.
Ist die Parabel nach oben (unten) geöffnet, so ist der Scheitel der Tiefpunkt (Hochpunkt) der Parabel und y_0 ist das **Minimum (Maximum)** der Funktion g. Minimum oder Maximum einer Funktion nennt man auch **Extremum**.

1 Ordnen Sie jedem Graphen eine passende Funktionsgleichung zu.

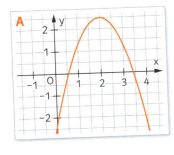
A

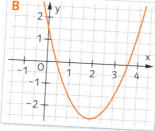
B

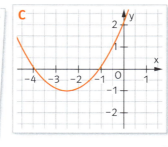
C

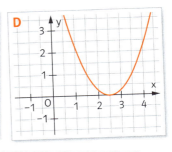
D

1   $f(x) = (x - 2,5)^2$

2   $f(x) = -1,2(x - 2)^2 + 2,5$

3   $f(x) = (x - 2)^2 - 2,5$

4   $f(x) = 0,5(x + 2,5)^2 - 1$

2 Ermitteln Sie jeweils die Funktionsgleichung in der Scheitelform.

a) Die Normalparabel wird mit dem Faktor 0,5 gestreckt und um 2 nach rechts verschoben.

$f(x) = 0,5(\quad\quad\quad)^2$

b) Die Normalparabel wird mit dem Faktor 2 gestreckt, um 4 nach links und um 1 nach oben verschoben.

$f(x) =$

c) Die Normalparabel wird an der x-Achse gespiegelt, mit dem Faktor 1,5 gestreckt, um 3 nach links und um 4 nach oben verschoben.

d) Der Graph von f mit $f(x) = 0,5x^2$ wird um 3 nach rechts und um 2 nach unten verschoben.

e) Der Graph von f mit $f(x) = 3x^2$ wird an der x-Achse gespiegelt, um 2 nach links und um 5 nach oben verschoben.

f) Der Graph von f mit $f(x) = -2(x - 1)^2$ wird an der x-Achse gespiegelt und um 3 nach oben verschoben.

g) Der Graph von f mit $f(x) = 0,5(x + 3)^2$ wird mit dem Faktor 4 in y-Richtung gestreckt und um 9 nach rechts verschoben.

I Ganzrationale Funktionen 11

3 Beschreiben Sie, wie die abgebildeten Graphen jeweils aus dem Graphen der Funktion f mit f(x) = x² entstehen. Geben Sie die Funktionsgleichung an.

g(x) = _____

h(x) = _____

k(x) = _____

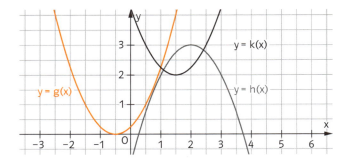

4 Geben Sie die Koordinaten des Scheitels der Parabel an. Geben Sie das Minimum bzw. das Maximum der Funktion f an.

Funktion	a) $f(x) = 3(x-4)^2 + 2$	b) $f(x) = -2(x+3)^2 + 5$	c) $f(x) = -(x-2)^2 - 3$
Scheitel			
Minimum/Maximum			

5 Geben Sie die Terme zweier quadratischer Funktionen an, die

a) an der Stelle x = 2 das Maximum 5 haben: $f(x) = \underline{-4(x-2)^2 + 5}$ $g(x) = \underline{-12(x-2)^2 + 5}$

b) an der Stelle x = 3 das Maximum 7 haben: $f(x) = $ _____ $g(x) = $ _____

c) an der Stelle x = -3 das Minimum 4 haben: $f(x) = $ _____ $g(x) = $ _____

d) an der Stelle x = 0 das Minimum -3 haben: $f(x) = $ _____ $g(x) = $ _____

6 Ermitteln Sie aus der Scheitelform die allgemeine Form.

a) $f(x) = (x-3)^2 + 1$ = $\underline{x^2 - 6x + 9 + 1 = x^2 - 6x + 10}$

b) $f(x) = -2(x-4)^2 + 5$ = $\underline{-2(x^2 - 8x + 16) + 5 = -2x^2 + 16x - 27}$

c) $f(x) = (x-5)^2 + 3$ = _____

d) $f(x) = 3(x+1)^2 - 4$ = _____

e) $f(x) = -\frac{1}{2}(x+2)^2 + 4$ = _____

f) $f(x) = -\frac{1}{3}(x+2)^2 + \frac{7}{3}$ = _____

Mithilfe der **quadratischen Ergänzung** kann man aus der allgemeinen Form die Scheitelform und damit die Scheitelkoordinaten ermitteln.

Beispiel	**Erläuterung**	**allgemein**
$y = 2x^2 - 12x + 14$	Division durch den Vorfaktor	$y = ax^2 + bx + c$
$\frac{y}{2} = x^2 - 6x + 7$	von x²	$\frac{y}{a} = x^2 + px + q$ mit $p = \frac{b}{a}$ und $q = \frac{c}{a}$
$\frac{y}{2} = (x^2 - 2 \cdot 3x + 3^2) - 3^2 + 7$	quadratisch ergänzen	$\frac{y}{a} = \left(x^2 + 2 \cdot \frac{p}{2}x + \left(\frac{p}{2}\right)^2\right) - \left(\frac{p}{2}\right)^2 + q$
$\frac{y}{2} = (x-3)^2 - 2$	als Quadrat schreiben	$\frac{y}{a} = \left(x + \frac{p}{2}\right)^2 - \left(\frac{p}{2}\right)^2 + q$
$y = 2(x-3)^2 - 4$	Multiplikation mit a	$y = a\left(x + \frac{p}{2}\right)^2 + a\left(q - \frac{p^2}{4}\right)$
	Scheitelform	$\frac{p}{2} = \frac{b}{2a}$; $a\left(q - \frac{p^2}{4}\right) = c - \frac{b^2}{4a}$
Scheitel: S(3|-4)		Scheitel $S\left(-\frac{b}{2a} \middle| c - \frac{b^2}{4a}\right)$

12 | Ganzrationale Funktionen

7 Es ist $(x-3)^2 = x^2 - 2\cdot 3x + 3^2 = x^2 - 6x + 9$. Rechnen Sie entsprechend:

a) $(x-5)^2 =$ _____   b) $(x+4)^2 =$ _____

8 Ergänzen Sie quadratisch.

a) $x^2 - 8x + 12 \quad = \left(x^2 - 2\cdot\frac{8}{2}x + \left(\frac{8}{2}\right)^2\right) - \left(\frac{8}{2}\right)^2 + 12 = (x-4)^2 - 4$

b) $x^2 + 10x + 28 = x^2 + 2\cdot\boxed{}\,x + \boxed{}^2 - \boxed{}^2 + 28 = (x + \boxed{})^2\,\boxed{}$

c) $x^2 + 6x - 5 \quad =$ _____

d) $x^2 - 12x - 4 \quad =$ _____

e) $x^2 + 3x - 6 \quad =$ _____

9 Ermitteln Sie die Scheitelform. Geben Sie das Maximum bzw. Minimum der Funktion an.

a) $f(x) = x^2 + 10x + 21$ _____

b) $f(x) = x^2 - 5x + \frac{11}{4}$ _____

c) $f(x) = 2x^2 + 16x + 26$ _____

d) $f(x) = -3x^2 + 30x - 81$ _____

10 Bestimmen Sie den x-Wert des Scheitels.

a) $f(x) = 3x^2 + 12x - 7;\quad a = \underline{\ 3\ };\ b = \underline{\ 12\ };\ x_0 = -\frac{b}{2a} = -\frac{12}{2\cdot 3} = -6$

b) $f(x) = -4x^2 + 14x + 9;\quad a = \underline{\ \ \ };\ b = \underline{\ \ \ };\ x_S =$ _____

Bestimmung von Funktionsgleichungen
Eine typische Aufgabenstellung bei quadratischen Funktionen lautet:
Gegeben ist eine Funktionsgleichung einer quadratischen Funktion mit einer unbekannten Größe. Bekannt ist ein Punkt, der auf dem Graphen von f liegt. Die Funktionsgleichung ist zu bestimmen.
Zum Lösen dieser Aufgabe werden die Koordinaten des Punktes in die Funktionsgleichung eingesetzt, die Gleichung wird nach der unbekannten Variablen aufgelöst.

Beispiel

$f(x) = (x-3)^2 + y_0$ $\qquad\qquad\qquad$ $f(x) = ax^2 - 8x + 1$
P(6|1) liegt auf dem Graphen von f. $\qquad$ P(3|-5) liegt auf dem Graphen von f.
Lösung: $\qquad\qquad\qquad\qquad\qquad\qquad$ Lösung:
$f(6) = 1$ $\qquad\qquad\qquad\qquad\qquad\qquad$ $f(3) = -5$
$1 = (6-3)^2 + y_0$ $\qquad\qquad\qquad\qquad$ $a\cdot 3^2 - 8\cdot 3 + 1 = -5$
$y_0 = -8$ $\qquad\qquad\qquad\qquad\qquad\qquad$ $a = 2$
$f(x) = (x-3)^2 - 8$ $\qquad\qquad\qquad\qquad$ $f(x) = 2x^2 - 8x + 1$

---

11 Der angegebene Punkt liegt auf dem Graphen von f. Bestimmen Sie die Funktionsgleichung von f.

a) $f(x) = 2(x+4)^2 + y_0;\ P(-2|3)$ $\qquad$ b) $f(x) = a(x-2)^2 + 1;\ P(6|9)$

c) $f(x) = 2x^2 + bx;\ P(-3|27)$ $\qquad\quad$ d) $f(x) = ax^2 - 4;\ P(2|-2)$

e) $f(x) = \frac{2}{3}x^2 + c;\ P(-6|25)$ $\qquad\quad$ f) $f(x) = x^2 + bx - 2;\ P(-2|10)$

Nullstellen von quadratischen Funktionen

Eine quadratische Gleichung hat zwei Lösungen, eine oder keine Lösung.

Normalform: $x^2 + px + q = 0$; **p-q-Formel:** $x_{1/2} = -\frac{p}{2} \pm \sqrt{\left(\frac{p}{2}\right)^2 - q}$

zwei Lösungen:
$x^2 - 8x + 12 = 0$
$x_{1/2} = -\frac{-8}{2} \pm \sqrt{\left(\frac{-8}{2}\right)^2 - 12}$
$x_{1/2} = 4 \pm \sqrt{4}$
$x_1 = 2; \ x_2 = 6$

eine Lösung:
$x^2 + 6x + 9 = 0$
$x_{1/2} = -\frac{6}{2} \pm \sqrt{\left(\frac{6}{2}\right)^2 - 9}$
$x_{1/2} = -3 \pm \sqrt{0}$
$x_1 = -\frac{6}{2} = -3$

keine Lösung:
$x^2 + 6x + 11 = 0$
$x_{1/2} = -\frac{6}{2} \pm \sqrt{\left(\frac{6}{2}\right)^2 - 11}$
$x_{1/2} = -3 \pm \sqrt{\underbrace{-2}_{<0}}$
Der Ausdruck unter der Wurzel ist negativ.

allgemeine Form: $ax^2 + bx + c = 0$; **a-b-c-Formel:** $x_{1/2} = \frac{-b \pm \sqrt{b^2 - 4ac}}{2a}$

zwei Lösungen:
$2x^2 - 11x + 12 = 0$
$x_{1/2} = \frac{-(-11) \pm \sqrt{(-11)^2 - 4 \cdot 2 \cdot 12}}{2 \cdot 2}$
$x_{1/2} = \frac{11 \pm \sqrt{25}}{4}$
$x_1 = \frac{3}{2}; \ x_2 = 4$

eine Lösung:
$3x^2 + 24x + 48 = 0$
$x_{1/2} = \frac{-24 \pm \sqrt{24^2 - 4 \cdot 3 \cdot 48}}{2 \cdot 3}$
$x_{1/2} = \frac{-24 \pm \sqrt{0}}{6}$
$x_{1/2} = -\frac{24}{6} = -4$

keine Lösung:
$2x^2 + 12x + 20 = 0$
$x_{1/2} = \frac{-12 \pm \sqrt{12^2 - 4 \cdot 2 \cdot 20}}{2 \cdot 2}$
$x_{1/2} = \frac{-12 \pm \sqrt{-16}}{4}$
Der Ausdruck unter der Wurzel ist negativ.

Eine Gleichung vom Typ $ax^2 + bx + c = 0$ mit $a \neq 0$ kann mittels Division durch a in die Form $x^2 + px + q = 0$ gebracht werden.

1 Bestimmen Sie die Lösungen der Gleichung.
a) $x^2 - 10x + 24 = 0$
b) $2x^2 + 10x + 10{,}5 = 0$
c) $x^2 + 16x + 70 = 0$
d) $3x^2 - 30x + 60 = 0$

2 Welche der angegeben Zahlen kommt am häufigsten, welche am seltensten als Lösung einer der Gleichungen vor?

A $x^2 - 2x - 8 = 0$
B $x^2 - 8x - 48 = 0$
C $2x^2 + 12x + 16 = 0$
D $-3x^2 + 24x + 144 = 0$
E $x^2 + 4x = 0$

$x_1 = 4$
$x_2 = 12$
$x_3 = -2$
$x_4 = -4$
$x_5 = 0$

Satz vom Nullprodukt: Ein Produkt ist gleich Null, wenn einer der Faktoren Null ist.
Beispiel
Es ist $x \cdot (x - 2) = 0$, wenn $x = 0$ oder $x = 2$ ist.
Es ist $(x - 3) \cdot (x + 5) = 0$, wenn $x = 3$ oder $x = -5$ ist.

Zerlegung in Linearfaktoren:
Der Term $x^2 + px + q$ kann genau dann als Produkt der **Linearfaktoren** $(x - x_1)$ und $(x - x_2)$ geschrieben werden, wenn x_1 und x_2 Lösungen der Gleichung $x^2 + px + q = 0$ sind. Dabei kann auch $x_1 = x_2$ sein.
Beispiel
Die Gleichung $x^2 - 8x + 12 = 0$ hat die Lösungen $x_1 = 2; \ x_2 = 6$. Es ist $(x - 2)(x - 6) = x^2 - 8x + 12$.
Die Gleichung $x^2 + 6x + 9 = 0$ hat die Lösung $x_1 = -3$. Es ist $(x + 3)^2 = x^2 + 6x + 9$.

3 Ordnen Sie dem Term das zugehörige Produkt von Linearfaktoren zu.

A $x^2 + 9x - 22$
B $x^2 - 7x$
C $x^2 - 6x + 9$
D $x^2 - 4$
E $x^2 - 3{,}5x + 3$

1 $x(x - 7)$
2 $(x - 2)(x + 2)$
3 $(x - 2)(x + 11)$
4 $(x - 1{,}5)(x - 2)$
5 $(x - 3)^2$

14 | Ganzrationale Funktionen

Anwendungen zur quadratischen Funktion

Quadratische Funktionen treten bei vielen Fragestellungen auf. Oft sind dabei quadratische Gleichungen zu lösen oder die Koordinaten des Scheitels einer Parabel zu bestimmen.

Beispiel
Zur Abgrenzung eines rechteckigen Ackergrundstückes entlang einer Mauer stehen 120 m Draht zur Verfügung.
- Wie müssen die Abmessungen des Rechtecks gewählt werden, damit die umgrenzte Fläche 1350 m² groß wird?
- Wie müssen die Abmessungen des Rechtecks gewählt werden, damit die umgrenzte Fläche möglichst groß wird?
- Wie groß ist der maximale Flächeninhalt?

1. **Variablen festlegen**
   Seitenlängen des Rechtecks (in m): x, y
2. **Funktionsterm aufstellen**
   Flächeninhalt (in m²): A = x · y
3. **Bedingungen formulieren**
   2x + y = 120
   Mithilfe dieser Bedingung kann die Variable y eliminiert werden, womit A nur noch von der Variablen x abhängt. A ist damit eine Funktion von x.
   $A(x) = x \cdot (120 - 2x) = -2x^2 + 120x$

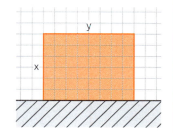

4. **Funktionswerte berechnen, Schaubild zeichnen**

x	0	10	20	30	40	50	60
A(x)	0	1000	1600	1800	1600	1000	0

5. **Gleichungen lösen**
   A(x) = 1350, d.h. $-2x^2 + 120x = 1350$
   Diese quadratische Gleichung hat die Lösungen $x_1 = 15$; $x_2 = 45$
   Die Seite senkrecht zur Mauer sollte also entweder 15 m oder 45 m lang sein. Die Seite parallel zur Mauer ist dann 90 m oder 30 m lang.

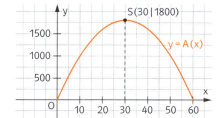

6. **Extremwerte berechnen**
   Die Parabel mit der Gleichung $A(x) = -2x^2 + 120x$ ist nach unten geöffnet. Den größten Funktionswert erhält man somit an der x-Koordinate des Scheitels: $-\frac{120}{2 \cdot (-2)} = 30$, es ist A(30) = 1800.
   Bei einer Seitenlänge von x = 30 m und y = 60 m hat die umzäunte Fläche einen maximalen Flächeninhalt von 1800 m².

---

1 Lösen Sie die in dem obigen Beispiel behandelte Fragestellung in Abhängigkeit von der Grundstücksseite y. Lösen Sie dazu die in Schritt 3 formulierte Bedingung nach x auf und betrachten Sie die Fläche als Funktion von y.

2 Für das Drahtmodell eines Quaders mit quadratischer Grundfläche stehen 40 cm Draht zur Verfügung. Geben Sie den Flächeninhalt der Quaderoberfläche in Abhängigkeit von der Seitenlänge der Grundfläche an.

Variablen festlegen: Seitenlänge der Grundfläche: ____x____, Höhe des Quaders: _____

Oberfläche: O = _____, Bedingung: _____, damit O(x) = _____

3 Bearbeiten Sie Aufgabe 2, indem Sie den Oberflächeninhalt in Abhängigkeit von der Quaderhöhe ermitteln.

4 Der Flächeninhalt eines Rechtecks mit einem Umfang von 60 cm beträgt 144 cm². Bestimmen Sie die Seitenlängen.

5 Es stehen 50 m Maschendraht zur Verfügung, um ein rechteckiges Grundstück einzuzäunen, das an zwei rechtwinklig zueinander stehenden Mauern anschließt.

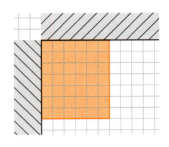

a) Stellen Sie einen Funktionsterm für den Flächeninhalt auf. Ermitteln Sie, für welche Seitenlängen der Flächeninhalt 400 m² betragen kann!
b) Wie groß sind die Seitenlängen zu wählen, damit die umzäunte Fläche möglichst groß ist?
c) Wie groß ist dann die Grundstücksfläche?

6 Ein Auto wird bis zum Stillstand abgebremst. Für den beim Bremsen zurückgelegten Weg (in m) in Abhängigkeit von der seit dem Bremsbeginn verstrichenen Zeit x (in s) gilt f(x) = −5,5x² + 40x. Die zugehörige Parabel ist rechts abgebildet.

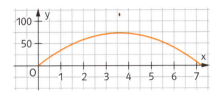

a) Begründen Sie, warum der Teil der Parabel rechts vom Scheitel nicht mehr zu dem Bremsvorgang gehört.
b) Entnehmen Sie der Grafik, wie lange der Bremsvorgang dauert und wie groß der Bremsweg ist.
c) Nehmen Sie Stellung zu der Aussage: „Nach der Hälfte der Bremsdauer hat man die Hälfte der Bremsstrecke zurückgelegt".

7 Der Eintritt für eine Kleinkunstbühne beträgt 12 €. Durchschnittlich kommen 80 Besucher. Eine Preiserhöhung wird geplant. Aufgrund früherer Erfahrungen schätzt man, dass eine Preiserhöhung von 1 €, 2 €, 3 € etc. einen Besucherrückgang von 2, 4, 6 etc. Besuchern nach sich ziehen würde.

a) Wie groß wären die Einnahmen, wenn der Preis um 1 € bzw. um 2 € erhöht würde?

E(1) = _____   E(2) = _____

b) Ermitteln Sie einen Funktionsterm für die Einnahmen in Abhängigkeit von der Preiserhöhung.

Preiserhöhung in €: _x_   Anzahl der bezahlenden Besucher: ____   Einnahmen in €: E(x) = _____

c) Wie könnte man die Einnahmen auf 1110 € steigern?

Gleichung aufstellen: _E(x) = 1110_   Lösungen der Gleichung: _____

Einnahmen von 1110 € werden bei einer Preiserhöhung um _____ bzw. um _____ erzielt.

d) Bei welcher Preiserhöhung wären die größten Einnahmen zu erwarten? Wie groß sind diese?

Wertetabelle:

x	0	5	10	15	20	25	30	35	40
E(x)	960						840	470	0

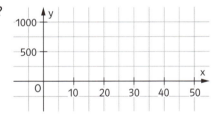

Scheitelkoordinaten: _____

Bei einer Erhöhung um _____ betragen die maximalen

Einnahmen _____.

8 In der Schreibwarenabteilung eines Kaufhauses werden durchschnittlich pro Monat 300 Kugelschreiber zum Preis von 1 € verkauft. Man vermutet, dass bei einer Preissenkung von jeweils 10 ct die Anzahl der verkauften Kugelschreiber jeweils um 60 zunimmt.

a) Begründen Sie, dass die Funktionsgleichung für die Einnahmen in Abhängigkeit von der Preissenkung folgendermaßen geschrieben werden kann: E(x) = −6x² + 30x + 300.
b) Berechnen Sie die Einnahmen für eine Preissenkung von 20 ct.
c) Um wie viel Prozent können die Einnahmen durch die Preisreduktion maximal gesteigert werden?

16 | Ganzrationale Funktionen

Potenzfunktionen

Funktionen f mit $f(x) = x^n$, $n = 1, 2, 3, \ldots$, nennt man **Potenzfunktionen**. Der Graph einer Potenzfunktion wird für $n > 1$ **Parabel n-ter Ordnung** genannt. Die Funktion f mit $f(x) = x^0 = 1$ ist keine Potenzfunktion.

Alle Graphen gehen durch den Punkt P(1|1), d. h. es gilt $f(1) = 1$.

n gerade:
- Der Graph von f ist symmetrisch zur y-Achse.
- Der Graph von f geht durch den Punkt Q(–1|1).
- Die Funktion hat einen kleinsten Funktionswert: $f(0) = 0$.
- Der Graph von f kommt „von oben" und geht „nach oben".

n ungerade:
- Der Graph von f ist punktsymmetrisch zum Ursprung.
- Der Graph von f geht durch den Punkt R(–1|–1).
- Die Funktion hat keinen kleinsten Funktionswert.
- Der Graph von f kommt „von unten" und geht „nach oben".

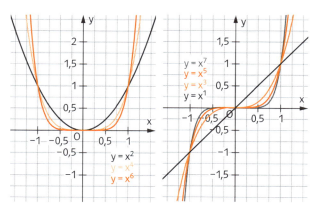

1 Ordnen Sie jeder Funktion die passenden Eigenschaften zu.

(1) Der Graph geht durch P(1|1).
(2) Der Graph geht durch Q(–1|1).
(3) Der Graph geht durch R(–1|–1).
(4) Der Graph ist achsensymmetrisch.
(5) Der Graph ist punktsymmetrisch.
(6) Es ist $f(-1) = 1$.
(7) Es ist $f(-1) = -1$.
(8) Der kleinste Funktionswert ist 0.
(9) Die Funktion hat keinen kleinsten Funktionswert.
(10) Der Graph verläuft von „links oben" nach „rechts oben".
(11) Der Graph verläuft von „links unten" nach „rechts oben".

Funktion	Eigenschaft
$f(x) = x^1$	
$f(x) = x^2$	
$f(x) = x^3$	
$f(x) = x^4$	
$f(x) = x^5$	
$f(x) = x^6$	
$f(x) = x^7$	

2 Ordnen Sie jedem Graphen eine passende Funktion zu. Mehrfachzuordnungen sind möglich.

A $f(x) = x^2$ B $f(x) = x^3$ C $f(x) = x^4$ D $f(x) = x^5$

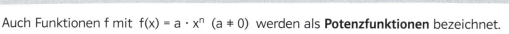

Auch Funktionen f mit $f(x) = a \cdot x^n$ ($a \neq 0$) werden als **Potenzfunktionen** bezeichnet.

Beispiel:
Der Graph von f mit $f(x) = 0{,}5x^3$ entsteht aus dem Graphen von $g(x) = x^3$ durch **Streckung** mit dem Faktor 0,5 in Richtung der y-Achse (s. Fig. 1).

Der Graph von f mit $f(x) = -0{,}2x^4$ entsteht aus dem Graphen von $f(x) = x^4$ durch Streckung mit dem Faktor 0,2 in Richtung der y-Achse und anschließend einer **Spiegelung** an der x-Achse (s. Fig. 2).

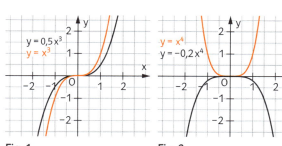

Fig. 1   Fig. 2

3 Skizzieren Sie den Graphen von f in das vorhandene Koordinatensystem.

a) f(x) = 0,25x³　　　　b) f(x) = 2x⁴　　　　c) f(x) = −1,5x³

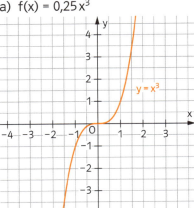
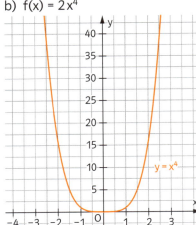
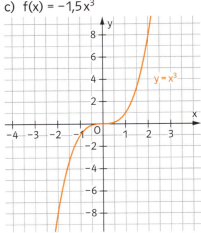

4 Gegeben ist eine Potenzfunktion f mit f(x) = a · xⁿ. Für den Graphen von f gilt:

a) Für gerades n ist der Graph _____ zur y-Achse.

b) Ist n gerade und a < 0, dann kommt der Graph von links _____ und geht nach rechts _____.

c) Kommt der Graph von links unten und geht nach rechts oben, dann ist a _____ und n ist _____.

d) Kommt der Graph von links unten und geht nach rechts unten, dann ist a _____ und n ist _____.

5 Ordnen Sie den Funktionstermen die entsprechenden Graphen zu.

A f(x) = 2x³　　　B f(x) = −1,5x⁴　　　C f(x) = −0,25x³　　　D f(x) = 0,4x⁴

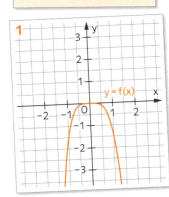
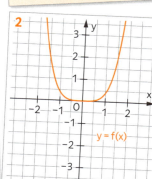
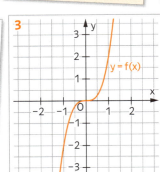
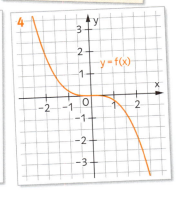

Die Gleichung xⁿ = c hat für
(1) **ungerades** n stets **eine** Lösung.
(2) **gerades** n **zwei** Lösungen, wenn c > 0 ist.
　　　　　　　eine Lösung, wenn c = 0 ist.
　　　　　　　keine Lösung, wenn c < 0 ist.

x³ = −27 hat die Lösung $x_1 = -\sqrt[3]{27} = -3$.
x⁴ = 625 hat die Lösungen $x_{1/2} = \pm\sqrt[4]{625} = \pm 5$.
x⁴ = 0 hat die Lösung $x_1 = 0$.
x⁴ = −625 hat keine Lösung.

---

6 Ergänzen Sie.

a) Die Gleichung x⁴ = 256 hat die Lösungen x_1 = _____ und x_2 = _____.

b) Die Gleichung x³ = 343 hat die Lösung x = _____.

c) Die Gleichung xⁿ = −10 hat dann keine Lösung, wenn n _____ ist.

d) Die Gleichung xⁿ = −24 hat dann eine Lösung, wenn n _____ ist.

e) Die Gleichung xⁿ = k hat dann keine Lösung, wenn n _____ und k _____ ist.

18 | Ganzrationale Funktionen

Einführung ganzrationaler Funktionen – Symmetrie

Terme wie $5x^3 + 7x^2 - 3x + 4$ nennt man **Polynome**. Die Zahlen 5, 7, −3 und 4 heißen **Koeffizienten**. Der Koeffizient ohne x, hier die Zahl 4, heißt **Absolutglied**. Der höchste Exponent ist der **Grad** des Polynoms. Hier ist der Grad gleich 3.

Auch ein Term wie $2(x-3) \cdot (x^2+4)$ ist ein Polynom, denn es ist $2(x-3) \cdot (x^2+4) = 2x^3 - 6x^2 + 8x - 24$. Eine Funktion f, deren Funktionsterm f(x) als Polynom geschrieben werden kann, wird **ganzrationale Funktion** oder **Polynomfunktion** genannt. Der Grad des Polynoms heißt auch der Grad der Funktion. $f(x) = 5x^4 + 7x^2 - 3x + 4$ ist eine ganzrationale Funktion vom Grad 4.

Allgemein versteht man unter einem Polynom vom Grad n $(n \in \mathbb{N})$ einen Term der Form $a_n x^n + a_{n-1} x^{n-1} + \ldots + a_1 x + a_0$ mit reellen Zahlen $a_n, a_{n-1}, \ldots, a_1, a_0$, wobei $a_n \neq 0$ ist. Die ganzrationalen Funktionen vom Grad 1 sind die linearen, die vom Grad 2 die quadratischen Funktionen.

1 Geben Sie den Grad, die Koeffizienten und das Absolutglied der ganzrationalen Funktion an.

a) $f(x) = 2x^3 + x - 4$ Grad: _____   Koeffizienten: 2; 0; 1; −4   Absolutglied: −4

b) $f(x) = -5x^4 + 7x^3 - 0{,}5x^2 + x$ Grad: _____   Koeffizienten: _____   Absolutglied: _____

c) $f(x) = (x+2)(x-3) =$ _____   Grad: _____   Koeffizienten: _____   Absolutglied: _____

2 Geben Sie die ganzrationale Funktion an.

a) Vom Grad 4 mit den Koeffizienten 3; 1; 2; 0; −9   _____

b) Vom Grad 5 mit den Koeffizienten −2; 0; −1; 1; 3; 0   _____

3 Skizzieren Sie den Graphen der Funktionen f in das Koordinatensystem. Geben Sie jeweils an, welche Bedeutung das Absolutglied für den Graphen von f hat.

a) $f(x) = -\frac{1}{4}x^3 + 2x + 1$

b) $f(x) = \frac{1}{5}(x^4 - x^3 - 7x^2 + x + 4)$

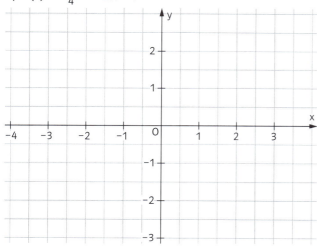
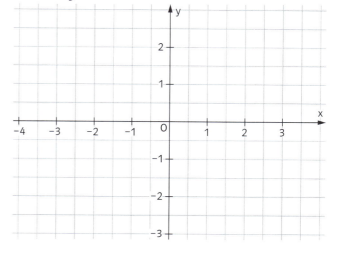

4 Sortieren Sie die Funktionen aufsteigend nach dem Grad.

a) $f_1(x) = (x+3)(3x-4)$; $f_2(x) = x^2(x-2)(x-3)$; $f_3(x) = 5(x+1)(x-4)^2$ _____

b) $g_1(x) = \frac{1}{2}(x^2+4)(x^3-8)$; $g_2(x) = 4x^2(x+3) - 4x^3$; $g_3(x) = -3(x-1)(x^2-2)(x+4)$ _____

I Ganzrationale Funktionen

Verhalten für x gegen Unendlich

Wie sich eine ganzrationale Funktion f vom Grad n mit $f(x) = a_n x^n + a_{n-1} x^{n-1} + \ldots + a_1 x + a_0$ für $x \to \infty$ bzw. für $x \to -\infty$ verhält, kann man an dem Summanden $a_n x^n$ erkennen.

Beispiel:

$f(x) = 0{,}8 x^3 - 0{,}9 x^2 - 0{,}8 x + 1{,}5$

Um zu erkennen, wie sich f für sehr große und sehr kleine Werte von x verhält, genügt es, $p(x) = 0{,}8 x^3$ zu betrachten.
Für $x \to \infty$ gilt: $f(x) \to \infty$.
Für $x \to -\infty$ gilt: $f(x) \to -\infty$.
Man sagt: Der Graph von f kommt von „links unten" und geht nach „rechts oben".

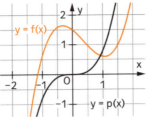

$g(x) = 0{,}5 x^4 - 1{,}2 x^2 + 0{,}9 x + 1$

Um zu erkennen, wie sich g für sehr große und sehr kleine Werte von x verhält, genügt es, $p(x) = 0{,}5 x^4$ zu betrachten.
Für $x \to \infty$ gilt: $g(x) \to \infty$.
Für $x \to -\infty$ gilt: $g(x) \to \infty$.
Man sagt: Der Graph von g kommt von „links oben" und geht nach „rechts oben".

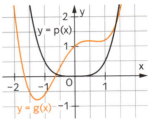

5 Ergänzen Sie.

f(x)	p(x)	für $x \to \infty$	für $x \to -\infty$	Der Graph von f kommt von	geht nach
a) $5x^3 + x^2 - 4x + 9$	$5x^3$	$f(x) \to \infty$		links unten	
b) $-6x^4 + x^3 + 5x$					

Eine Funktion f heißt **gerade Funktion**, wenn ihr Graph symmetrisch zur y-Achse ist.
Sie heißt **ungerade Funktion**, wenn ihr Graph punktsymmetrisch zum Ursprung ist.
Eine ganzrationale Funktion ist gerade, wenn nur gerade Potenzen von x auftreten.
Eine ganzrationale Funktion ist ungerade, wenn nur ungerade Potenzen von x auftreten.

Beispiel: Die Funktion f mit $f(x) = 2x^4 - 5x^2 + 3$ ist eine gerade Funktion. Das Absolutglied 3 kann wie $3 \cdot x^0$ gelesen werden.
Die Funktion g mit $g(x) = -3x^5 - x^3 + 4x$ ist eine ungerade Funktion. Die Funktion h mit $h(x) = 3x^4 + x^3 - 5x^2 + 2$ ist weder gerade noch ungerade. Ihr Graph zeigt keine Symmetrie.

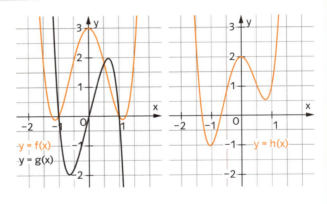

6 Untersuchen Sie, ob die Funktion f gerade, ungerade oder keins von beidem ist.
a) $f(x) = x^4 - x^2 + 1$
b) $f(x) = 2x^3 - 4x$
c) $f(x) = x^3 - 3x^2 - 2x$
d) $f(x) = 2x^5 - 4x^3 + x$
e) $f(x) = x^3 + 1$

7 Ordnen Sie jedem Funktionsterm den passenden Graphen zu.

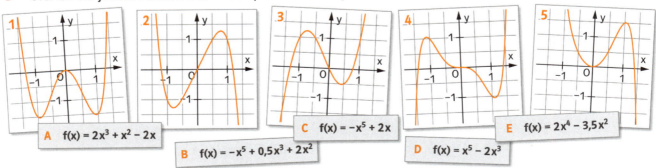

A $f(x) = 2x^3 + x^2 - 2x$
B $f(x) = -x^5 + 0{,}5x^3 + 2x^2$
C $f(x) = -x^5 + 2x$
D $f(x) = x^5 - 2x^3$
E $f(x) = 2x^4 - 3{,}5x^2$

Nullstellen ganzrationaler Funktionen

Die Funktion f mit $f(x) = x^3 + x^2 - 2x$ hat die **Nullstelle** $x_1 = -2$, denn es ist $f(-2) = (-2)^3 + (-2)^2 - 2(-2) = -8 + 4 + 4 = 0$.
Der Punkt $N(-2|0)$ ist ein Schnittpunkt des Graphen von f mit der x-Achse. Die anderen Nullstellen von f sind $x_2 = 0$ und $x_3 = 1$.

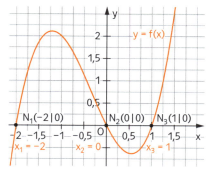

Beispiele für die Berechnung von Nullstellen einer ganzrationalen Funktion f:

– f eine **lineare Funktion**: $f(x) = 3 \cdot x - 12$
  Aus $3x - 12 = 0$ folgt $x = 4$.
  Nullstelle von f: $x = 4$

– f eine **quadratische Funktion**: $f(x) = x^2 + 3x - 18$.
  $x^2 + 3x - 18 = 0$ hat die Lösungen $x_1 = -6$; $x_2 = 3$.
  Nullstellen von f: $x_1 = -6$, $x_2 = 3$.

– **f vom Grad 3 oder höher – ohne Absolutglied:**
  $f(x) = x^3 - 3x^2 - 28x$
  $x^3 - 3x^2 - 28x = 0$ | Ausklammern
  $x(x^2 - 3x - 28) = 0$ | Satz vom Nullprodukt
  $x = 0$ oder $x^2 - 3x - 28 = 0$
  $x^2 - 3x - 28 = 0$ hat die Lösungen −4 und 7.
  Nullstellen von f: $x_1 = -4$, $x_2 = 0$ und $x_3 = 7$.

– Die Nullstellenberechnung führt auf eine **biquadratische Gleichung**:
  $f(x) = x^4 - 10x^2 + 9$
  $x^4 - 10x^2 + 9 = 0$
  Mit der Substitution $z = x^2$ ergibt sich die Gleichung $z^2 - 10z + 9 = 0$ mit den Lösungen $z_1 = 1$, $z_2 = 9$.
  Resubstitution:
  $z_1 = 1$: $x^2 = 1$, d.h. $x = -1$ oder $x = 1$
  $z_2 = 9$; $x^2 = 9$, d.h. $x = -3$ oder $x = 3$
  Nullstellen von f: $x_1 = -1$; $x_2 = 1$; $x_3 = -3$; $x_4 = 3$

1 Lesen Sie die Nullstellen der Funktion aus dem Graphen ab.

a)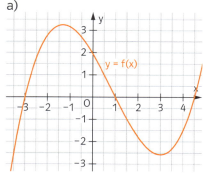
Nullstellen: _____

b)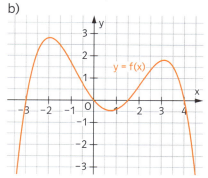
Nullstellen: _____

c)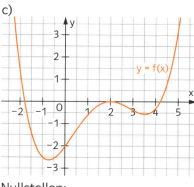
Nullstellen: _____

2 Bestätigen Sie, dass die angegebenen Werte Nullstellen der Funktion f sind.
a) $f(x) = x^2 - 10x + 24$; $x_1 = 4$; $x_2 = 6$
b) $f(x) = (2x - 5)(x + 3)$; $x_1 = -3$; $x_2 = 2{,}5$
c) $f(x) = x^3 - 5x$; $x_1 = -\sqrt{5}$; $x_2 = 0$; $x_3 = \sqrt{5}$
d) $f(x) = (x - 4)(x^2 + 3)$; $x_1 = 4$

3 Ermitteln Sie die Nullstellen der Funktion (sofern vorhanden)
a) mithilfe des Satzes vom Nullprodukt.
   (1) $f(x) = (4x - 2)(x + 5)$
   (2) $f(x) = (x - 3)^2(x + 1{,}5)$
   (3) $f(x) = x(x^2 - 7)$
   (4) $f(x) = (5 + 2x)x^3$
   (5) $f(x) = (x - 2)(x^4 + 6)$
   (6) $f(x) = (x^2 + 1)(x^2 + 2)$
b) durch Ausklammern.
   (1) $f(x) = x^2 - 5x$
   (2) $f(x) = 2x^3 + 8x$
   (3) $f(x) = x^3 - 6x^2$
c) mittels einer Substitution.
   (1) $f(x) = x^4 - 25x^2 + 144$
   (2) $f(x) = x^4 - 4x^2 - 12$
   (3) $f(x) = x^4 + 8x^2 + 16$
   (4) $f(x) = x^6 + 117x^3 - 1000$
   (Tipp zu (4): Wählen Sie die Substitution $z = x^3$)
d) mit Methoden Ihrer Wahl.
   (1) $f(x) = x^3 + x^2 - 20x$
   (2) $f(x) = x^5 - 13x^3 + 36x$
   (3) $f(x) = 2(x^3 - 3x)(x^4 + 1)$

4 Ordnen Sie den Nullstellen die zugehörigen Funktionsterme zu. Mehrfache Zuordnungen sind möglich.

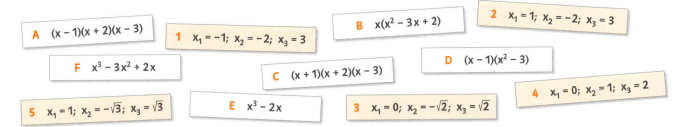

Hat die ganzrationale Funktion f vom Grad 3 die Nullstelle x_1, so lässt sich f schreiben als Produkt $f(x) = (x - x_1) \cdot g(x)$ mit einer Funktion g vom Grad 2.

g kann mithilfe der **Polynomdivision** ermittelt werden. Weitere mögliche Nullstellen von f bekommt man durch Lösen der quadratischen Gleichung $g(x) = 0$.

Man sagt, dass der **Linearfaktor** $(x - x_1)$ abgespalten wurde.
Entsprechend kann man bei einer ganzrationalen Funktion f vom Grad n mit der Nullstelle x_1 durch Abspalten des Linearfaktors $(x - x_1)$ eine ganzrationale Funktion g vom Grad $n - 1$ ermitteln, sodass gilt: $f(x) = (x - x_1) \cdot g(x)$.

Die Funktion f mit $f(x) = x^3 + 4x^2 - 11x - 30$ hat die Nullstelle $x_1 = 3$. Die Division durch $(x - 3)$ ergibt

$$
\begin{array}{l}
(x^3 + 4x^2 - 11x - 30) : (x - 3) = x^2 + 7x + 10 \\
\underline{-(x^3 - 3x^2)} \\
\quad\quad 7x^2 - 11x \\
\quad\quad \underline{-(7x^2 - 21x)} \\
\quad\quad\quad\quad 10x - 30 \\
\quad\quad\quad\quad \underline{-(10x - 30)} \\
\quad\quad\quad\quad\quad\quad 0
\end{array}
$$

Es ist
$f(x) = x^3 + 4x^2 - 11x - 30 = (x - 3) \cdot (x^2 + 7x + 10)$.
Die Gleichung $x^2 + 7x + 10 = 0$ hat die Lösungen -2 und -5. Die **Linearfaktorzerlegung** von f ist $f(x) = (x - 3) \cdot (x + 5) \cdot (x + 2)$.

---

5 Führen Sie die Polynomdivision durch.

a) $(x^3 - 9x^2 + 26x - 24) : (x - 2)$

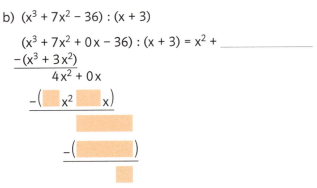

b) $(x^3 + 7x^2 - 36) : (x + 3)$

c) $(x^3 - 19x - 30) : (x + 2)$

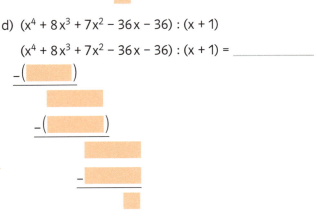

d) $(x^4 + 8x^3 + 7x^2 - 36x - 36) : (x + 1)$

22 | Ganzrationale Funktionen

6 Ermitteln Sie alle Nullstellen von f. x_1 ist eine Nullstelle von f.
a) $f(x) = x^3 - 7x^2 - 6x + 72$; $x_1 = 4$
b) $f(x) = x^3 - 19x + 30$; $x_1 = -5$
c) $f(x) = x^3 - 3x^2 + 4x - 12$; $x_1 = 3$

Vielfachheit von Nullstellen
Eine ganzrationale Funktion f vom Grad n hat höchstens n Nullstellen, d.h. in ihrer Darstellung mit Linearfaktoren kommen höchstens n Linearfaktoren vor.
Kommt ein Linearfaktor $(x - x_1)$ genau k mal vor, so nennt man x_1 eine **k-fache Nullstelle**.
Die Funktion $f(x) = (x - 2)(x + 1)^2(x - 1)^3$ hat die einfache Nullstelle 2, die doppelte Nullstelle −1 und die dreifache Nullstelle 1. Bei den mehrfachen Nullstellen von f berührt der Graph von f die x-Achse.

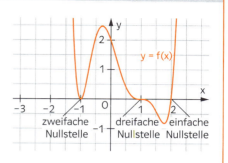

---

7 Geben Sie die Nullstellen mit ihrer Vielfachheit an.

a) $f(x) = (x - 3)(x + 4)^2$: $x_1 = 3$ einfach; $x_2 = -4$ zweifach

b) $f(x) = 5x(x + 2)^3(x - 4)^2$:

c) $f(x) = -3x(x + 1)^3 x^2 (x + 1)^2$:

8 Geben Sie eine ganzrationale Funktion an, welche die angegebenen Nullstellen mit der angegebenen Vielfachheit haben.

a) $x_1 = 7$ doppelt; $x_2 = -2$ dreifach: $f(x) = (x - \;\;\;)^{\;\;\;}(x + \;\;\;)^{\;\;\;}$

b) $x_1 = -5$ einfach; $x_2 = 0$ doppelt; $x_3 = 8$ vierfach

c) $x_1 = -2$ einfach; $x_2 = 2$ einfach; $x_3 = 0$ vierfach

9 Ordnen Sie dem Graphen die passende Funktionsgleichung zu. Mehrfachnennungen sind möglich.

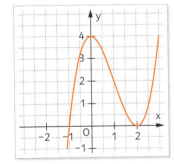

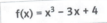

$f(x) = x^3 - 3x + 4$

$g(x) = (x - 1)(x + 2)^2$

$h(x) = x^3 - 3x^2 + 4$

$i(x) = (x - 2)^2(x + 1)$

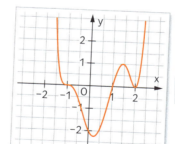

$f(x) = \frac{1}{2}(x - 1)(x - 2)^2(x + 1)^3$

$g(x) = 0{,}5(x - 2)(x + 1)^2(x - 1)^3$

$h(x) = x^4 + 2x^3 - 2x - 2$

10 Welche der folgenden Behauptungen über ganzrationale Funktionen sind richtig?   richtig   falsch
a) Es gibt eine Funktion vom Grad 3, deren Graph die x-Achse viermal schneidet.   ☐   ☐
b) Hat eine Funktion 3. Grades drei verschiedene Nullstellen, so liegt die mittlere genau in der Mitte zwischen den beiden anderen Nullstellen.   ☐   ☐
c) Eine Funktion $f(x) = x^3 + bx^2 + cx - 4$ ($b, c \in \mathbb{R}$) kann die Nullstelle $x = 0$ haben.   ☐   ☐
d) Die Schnittpunkte des Graphen einer Funktion $f(x) = x^4 + bx^2 + c$ mit der x-Achse liegen symmetrisch zum Ursprung.   ☐   ☐
e) Eine Funktion f mit $f(x) = x \cdot (x^2 + bx^2 + c)$ kann eine, zwei oder 3 Nullstellen haben.   ☐   ☐
f) Eine Funktion mit drei verschiedenen Nullstellen hat den Grad 3.   ☐   ☐
g) Es gibt eine Funktion vom Grad 3, die genau die einfachen Nullstellen 1 und 2 hat.   ☐   ☐
h) Es gibt Funktionen vom Grad 4 mit zwei doppelten Nullstellen.   ☐   ☐
i) Die Funktion f mit $f(x) = x \cdot (x^2 - 4)$ hat 0 als einfache und 4 als doppelte Nullstelle.   ☐   ☐

Schnittpunkte von Graphen

Zur Berechnung der Koordinaten der **Schnittpunkte der Graphen von zwei Funktionen** f und g löst man die Gleichung $f(x) = g(x)$. Umgeformt ergibt dies $f(x) - g(x) = 0$. Die y-Werte der Schnittpunkte bekommt man, indem man die Lösungen in f bzw. g einsetzt.

Beispiel: $f(x) = -x^2 + 0{,}5x + 2$, $g(x) = -x^3 - x^2 + 1{,}5x + 2$
Lösung: $f(x) = g(x)$
$-x^2 + 0{,}5x + 2 = -x^3 - x^2 + 1{,}5x + 2$
$x^3 - x = 0$
$x(x^2 - 1) = 0$
$x = 0$ oder $x^2 - 1 = 0$
$x = 0$ oder $x = 1$ oder $x = -1$
Es ist $f(0) = 0$, $f(1) = 1{,}5$; $f(-1) = 1$.
Schnittpunkte sind damit $S_1(-1|1)$, $S_2(0|2)$, $S_3(1|1{,}5)$.

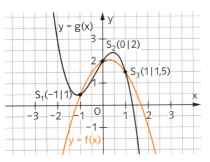

1 Überprüfen Sie, ob die angegebenen Zahlen x-Werte von den Schnittpunkten der Graphen der beiden Funktionen sind. Geben Sie die Schnittpunkte an.

a) $f(x) = x^2 - 1$; $g(x) = 2x + 2$; $x_1 = -1$; $x_2 = 3$ $f(-1) = $ ___ ; $g(-1) = $ ___ ; $S_1($ ___ | ___ $)$; $S_2($ ___ | ___ $)$

b) $f(x) = x^3 - 5x - 5$; $g(x) = 8x + 7$; $x_1 = -3$; $x_2 = -1$; $x_3 = 5$ _____

2 Lesen Sie aus den Graphen die Koordinaten der Schnittpunkte ab. Überprüfen Sie Ihre Werte mit einer Rechnung. Ermitteln Sie gegebenenfalls weitere, nicht in der Abbildung sichtbare Schnittpunkte.

a)
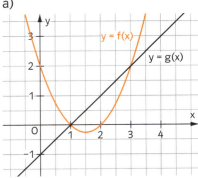
$f(x) = x^2 - 3x + 2$
$g(x) = x - 1$

b)
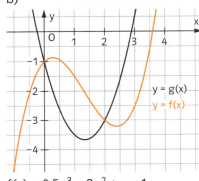
$f(x) = 0{,}5x^3 - 2x^2 + x - 1$
$g(x) = 1{,}5x^2 - 4x - 1$

c)
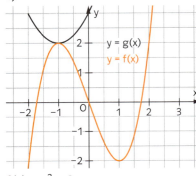
$f(x) = x^3 - 3x$
$g(x) = x^2 + 2x + 3$

3 Bestimmen Sie die Schnittpunkte.
a) $f(x) = x^2 - x - 0{,}75$; $g(x) = -2x + 3$
b) $f(x) = x^2 + 2x - 1$; $g(x) = 2x + 1$
c) $f(x) = -0{,}5x^2 + 3x + 1$; $g(x) = 0{,}5x^2 + 1$
d) $f(x) = 0{,}5x^3 + x^2 - 2x$; $g(x) = -0{,}5x^3 - x^2 + 3x$

4 Ermitteln Sie zwei Funktionen f und g, für welche die angegebenen Werte Schnittstellen ihrer Graphen sind. Machen Sie die Probe, d.h. lösen Sie anschließend die Gleichung $f(x) = g(x)$.

a) $x_1 = -2$; $x_2 = 3$: Ansatz: $(x \underline{+2})(x \underline{-3}) = 0$, d.h. $\underline{x^2 - x - 6 = 0}$ _____ . Die

Gleichung $\underline{x^2 - x - 6 = 0}$ lässt sich z.B. umformen zu $\underline{x^2 = x + 6}$. Damit: $f(x) = \underline{x^2}$; $g(x) = \underline{x+6}$.

b) $x_1 = 1$; $x_2 = 4$: Ansatz: $(x$ ___ $)(x$ ___ $) = 0$, d.h. $\underline{x^2 = 0}$.

Die Gleichung _____ lässt sich z.B. umformen zu _____ . Damit: $f(x) = $ ___ ; $g(x) = $ ___ .

c) $x_1 = -2$; $x_2 = 4$: Ansatz: _____

_____

d) Wäre für die Aufgabe in c) die Gleichung $(x + 2)^2(x - 4) = 0$ auch ein möglicher Ansatz?

24 | Ganzrationale Funktionen

Bestimmung von Funktionstermen

Zur **Bestimmung einer ganzrationalen Funktion**, deren Graph durch bestimmte Punkte verlaufen soll, kann man so vorgehen:

1. Aufstellen des Funktionsterms von f mit unbekannten Koeffizienten.
   Dabei gegebenenfalls Vorgaben über den Grad von f oder Symmetrie des Graphen von f berücksichtigen.
2. Umformulieren der Bedingung „der Punkt $P(x_P | y_P)$ liegt auf dem Graphen von f" in die Gleichung $f(x_P) = y_P$.
3. Lösen des Gleichungssystems für die Koeffizienten und Angabe der ermittelten Funktion.

Beispiel
Der Graph einer ganzrationalen Funktion 4. Grades ist achsensymmetrisch zur y-Achse. Er geht durch die Punkte P(0|2), Q(1|0,5) und R(2|2). Bestimmen Sie den Funktionsterm.

1. Ansatz: Wegen der Achsensymmetrie ist f eine gerade Funktion 4. Grades, d.h.
   $f(x) = ax^4 + bx^2 + c$.

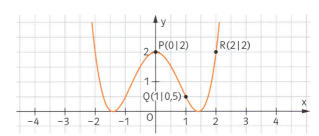

2. Gleichungen aufstellen:
   (1) P(0|2): f(0) = 2,   d.h.   c = 2
   (2) Q(1|0,5): f(1) = 0,5,   d.h.   a + b + c = 0,5
   (3) R(2|2): f(2) = 2,   d.h.   16a + 4b + c = 2

3. Gleichungssystem lösen:
   c = 2 in (2) und (3) eingesetzt ergibt
   (2')   a + b + 2 = 0,5   oder   a + b = −1,5
   (3')   16a + 4b + 2 = 2   oder   16a + 4b = 0

   (2') nach b aufgelöst: b = −1,5 − a.
   Dies in (3') eingesetzt ergibt 16a + 4(−1,5 − a) = 0,
   also a = 0,5. Daraus folgt b = −2.
   Ergebnis: $f(x) = 0,5x^4 − 2x^2 + 2$

---

1 Der Graph einer ganzrationalen Funktion 2. Grades f mit $f(x) = ax^2 + bx + c$ geht durch die Punkte P(0|1), Q(1|−3) und R(3|7).

> c = 1
> a + b + c = −3
> 9a + 3b + c = 7

a) Begründen Sie, dass diese drei Bedingungen auf das nebenstehende lineare Gleichungssystem führen.
b) Zeigen Sie, dass a = 3, b = −7, c = 1 die Lösung des Gleichungssystems ist.
c) Geben Sie den Funktionsterm an, machen Sie die Probe.

2 Der Graph einer ganzrationalen Funktion f geht durch die Punkte P(0|4), Q(−3|19) und R(4|12).
a) Es sei $f(x) = ax^2 + bx + c$. Bestimmen Sie den Funktionsterm.
b) Es sei $f(x) = ax^3 + bx^2 + c$. Bestimmen Sie den Funktionsterm.

3 f ist eine ganzrationale Funktion 3. Grades mit $f(x) = ax^3 + bx$.
Der Funktionsterm kann mit nebenstehendem Gleichungssystem ermittelt werden.

> $(-2)^3 a + (-2)b = 0$
> $3^3 a + 3b = 15$

a) Lösen Sie das Gleichungssystem und geben Sie den Funktionsterm an.
b) Interpretieren Sie die beiden Gleichungen als Aussagen über Punkte des Graphen der Funktion von f.
c) Nennen Sie eine besondere Eigenschaft des Graphen von f.

4 Der zur y-Achse symmetrische Graph einer ganzrationalen Funktion 4. Grades geht durch die Punkte P(0|3), Q(2|−1) und R(3|5,25). Bestimmen Sie den Funktionsterm.

5 Zwischen zwei 500 m entfernten Masten von je 30 m Höhe ist eine Hochspannungsleitung befestigt. Sie hängt in der Mitte 8,8 m durch. Ermitteln Sie mithilfe dieser Angaben den Term einer quadratischen Funktion, deren Graph näherungsweise den Seilverlauf beschreibt.

Funktionen aus der Betriebswirtschaft

Für die Beschreibung betriebswirtschaftlicher Prozesse werden verschiedene Funktionen verwendet.

Die **Kostenfunktion K** gibt die Gesamtkosten in Geldeinheiten (GE) in Abhängigkeit der produzierten Menge x in Mengeneinheiten (ME) an.

Die Kosten K(x) setzen sich aus den **Fixkosten** K_f und den **variablen Kosten** $K_v(x)$ zusammen. Es ist $K_f = K(0)$ und $K(x) = K_f + K_v(x)$.

Die **Erlösfunktion E** gibt den Erlös an, der beim Verkauf von x ME erzielt wird. Wenn der Preis pro Mengeneinheit konstant gleich p ist, dann ist E eine lineare Funktion: $E(x) = p \cdot x$.

Die **Gewinnfunktion G** gibt den Gewinn an, der beim Verkauf von x ME unter Berücksichtigung der entstandenen Kosten erzielt wird. Es gilt: $G(x) = E(x) - K(x)$.
Der Bereich, in dem G positiv ist, heißt **Gewinnzone**. Sie wird begrenzt von den beiden (positiven) Nullstellen von G. Die kleinere heißt **Nutzenschwelle**, die größere **Nutzengrenze**. Die Nullstellen von G entsprechen den Schnittstellen der Graphen von E und K.

Beispiel
Bei der Kostenfunktion K mit $K(x) = 0{,}03x^3 - 1{,}6x^2 + 45x + 150$ betragen die Fixkosten 150 GE.
Die variablen Kosten K_v werden beschrieben durch
$K_v(x) = 0{,}03x^3 - 1{,}6x^2 + 45x$.
Bei einem Preis p von 40 GE pro ME ergibt sich die Erlösfunktion zu
$E(x) = 40x$.
Für die Gewinnfunktion G erhält man damit
$G(x) = E(x) - K(x) = -0{,}03x^3 + 1{,}6x^2 - 5x - 150$.
Nutzenschwelle und Nutzengrenze ergeben sich als Lösungen der Gleichung $G(x) = 0$, d.h. $E(x) = K(x)$.
Aus dem Diagramm kann man ablesen:
Nutzenschwelle ≈ 13,5 ME, Nutzengrenze ≈ 47,6 ME.

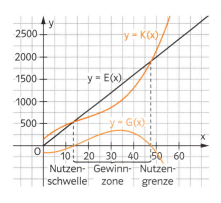

1 Die Fixkosten betragen 300 GE, die variablen Kosten sind $K_v(x) = 0{,}02x^3 - 1{,}7x^2 + 64x$, pro Mengeneinheit werden 50 GE erlöst.

a) Geben Sie an: die Kostenfunktion K _____ die Erlösfunktion E _____

b) Begründen Sie, dass bei einer Produktionsmenge von 10 ME kein Gewinn gemacht wird.

2 Das Diagramm zeigt den Graphen einer Kostenfunktion K.

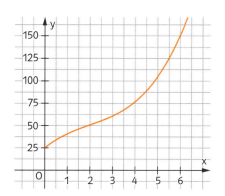

a) Der Preis pro Mengeneinheit beträgt 25 GE.

  Geben Sie die Erlösfunktion an: _____

b) Zeichnen Sie den Graphen der Erlösfunktion in das Diagramm.

  Bestimmen Sie damit die Nutzenschwelle und -grenze:

  Nutzenschwelle: _____

  Nutzengrenze: _____

c) Wie ändert sich die Gewinnzone, wenn der Preis pro Mengeneinheit um 3 GE erhöht wird?

26 | Ganzrationale Funktionen

3 Die variablen Kosten pro ME sind gegeben durch $0{,}15x^3 - 4x^2 + 55x$, die Fixkosten betragen 250 GE. Pro Mengeneinheit werden 70 GE verlangt.

a) Geben Sie die Kostenfunktion K sowie die Erlösfunktion E und die Gewinnfunktion G an.

K(x) = _____

E(x) = _____

G(x) = _____

b) Berechnen Sie die Funktionswerte und skizzieren Sie die Graphen dieser Funktionen in das vorgegebene Koordinatensystem.

x	0	5	10	15	20	25	30
K(x)							
E(x)							
G(x)							

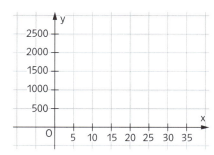

c) Lesen Sie aus der Grafik die Nutzenschwelle und die Nutzengrenze ab:

Nutzenschwelle: _____

Nutzengrenze : _____

d) Markieren Sie auf der x-Achse den Bereich, für den gilt: E(x) ≥ K(x).

e) Ermitteln Sie mithilfe des Graphen von G den größten Gewinn.

_____

Bei welcher Mengeneinheit ergibt er sich? _____

4 Von einer Kostenberechnung sind noch bekannt:
Die Fixkosten betragen 25 €; die Nutzenschwelle liegt bei 2 ME; dort betragen die Kosten 50 €; die Nutzengrenze liegt bei 6 GE mit Kosten von 150 €. Für 4 ME betragen die Kosten 75 €.

a) Skizzieren Sie anhand dieser Daten die Graphen der Erlös- und der Kostenfunktion.
b) Ermitteln Sie zur Kontrolle den Term der Kostenfunktion als ganzrationale Funktion 3. Grades.

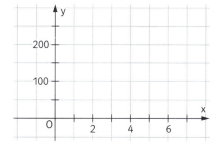

5 Von einer quadratischen Kostenfunktion K ist bekannt:
Die Fixkosten betragen 2 GE, die Kosten für 10 ME sind 16 GE, die für 20 ME betragen 50 GE.

a) Bestimmen Sie einen Funktionsterm für K.

K(x) = _____

b) Skizzieren Sie den Graphen von K.

c) Die Nutzengrenze soll bei 16 ME liegen.

Ermitteln Sie die Funktionsgleichung der Erlösfunktion E. _____

Zeichnen Sie den Graphen von E in das Diagramm.

d) Ermitteln Sie die Nutzenschwelle. _____

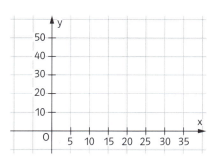

Test

1 Gegeben sind die Funktionen f und g mit $f(x) = \frac{3}{2}x - 1$ und $g(x) = \frac{1}{4}x + 2$.
a) Zeichnen Sie die Graphen der beiden Funktionen in das nebenstehende Koordinatensystem.
b) Lesen Sie aus der Zeichnung die Koordinaten des Schnittpunktes ab. Kontrollieren Sie Ihr Ergebnis durch eine Rechnung.
c) Berechnen Sie die Steigungswinkel der beiden Geraden.
d) Durch den Punkt P(2|1) verläuft eine zum Graphen von g orthogonale Gerade. Zeichnen Sie diese in das Koordinatensystem. Geben Sie ihre Gleichung an.

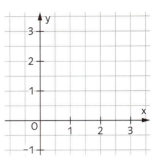

2 Ermitteln Sie die Gleichung der Gerade.
a) Sie geht durch den Punkt P(4|2); sie hat die Steigung −3.
b) Sie hat den y-Achsenabschnitt −4 und geht durch den Punkt Q(2|5).
c) Sie geht durch den Punkt P(3|−2); sie schneidet die x-Achse an der Stelle $x = 6$.
d) Sie geht durch die Punkte P(3|1) und Q(3|4).
e) Sie verläuft orthogonal zu der Geraden in a) und geht durch den Punkt R(6|2).

3 Ordnen Sie den Graphen die passenden Funktionsgleichungen zu.

a)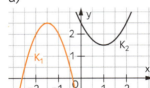
b)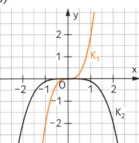
c)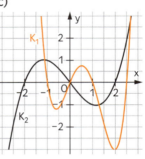
d)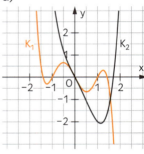

a) $f(x) = (x - 1)^2 + 1{,}5$
$g(x) = -2(x + 1{,}5)^2 + 2{,}5$

b) $f(x) = 2x^3$
$g(x) = -\frac{1}{8}x^4$

c) $f(x) = (x - 1)(x + 1)(x - 2{,}5)x$
$g(x) = \frac{1}{3}x(x - 2)(x + 2)$

d) $f(x) = -x^5 + 3x^3 - 2x$
$g(x) = x^4 - x^3 - 2x$

4 Ermitteln Sie die Lösungen der Gleichung.
a) $x^2 + 5x - 50 = 0$
b) $3x^2 - 6x = 0$
c) $x^3 + 5x^2 - 50x = 0$
d) $x^4 - 20x^2 + 64 = 0$

5 Ermitteln Sie die Nullstellen der Funktion. Geben Sie ihre Vielfachheit an.
a) $f(x) = (x - 2)(x + 3)(x - 4)^3$
b) $f(x) = (x^2 - 6)(x^2 + 5)x$
c) $f(x) = x^4 - 16x^2$

6 Führen Sie die Polynomdivision durch.
a) $(x^3 - 7x^2 + 16x - 12) : (x - 2)$
b) $(x^3 - 6x^2 - 45x + 162) : (x - 3)$
c) $(x^3 - 76x - 240) : (x + 4)$

7 Gegeben sind die Funktionen f und g. Ermitteln Sie die Koordinaten der Schnittpunkte ihrer Graphen.
a) $f(x) = -x^3 + 6x^2 - 8x + 1$; $g(x) = x^2 - 4x + 1$
b) $f(x) = x^3 + 2x^2 - x - 1$; $g(x) = x^3 - x^2 + 2x + 5$

8 Bestimmen Sie einen Funktionsterm.
a) Der Graph einer ganzrationalen Funktion 3. Grades ist punktsymmetrisch zum Ursprung und geht durch die Punkte P(−1|4) und Q(3|36).
b) Der Graph einer ganzrationalen Funktion vierten Grades ist achsensymmetrisch zur y-Achse und geht durch die Punkte P(2|−6), Q(4|78) und R(0|−2).
c) Der Graph der Funktion f mit $f(x) = ax^3 + bx - 1$ geht durch die Punkte P(−2|7) und Q(4|23).

9 Welches der Rechtecke mit dem Umfang 10 cm hat den größten Flächeninhalt?

28 | Ganzrationale Funktionen

Änderungsrate und Steigung

Die **Änderungsrate** $\frac{f(x) - f(x_0)}{x - x_0}$ gibt geometrisch die durchschnittliche Steigung des Graphen von f zwischen den Punkten $P(x_0|f(x_0))$ und $Q(x|f(x))$ an.

Für $x \to x_0$ strebt diese Änderungsrate gegen die **momentane** oder **lokale Änderungsrate** $m(x_0)$:

$$m(x_0) = \lim_{x \to x_0} \frac{f(x) - f(x_0)}{x - x_0}$$

Der Punkt Q wandert bei diesem Grenzprozess auf den Punkt P zu und die Sekante durch die beiden Punkte nähert sich immer mehr der Tangente im Punkt P an.

Die lokale Änderungsrate $m(x_0)$ ist also zugleich die Steigung der Tangente an den Graphen von f im Punkt $P(x_0|f(x_0))$ und damit die Steigung von f an dieser Stelle.

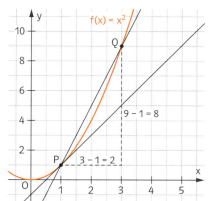

Änderungsrate zwischen P und Q: $\frac{9-1}{3-1} = \frac{8}{2} = 4$

Für P(1|1) und dem dicht daneben liegenden Punkt R(1,001|1,002001) ist die Steigung m der Sekante durch P und R mit

$$m = \frac{1{,}002001 - 1}{1{,}001 - 1} = 2{,}001$$

eine Näherung für die lokale Änderungsrate in P

$$m(1) = \lim_{x \to 1} \frac{f(x) - 1}{x - 1} = 2.$$

1 Bestimmen Sie die Änderungsrate im Graphen der Funktion zwischen den angegebenen Punkten und zeichnen Sie die Sekanten ein.

a) A und B: $\frac{14 - 23}{-1 - (-2)}$ = ____ = ____

b) B und C: ____ = ____ = ____

c) C und D: ____

d) A und C: ____

e) D und E: ____

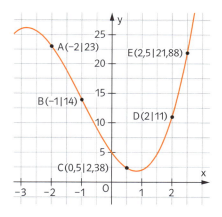

2 a) Bestimmen Sie die Änderungsraten zwischen den einzelnen Punkten und dem festen Punkt P(4|16). Rechnen Sie dabei ohne zu runden.

x	3	3,5	3,9	3,99	3,999	4	4,001	4,01	4,1	4,5	5
f(x)	9	12,25	15,21	15,9201	15,92001	16	16,008001	16,0801	16,81	20,25	25
Änderungsrate zu P(4|16)						–					

b) Welchen Wert erwarten Sie für die lokale Änderungsrate im Punkt P(4|16)? Begründen Sie.

3 Ergänzen Sie in der Tabelle die Größe bzw. die momentane Änderungsrate.

Größe	Momentane Änderungsrate der Größe
Wasserstand V in einer Badewanne in $[t_1; t_2]$	
	Kosten pro Mengeneinheit für x_0 Mengeneinheiten
Weltbevölkerung W in $[t_1; t_2]$	
	Steigung der Straße bei x_0 Metern
	Lohnsteuer pro zusätzlich verdientem Euro
Zählerstand des Stromzählers in $[t_1; t_2]$	

II Einführung in die Differenzialrechnung

4 Marie fährt bergab Dreirad. Die Tabelle zeigt die gefahrene Strecke in Abhängigkeit von der Zeit.
a) Übertragen Sie die Daten in einen Graphen im Koordinatensystem.
b) Berechnen Sie zwischen den ganzen Sekunden jeweils die Änderungsrate, die hier die Durchschnittsgeschwindigkeit in m/s angibt.
c) Bestimmen Sie näherungsweise für den Zeitpunkt t = 4 s die momentane Änderungsrate und damit die Momentangeschwindigkeit.

Zeit in s	Weg in m
0	0
2	2
3,9	5,3
4	5,5
4,1	5,75
6	10
8	17

5 In der Wirtschaft ist es wichtig zu wissen, wie hoch die Produktionskosten pro Stück sind, um den Mindestverkaufspreis festlegen zu können.
a) Bestimmen Sie aus der Tabelle die durchschnittlichen Kosten pro Stück bei 20 produzierten Stücken.

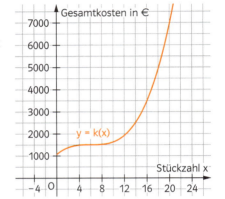

Stückzahl	0	1	5	10	15	19	20
Gesamtkosten	1068	1250	1498	1628	2958	5894	6988

b) Bestimmen Sie näherungsweise die lokale Änderungsrate der Kosten an der jetzigen Grenze der Produktion (x = 20), um entscheiden zu können, bei welchem Preis sich die Produktion noch lohnt.
c) Verkauft wird die Ware für 950 € pro Stück. Lohnt sich die Produktion von zusätzlichen Stücken?

6 An steilen Straßen stehen oft Verkehrsschilder, die die Steigung oder das Gefälle angeben. Der Graph rechts zeigt den ungefähren Verlauf des Höhenprofils einer Straße.
a) Auf dem Schild soll die durchschnittliche Steigung für x ∈ [0; 300] angegeben werden. Bestimmen Sie die Steigungsangabe auf dem Schild in Prozent.
b) Bestimmen Sie die Steigungsangabe in % für die steilste Stelle näherungsweise.
c) Entscheiden Sie begründet, welcher der beiden Werte aus a) und b) auf das Schild muss.

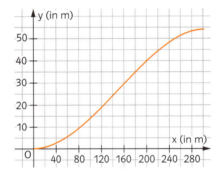

7 Bei der Berechnung der Steigung werden y-Werte durch x-Werte geteilt. Die Steigung hat daher als Einheit den Quotienten aus y-Achseneinheit und x-Achseneinheit. Geben Sie die Einheit der Steigung und damit ihre sachliche Bedeutung an.

Einheit y-Achse	Einheit x-Achse	Einheit Steigung	sachliche Bedeutung
m	s		
€	kWh		
l	h		
m	m		

8 Entscheiden Sie, ob die Aussage richtig oder falsch ist. richtig falsch
a) Für die näherungsweise Berechnung der lokalen Änderungsrate genügt ein Punkt. ☐ ☐
b) Die Änderungsrate zwischen zwei Punkten eines Graphen gibt die durchschnittliche Steigung des Graphen zwischen den zwei Punkten an. ☐ ☐
c) Die Tangente an einem Punkt des Graphen hat die gleiche Steigung wie der Graph dort. ☐ ☐
d) Die Änderungsrate zwischen zwei ganz dicht beieinander liegenden Punkten des Graphen ist eine gute Näherung für die lokale Änderungsrate in einem der beiden Punkte. ☐ ☐

Ableiten, Ableitungsfunktion

Für die **momentane** oder **lokale Änderungsrate** $m(x_0)$ schreibt man $f'(x_0)$ und nennt dies die Ableitung von f an der Stelle x_0.

$$f'(x_0) = m(x_0) = \lim_{x \to x_0} \frac{f(x) - f(x_0)}{x - x_0}$$

Wenn an jeder Stelle x der Definitionsmenge der Funktion f eine Ableitung existiert, dann ist f' die zu f gehörende **Ableitungsfunktion**.

Negative Werte der Ableitung bedeuten, dass der Graph der Funktion eine negative Steigung hat.
Positive Werte der Ableitung bedeuten, dass der Graph der Funktion eine positive Steigung hat.

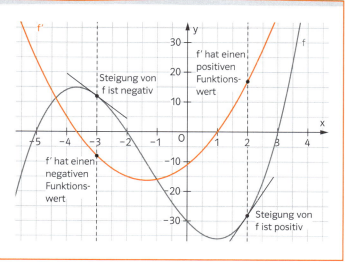

1 Bestimmen Sie die Steigung des Graphen von f an den angegebenen Stellen näherungsweise und skizzieren Sie den Graphen von f'.

x_0	−3	−2	−1	0	1	2	3	4
$f(x_0)$								
$m(x_0)$								

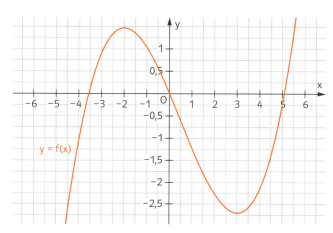

2 Ordnen Sie jedem Graphen von f die jeweils zutreffende Aussage über f bzw. f' zu.

1. $f'(x)$ ist überall negativ.
2. $f(x)$ ist überall negativ.
3. Nur für $x > 0$ ist $f'(x) > 0$.
4. f' wechselt sein Vorzeichen genau einmal, und zwar von „+" nach „−".
5. $f'(x)$ ist überall positiv.

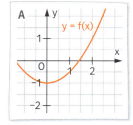
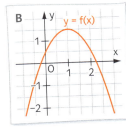
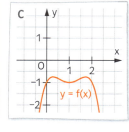
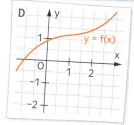
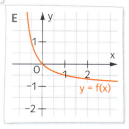

3 Richtig oder falsch? Kreuzen Sie an.

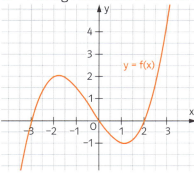

	richtig	falsch
a) $f(0) = 0$	☐	☐
b) $f'(0) = 0$	☐	☐
c) $f'(-1) < 0$	☐	☐
d) $f'(0) > f'(1)$	☐	☐
e) $f(x) > 0$ für $-3 < x < 0$	☐	☐
f) $f'(2) > f'(-2)$	☐	☐
g) f' wechselt im Intervall $[-3; 3]$ zweimal sein Vorzeichen	☐	☐
h) f wechselt im Intervall $[-2; 3]$ zweimal sein Vorzeichen	☐	☐

II Einführung in die Differenzialrechnung

Ableitungsregeln

Für Potenzfunktionen gilt die **Potenzregel**:
Für $f(x) = x^n$ gilt $f'(x) = n \cdot x^{n-1}$, $n \neq 0$.

Beispiele:

$f(x) = x^5$; $f'(x) = 5x^4$

Außerdem gelten für alle Funktionstypen die beiden folgenden Regeln:

Faktorregel:
Für $f(x) = c \cdot g(x)$ gilt $f'(x) = c \cdot g'(x)$.

$f(x) = 4x^3$; $f'(x) = 4 \cdot 3x^2 = 12x^2$

Summenregel:
Für $f(x) = g(x) + h(x)$ gilt $f'(x) = g'(x) + h'(x)$.

$f(x) = x^6 + x^2$; $f'(x) = 6x^5 + 2x^1$

4 Bestimmen Sie jeweils die Ableitungsfunktion.

f(x)	x^7	$\frac{1}{x} = x^{-1}$	$5x^4$	$2x^3$	$5x$	3	$3x^4 + 4x^2$	$6x^3 - x$	$5x^4 + 4$	$x^4 + 2x^2$
f'(x)										

5 Bestimmen Sie die Ableitungsfunktion und skizzieren Sie den Graphen der Ableitungsfunktion mithilfe einer Wertetabelle.
Markieren Sie die Bereiche, in denen der Graph fällt und die Teile, in denen der Graph steigt, mit unterschiedlichen Farben.

a) $f(x) = 0{,}25x^4 + \frac{2}{3}x^3 - 2{,}5x^2 - 6x$

f'(x) = _____

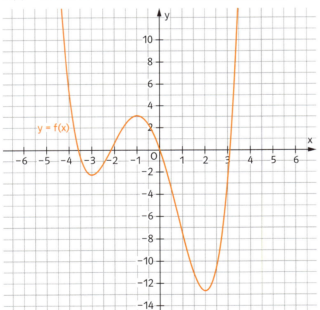

b) $g(x) = -0{,}25x^4 + x^3 + 5x^2$

g'(x) = _____

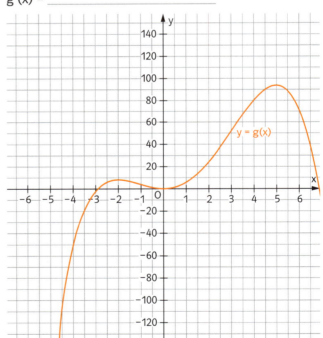

x	-4	-3	-2	-1	0	1	2	3
f'(x)								

x	-3	-2	-1	0	1	2	3	4	5	6
g'(x)										

II Einführung in die Differenzialrechnung

6 Welche Fehler wurden beim Ableiten gemacht? Wie lautet die richtige Ableitung?

a) $f(x) = 3x^2 + 5$; $f'(x) = 6x + 5$

Fehler: _____

Richtig: _____

b) $f(x) = 6x^3 + 3x^2 + x$; $f'(x) = 18x^2 + 3x$

Fehler: _____

Richtig: _____

7 Richtig oder falsch? Kreuzen Sie an.   richtig   falsch

a) Für f mit $f(x) = x^2 + 4$ ist $f'(x) = 2x + 4$. ☐ ☐
b) Für f mit $f(x) = 3x^3$ ist $f'(x) = 3x^2$. ☐ ☐
c) Alle Funktionen der Form $f(x) = ax + b$ haben als Ableitung eine konstante Funktion. ☐ ☐
d) Sind zwei Funktionen verschieden, so sind auch ihre Ableitungsfunktionen verschieden. ☐ ☐
e) Eine Funktion, die für alle $x \in \mathbb{R}$ positiv ist, hat eine Ableitungsfunktion, die ebenfalls für alle $x \in \mathbb{R}$ positiv ist. ☐ ☐
f) Ein konstanter Summand bleibt beim Ableiten erhalten. ☐ ☐
g) Ein konstanter Faktor bleibt beim Ableiten erhalten. ☐ ☐

8 Ordnen Sie den Funktionen ihre Ableitungen zu. Notieren Sie zu der übrig gebliebenen Funktion f die Ableitung f′.

2   $f'(x) = -8x^3 - 2$

1   $f'(x) = -8x^3 + 2$

E $f(x) = -0,5x^2 - x$

D $f(x) = 0,5x^2 - x + 10$

C $f(x) = -2x^4 - 2x - 5$

3   $f'(x) = 9x^2 + 10x$

A $f(x) = 3x^3 + 5x^2$

4   $f'(x) =$

5   $f'(x) = x - 1$

B $f(x) = -2x^4 + 2x - 3$

Bestimmung von Steigungen und Punkten mit der Ableitung

Punkt gegeben – Steigung gesucht
Mit der Ableitungsfunktion lässt sich die **Steigung** in einem **beliebigen Punkt** des Graphen einer Funktion berechnen:
Im Punkt $P(x_0 | f(x_0))$ ist die Steigung $f'(x_0)$.

Wie groß ist die Steigung des Graphen der Funktion f mit $f(x) = x^3 + 2x - 5$ im Punkt P(2|7)?
$f'(x) = 3x^2 + 2$
$f'(2) = 3 \cdot 2^2 + 2 = 14$
Die Steigung im Punkt P(2|7) ist 14.

Steigung gegeben – Punkt gesucht
Umgekehrt lässt sich auch ein **Punkt** finden, in dem der Graph von f eine **bestimmte Steigung** m hat:
$m = f'(x)$
Auflösen nach x liefert die x-Koordinate des gesuchten Punktes. Diese wird dann in f(x) eingesetzt, um die y-Koordinate zu erhalten.

In welchem Punkt hat $f(x) = x^3 + 2x - 5$ die Steigung m = 29?
$f'(x) = 3x^2 + 2 = 29$ $| -2$
$\qquad 3x^2 = 27$ $| :3$
$\qquad x^2 = 9$ $| \sqrt{}$
$\qquad x = 3;\ x = -3$
Es gibt also zwei Punkte mit der gesuchten Steigung: $P_1(-3|16)$ und $P_2(3|28)$

---

9 Bestimmen Sie die Steigung der Graphen im Punkt P, dessen y-Koordinate Sie noch berechnen müssen.

a) $f(x) = 5x^3 - 2x^2 + x - 3$; P(−3|__)
b) $g(x) = x^3 - 2x + 5$; P(4|__)
c) $h(x) = -4x^4 + 2x^3 + x$; P(1|__)

10 Berechnen Sie, in welchen Punkten der Graph der Funktion die angegebene Steigung m hat.

a) $f(x) = x^2$; $m = 6$ b) $g(x) = 2x^3 + 4x - 10$; $m = 28$ c) $h(x) = 4x^3 - 3x^2 + 5x - 7$; $m = 65$

---

11 Rechts sehen Sie den Graphen der Funktion f mit $f(x) = x^4 - 2x^3 - 11x^2 + 12x + 26$.

a) Bestimmen Sie die Ableitungsfunktion $f'(x)$.
b) Berechnen Sie die Steigung bei $x = 0{,}5$ und $x = 3$.
c) Was bedeutet die Steigung 0 grafisch? Zeichnen Sie die Tangenten an den Stellen 0,5 und 3 ein.
d) Gibt es weitere Punkte, in denen die Steigung 0 ist? Berechnen Sie diese.
e) Ungefähr bei $x = 2$ scheint es besonders steil abwärts zu gehen. Berechnen Sie die Steigung dort. Geben Sie einen Punkt im Graphen an, bei dem es noch steiler abwärts geht.

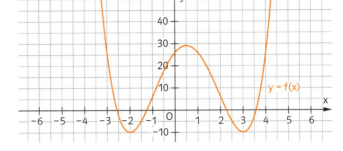

12 Der Graph der Kostenfunktion K für die Produktion von Souveniranhängern ist rechts zu sehen. Der Graph verläuft gemäß der Funktion $K(x) = 0{,}2x^3 - 6x^2 + 110x + 550$; $0 \le x \le 23$.

a) Bestimmen Sie die Steigungsfunktion K'. Berechnen Sie K'(2). Was bedeutet der Wert sachlich?
b) Berechnen Sie die Änderungsrate der Kosten pro 100 Stück für 1000 produzierte Stücke.
c) Berechnen Sie die Änderungsrate der Kosten pro 100 Stück an den Grenzen der Produktion ($x = 0$ und $x = 23$).
d) Der Betriebsleiter sagt: „Besonders günstig produzieren wir, wenn wir ungefähr 1000 Stück produzieren." Vergleichen Sie die Werte aus b) und c) und nehmen Sie Stellung zur Position des Betriebsleiters.
e) Wie viel Euro pro 100 Stück müssen mindestens erlöst werden, damit sich eine Produktion an der oberen Produktionsgrenze lohnt?

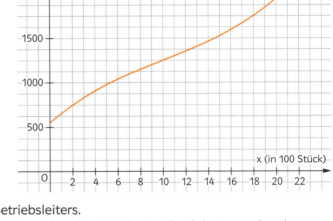

13 Ein SUV bewältigt laut Herstellerangabe eine Steigung von 45°. Das bedeutet, auf 100 m horizontaler Strecke kann er 100 m hoch fahren.
Der Graph rechts zeigt eine Geländewelle (x-Achse und y-Achse in Metern), die ungefähr $f(x) = -0{,}006x^3 + 0{,}15x^2$ entspricht.

a) Bestimmen Sie die Steigungsfähigkeit des SUV als Änderungsrate.
b) Schafft das SUV die durchschnittliche Steigung? Bestimmen Sie dazu die Änderungsrate vom Startpunkt bis zum höchsten Punkt, den Sie aus dem Graphen ablesen können.
c) Gibt es einen Bereich, in dem die Steigung für das SUV zu groß, also größer als 1 ist?
d) Bestimmen Sie die Steigung bei $x = 3$ m.

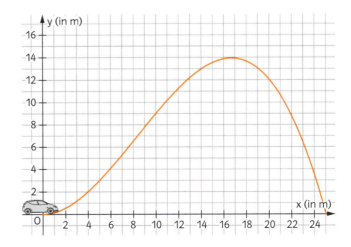

34   II Einführung in die Differenzialrechnung

Tangente und Normale

Die **Tangente** t an den Graphen von f im Punkt $P(x_0|f(x_0))$ hat die gleiche Steigung wie der Graph in dem Punkt und berührt ihn dort. Die Tangentensteigung m_t ist dort also so groß wie $f'(x_0)$:
$m_t = f'(x_0)$

Die Bestimmung der Gleichung einer Tangente wird durchgeführt wie die Bestimmung einer Geradengleichung bei gegebener Steigung m und gegebenem Punkt $P(x_0|f(x_0))$.

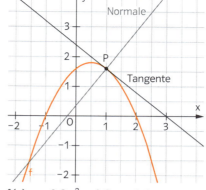

$f(x) = -0,8x^2 + 0,8x + 2,4$

Verfahren:
1. Bestimmung des Funktionswertes $f(x_0)$.
2. Berechnung der Ableitungsfunktion f'.
3. Berechnung von $f'(x_0)$.
4. Bestimmung der Tangentengleichung
   $y = f'(x_0)(x - x_0) + f(x_0)$.

1. $f(1) = 1,6$; $P(1|1,6)$
2. $f'(x) = -1,6x + 0,8$
3. $f'(1) = -0,8 = m_t$ (Steigung der Tangente)
4. Tangentengleichung:
   $y = -0,8(x - 1) + 1,6$
   $t: y = -0,8x + 2,4$

Eine Gerade n, die senkrecht zum Graphen von f in P steht, heißt **Normale** zu t in P. Da $m_n \cdot m_t = -1$, gilt für die Steigung von n, dass $m_n = -\frac{1}{m_t} = -\frac{1}{f'(x)}$.

Die Normale steht senkrecht zur Tangente und hat darum als Steigung $m_n = -\frac{1}{-0,8} = 1,25$.
Normalengleichung:
$y = 1,25(x - 1) + 1,6$
$n: y = 1,25x + 0,35$

1 Bestimmen Sie die Gleichungen von Tangente und Normale im Punkt P des Graphen der Funktion.

a) $f(x) = 0,5x^3$; $P(2|4)$; $f'(x) =$ _____

   Tangente: $f'(2) =$ _____ ; $t: y =$ _____

   Normale: $m_n =$ _____ ; $n: y =$ _____

b) $g(x) = -x^4$; $P(-3|-81)$; $g'(x) =$ _____

   Tangente: $g'(-3) =$ _____ ; $t: y =$ _____

   Normale: $m_n =$ _____ ; $n: y =$ _____

c) $h(x) = 2x^3 - 3x^2$; $P(1|-1)$; $h'(x) =$ _____

   Tangente: $h'(1) =$ _____ ; $t: y =$ _____

   Normale: $m_n =$ _____ ; $n: y =$ _____

2 a) Zeichnen Sie in das nebenstehende Koordinatensystem näherungsweise die Tangente an den Graphen der Funktion f im Punkt $P(2|1)$ ein, ohne die Tangentengleichung zu berechnen.
b) Berechnen Sie nun die Gleichung der Tangente und vergleichen Sie mit Ihrer zeichnerischen Lösung.

3 Bestimmen Sie die Gleichungen von Tangente und Normale im Punkt $P(2|15)$ des Graphen der Funktion f mit $f(x) = x^3 - 6x^2 - 13x + 57$.

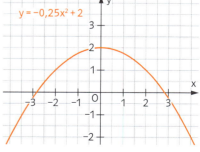

4 Der Graph der Funktion f hat im Punkt P die Tangente t. Verbinden Sie die zusammengehörenden Karten.

| P(1\|0,5) | f'(1) = -1 | t: y = 2x | P(0\|2) | t: y = 2 | f'(0) = 0 |

| f'(1) = 1 | t: y = x - 0,5 | P(0\|0) | f'(0) = 2 | P(1\|-0,5) | t: y = -x + 0,5 |

Tangente vom Punkt R an den Graphen von f

Gegeben ist eine Funktion f sowie ein Punkt R, der nicht auf dem Graphen von f liegt. Zur Bestimmung der Tangentengleichung durch R an den Graphen von f geht man folgendermaßen vor:

Beispiel: $f(x) = -x^2 + 4x$; $R(0|1)$

1. Ableitung von f bestimmen: $\quad f'(x) = -2x + 4$
2. Gleichung der Tangente im Punkt $P(u|f(u))$ aufstellen:
$$t: y = f'(u) \cdot (x - u) + f(u)$$
$$= (-2u + 4) \cdot (x - u) - u^2 + 4u$$
3. Koordinaten von R in die Tangentengleichung einsetzen:
$$1 = (-2u + 4) \cdot (0 - u) - u^2 + 4u$$
4. Gleichung umformen:
$$1 = 2u^2 - 4u - u^2 + 4u$$
$$1 = u^2$$
$$u_1 = -1; \quad u_2 = 1$$
5. Berührpunkte berechnen: $B_1(-1|-5); \quad B_2(1|3)$
6. Tangentensteigungen berechnen: $f'(-1) = 6; \quad f'(1) = 2$
7. Tangentengleichungen bestimmen:
$$t_1: y = 6 \cdot (x - (-1)) + (-5) = 6x + 1$$
$$t_2: y = 2 \cdot (x - 1) + 3 = 2x + 1$$

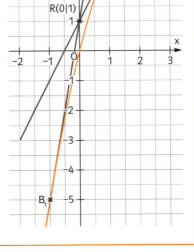

---

5 Durch den Punkt R sollen Tangenten an den Graphen von f gehen. Bestimmen Sie die Berührpunkte sowie die Gleichungen der Tangenten.

a) $f(x) = -\frac{1}{4}x^2 + x$; $R(0|1)$

f'(x) = _____; Gleichung der Tangente im Punkt B(u|f(u)): y = _____

Einsetzen der Koordinaten von R: _____

Gleichung vereinfachen: _____; _____; Lösungen: u_1 = _____; u_2 = _____

Berührpunkte: B_1(____|____); B_2(____|____); Tangentensteigungen: $f'(u_1)$ = _____; $f'(u_2)$ = _____

Tangentengleichungen: t_1: y = _____; t_2: y = _____

b) $f(x) = -\frac{1}{4}x^2 + x$; $R(2|2)$

6 Das Profil einer Berglandschaft lässt sich durch die Funktion f mit $f(x) = \frac{1}{3}x^3 - \frac{7}{2}x^2 + 10x$; $x \in [1; 8]$ (x in km; f(x) in 100 m) beschreiben. Untersuchen Sie, ob man vom Punkt P(1,5|f(1,5)) den Punkt Q(7,5|18,75) auf dem gegenüberliegenden Steilhang sehen kann.

36 II Einführung in die Differenzialrechnung

Monotonie – Höhere Ableitungen

Der Graph einer Funktion heißt **monoton steigend** auf dem Intervall [a; b], wenn gilt
f'(x) ≥ 0 für alle x aus [a; b].

Das bedeutet, dass die Funktionswerte y größer werden (oder zumindest gleich bleiben), wenn die x-Werte größer werden: $f(x_1) \geq f(x_0)$, wenn $x_1 > x_0$.

Der Graph einer Funktion heißt **monoton fallend** auf dem Intervall [a; b], wenn gilt
f'(x) ≤ 0 für alle x aus [a; b].

Das bedeutet, dass die Funktionswerte y kleiner werden (oder zumindest gleich bleiben), wenn die x-Werte größer werden: $f(x_1) \leq f(x_0)$, wenn $x_1 > x_0$.

1 Geben Sie – aus dem Graphen abgelesen – die Intervalle an, in denen der Graph monoton fällt bzw. monoton steigt.

a)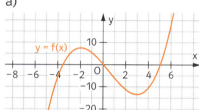
b)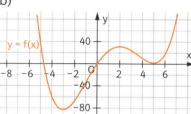
c)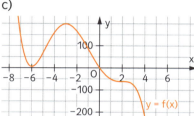

Höhere Ableitungen von f

Ist f' die Ableitungsfunktion einer Funktion f, so erhält man durch Ableiten von f' die **zweite Ableitung** f" (gelesen: „f zwei Strich") der Funktion f. Aus f" erhält man durch Ableiten die **dritte Ableitung** f''', aus dieser erhält man durch Ableiten $f^{(IV)}$ usw.
f", f''', $f^{(IV)}$, $f^{(V)}$ ... nennt man die höheren Ableitungen der Funktion f.

Beispiel:
$f(x) = 2x^3 - x^2 + 1$
$f'(x) = 6x^2 - 2x$
$f''(x) = 12x - 2$
$f'''(x) = 12$
$f^{(IV)}(x) = 0$
Beim Ableiten ganzrationaler Funktionen verringert sich der Grad der Funktion jeweils um 1.

2 Bestimmen Sie die ersten vier Ableitungen von f.
a) $f(x) = 5x^3 - 2x^2 + x - 2$
b) $f(x) = x^{-2}$
c) $f(x) = 0{,}2x^5 + 3x^4 - 2x^2 + 8$
d) $f(x) = x^n$; $n \in \mathbb{R}$

3 Stimmt die Behauptung?   richtig   falsch
a) Für die vierte Ableitung von $f(x) = x^3 - 3x^2 + 5x - 7$ muss man nichts rechnen, sie ist 0. ☐ ☐
b) Keine ganzrationale Funktion f mit f(x) ≠ 0 ist mit einer ihrer höheren Ableitungen gleich. ☐ ☐
c) Für $f(x) = x^3 - 7x^2 + 2x - 5$ ist $f'''(x) = 6 - 14$. ☐ ☐
d) Beim Ableiten muss man nur den Teil mit der höchsten Potenz von x beachten. ☐ ☐

4 Die drei Kurven zeigen die Graphen der Funktion f und ihrer ersten beiden Ableitungen. Beschriften Sie die Graphen passend mit f, f' und f".

a)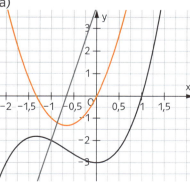
b)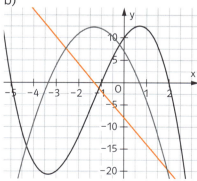
c)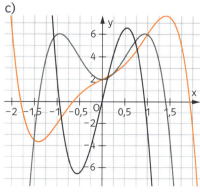

Extremwerte

Ein **lokales Minimum** einer Funktion ist der kleinste Funktionswert in der näheren Umgebung um einen Punkt, der dann **Tiefpunkt** heißt.
Das **globale Minimum** ist der insgesamt kleinste Funktionswert im Definitionsbereich.

Ein **lokales Maximum** einer Funktion ist der höchste Funktionswert in der näheren Umgebung um einen Punkt, der dann **Hochpunkt** heißt.
Das **globale Maximum** ist der insgesamt größte Funktionswert im Definitionsbereich.

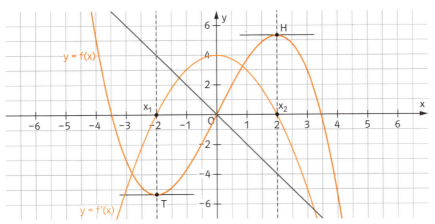

Wann hat f einen **Tiefpunkt** in $T(x_0|f(x_0))$?
Die Tangente an T muss waagerecht sein, also $f'(x_0) = 0$.
Wenn f' an der Stelle x_0 einen Vorzeichenwechsel von – nach + hat oder
f" an der Stelle x_0 größer ist als 0, dann hat der Graph von f einen Tiefpunkt.

Verfahren:
1. Suche nach Nullstellen der ersten Ableitung:
   $f'(x_0) = 0$

2. Untersuchung, ob $f''(x_0) \neq 0$.
   Wenn $f''(x_0) > 0$, gilt: f hat einen Tiefpunkt in x_0, nämlich $T(x_0|f(x_0))$.
   Wenn $f''(x) < 0$, gilt f hat einen Hochpunkt in x_0, nämlich $H(x_0|f(x_0))$.

Wann hat f einen **Hochpunkt** in $H(x_0|f(x_0))$?
Die Tangente an H muss waagerecht sein, also $f'(x_0) = 0$.
Wenn f' an der Stelle x_0 einen Vorzeichenwechsel von + nach – hat oder
f" an der Stelle x_0 kleiner ist als 0, dann hat der Graph von f einen Hochpunkt.

Beispiel:
$f(x) = -\frac{1}{3}x^3 + 4x$; $f'(x) = -x^2 + 4$; $f''(x) = -2x$
1. Nullstellen der ersten Ableitung: $f'(x) = 0$
   $-x^2 + 4 = 0$
   $x^2 = 4$
   $x = -2$ oder $x = 2$
2. Untersuchung, ob $f''(x) \neq 0$
   $f''(-2) = -2 \cdot (-2) = 4 > 0$, also Tiefpunkt von f bei $x = -2$
   $f''(2) = 2 \cdot (-2) = -4 < 0$, also Hochpunkt von f bei $x = 2$

   $T\left(-2\left|-\frac{16}{3}\right.\right)$ $H\left(2\left|\frac{16}{3}\right.\right)$ $-\frac{16}{3}$ ist lokales Minimum, $\frac{16}{3}$ ist lokales Maximum

1 Lesen Sie bei dem Graphen von f die lokalen Extremstellen ab und geben Sie die Koordinaten der Hoch- bzw. Tiefpunkte an. Notieren Sie auch die globalen Maxima und Minima des Graphen von f.

a)

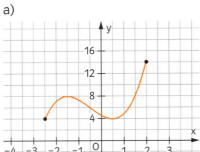

b)

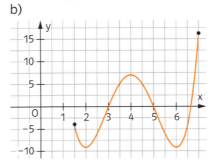

c)

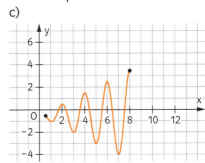

38 II Einführung in die Differenzialrechnung

2 Untersuchen Sie die Funktion f mit $f(x) = x^3 + 3x^2 + 4$ auf lokale Extremstellen.

$f'(x) =$ _____ ; $f''(x) =$ _____ ;

Bestimmung der Nullstellen von f': _____ ; $x_1 =$ _____ ; $x_2 =$ _____ ;

Untersuchung von f'': $f''(x_1) =$ _____ ; also liegt bei x_1 ein _____ vor;

$f''(x_2) =$ _____ ; also liegt bei x_2 ein _____ vor.

3 Bestimmen Sie alle lokalen Extrempunkte des Funktionsgraphen der Funktion f.
a) $f(x) = -0{,}5x^2 + 1$
b) $f(x) = 2x^2 - 6x + 3$
c) $f(x) = -x^3 + x^2 + x$
d) $f(x) = -x^3 + x^2 - x$
e) $f(x) = \frac{1}{4}x^4 - 2x^2$

4 Bei Produktion und Verkauf von MP3-Spielern hat eine Firma die Gewinnfunktion $G(x) = -x^3 + 6x^2 + 36x - 88$.
a) Begründen Sie, weshalb in der Grafik die Kurve erst ab $x = 0$ eingetragen ist.
b) Markieren Sie den Punkt mit dem maximalen Gewinn. Berechnen Sie die gewinnmaximale Produktionsmenge x und den zugehörigen Gewinn.
c) Tragen Sie die Werte in die Grafik ein und skalieren Sie die Achsen.

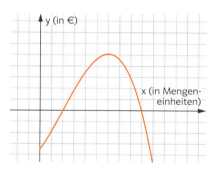

5 Stimmt die Behauptung für eine Funktion f, die mindestens zweimal abgeleitet werden kann?

	richtig	falsch
a) Ist x_0 eine lokale Extremstelle, dann ist $f'(x_0) = 0$.	☐	☐
b) An einer Stelle mit lokalem Maximum wechselt $f''(x)$ das Vorzeichen.	☐	☐
c) Ist $f'(x) < 0$, dann liegt ein Minimum vor.	☐	☐
d) Ist $f(x_0) = 0$ und $f'(x_0) = 0$ und $f''(x_0) > 0$, dann hat f ein lokales Minimum in $T(x_0 \mid 0)$	☐	☐

6 Ordnen Sie jeder der Eigenschaften A bis D einen passenden Graphen von f aus den Grafiken 1 bis 6 zu.

f ist im Intervall [0; 2] monoton wachsend.
A: Graph _____

f hat im Intervall [0; 2] genau ein lokales Minimum und ein lokales Maximum.
B: Graph _____

f' ist im Intervall [0; 2] monoton wachsend.
C: Graph _____

Im Intervall [−2; 0] gilt $f'(x) > 0$.
D: Graph _____

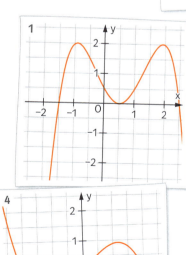
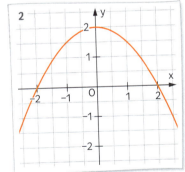
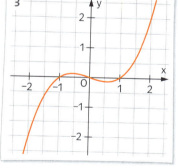
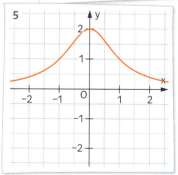
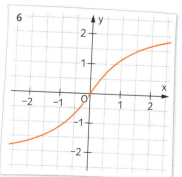

Wendepunkte von Graphen

Der Graph einer Funktion hat einen **Wendepunkt**, wenn er von einer Rechtskrümmung in eine Linkskrümmung übergeht oder umgekehrt.

In diesem Punkt ist die Steigung des Graphen lokal besonders groß oder besonders klein, also extremal.

Der Graph der ersten Ableitung hat daher an dieser Stelle einen Hochpunkt oder einen Tiefpunkt. Darum sucht man zur Bestimmung einer Wendestelle von f nach einer Extremstelle der Ableitung f'.

Man geht so vor wie bei der Bestimmung von Extrema des Graphen von f:
1. Bildung von f', f" und f'''.
2. Nach Nullstellen von f"(x) suchen.
3. Auf Vorliegen einer Extremstelle durch Einsetzen der Nullstellen von f" in f''' überprüfen.
4. Bestimmen der y-Koordinate des Wendepunktes durch Einsetzen der x-Koordinate in f(x).

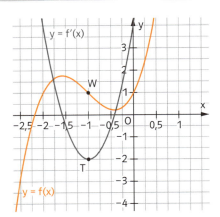

Beispiel: $f(x) = 2x^3 + 6x^2 + 4x + 1$
$f'(x) = 6x^2 + 12x + 4;\ f''(x) = 12x + 12;\ f'''(x) = 12$
Bedingung für Extremstellen von f': $f''(x) = 0$
$12x + 12 = 0$, also $x = -1$
Überprüfen durch Einsetzen in f''':
$f'''(-1) = 12 \neq 0$, also Wendepunkt von f bei $x = -1$
Wendepunkt: $W(-1|3)$, da $f(-1) = 3$

1 Lesen Sie aus dem Graphen von f näherungsweise die Wendestellen der Funktion f ab.

a) 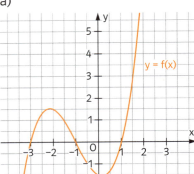 b) 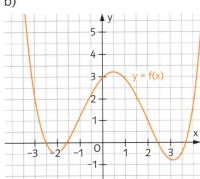 c)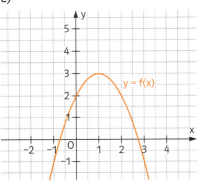

2 Bestimmen Sie rechnerisch die Wendepunkte des Graphen der Funktion f.

a) $f(x) = 1 - x^3$
b) $f(x) = 0{,}5x^3 + 3x^2 - 3x - 8$
c) $f(x) = x^5 - \frac{10}{3}x^3$
d) $f(x) = x \cdot (x^3 - 1)$
e) $f(x) = x^4 + 2x^3 - 2$
f) $f(x) = x^5 - 20x^2$

3 Der nebenstehende Graph zeigt die Geschwindigkeit eines Testfahrzeuges in den ersten 50 Sekunden nach dem Start. Lesen Sie aus dem Graphen näherungsweise die folgenden Zeitpunkte ab.
a) Wann hatte das Fahrzeug die Geschwindigkeit $15\frac{m}{s}$?
b) Wann war die Geschwindigkeit am größten?
c) Wann war die Beschleunigung (d.h. die Änderungsrate der Geschwindigkeit) am größten?
d) Wann war die Bremsverzögerung am größten?

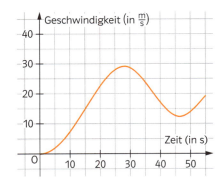

Extremwertaufgaben

In vielen **Anwendungssituationen** kann eine Größe von zwei (oder mehr) Variablen abhängen. Kennt man einen Zusammenhang zwischen diesen Variablen, so kann man die Größe als Funktion einer Variablen beschreiben und diese auf Extremwerte untersuchen.

Verfahren:
1. Anfertigen einer Skizze mit Variablen.
2. Aufstellen der Funktion für die Größe, die extremal werden soll.
3. Zusammenhang zwischen Variablen als Gleichung darstellen (**Nebenbedingung**) und nach einer Variablen auflösen. Definitionsbereich festlegen.
4. Einsetzen der Variablen aus 3. in die Funktion aus 2. (**Zielfunktion**).
5. Untersuchung der Zielfunktion auf Extrema mit Beachtung der Randwerte des Definitionsbereichs.
6. Formulierung des Ergebnisses.

Beispiel:
Eine Weide wird rechteckig eingezäunt. Es stehen 400 m Zaun zur Verfügung. Wie müssen die Seitenlängen gewählt werden, damit die eingezäunte Fläche möglichst groß wird?

1. Skizze
2. $A = a \cdot b$
3. $2a + 2b = 400$
   also: $a = 200 - b$
   $b \in [0; 200]$
4. $A(b) = (200 - b) \cdot b$
   $= -b^2 + 200b$
5. $A'(b) = -2b + 200$; $A'(b) = 0$
   $0 = -2b + 200$, also $b = 100$
   $A''(b) = -2$; $A''(100) = -2 < 0$, also HP von $A(b)$ bei $b = 100$ mit $H(100|10000)$; $a = 200 - b = 100$
   Randwerte: $A(0) = 0$; $A(200) = 0$
6. Für $b = 100\,m$ ist der Flächeninhalt maximal, nämlich $10\,000\,m^2$. Die Seite a ist dann $100\,m$ lang. Die eingezäunte Fläche ist quadratisch.

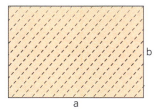

1 Aus einem quadratischen Pappbogen mit 20 cm Seitenlänge soll eine oben offene Schachtel gefaltet werden. Dazu sollen an allen vier Ecken gleichgroße quadratische Stücke mit Seitenlänge h ausgeschnitten werden. Die Seitenränder werden dann hochgeklappt und mit Klebestreifen fixiert.

Für h = 4 und a = 12 ist das Volumen: V = _____

Für h = 3 und a = _____ ist das Volumen: V = _____

Allgemein: Bestimmen Sie die Maße der Seitenlängen für das maximale Volumen V und berechnen Sie es.

a) Berechnung in Abhängigkeit von h

   Formel für das Volumen (Seitenlängen a, Höhe h): _____; Nebenbedingung: _____

   Zielfunktion: V(h) = _____; h ∈ _____; Ableitungen: V'(h) = _____; V''(h) = _____;

   V'(h) = 0: _____

   lokale Maximalstelle: _____; lokales Maximum: _____; Randwerte: _____;

   Ergebnis: _____

b) Berechnung in Abhängigkeit von a

   Formel für das Volumen (Seitenlängen a, Höhe h): _____; Nebenbedingung: _____

   Zielfunktion: V(a) = _____; a ∈ _____; Ableitungen: V'(a) = _____; V''(a) = _____;

   V'(a) = 0: _____

   lokale Maximalstelle: _____; lokales Maximum: _____; Randwerte: _____;

   Ergebnis: _____

Strategie zum Finden der Zielfunktion
1. Anfertigen einer Skizze. Festlegen der Variablen.
2. Was soll maximal oder minimal werden?
3. Welche Formel gibt es für den Zusammenhang?
4. Aufstellen des Terms mit den Variablen aus der Skizze.
5. Welche Nebenbedingung muss erfüllt sein?
6. Welche Formel gibt es für die Nebenbedingung?
7. Aufstellen der Gleichung für die Nebenbedingung mit den Variablen aus der Skizze. Definitionsbereich angeben.
8. Auflösen der Gleichung für die Nebenbedingung nach einer Variablen.
9. Einsetzen der Variablen in die Funktion aus 2. ergibt die Zielfunktion. Sie ist nur noch von einer Variablen abhängig.

Beispiel:
Ein Rechteck liegt oberhalb der x-Achse mit einer Seite auf der x-Achse.
Die oberen Eckpunkte liegen auf dem Graphen von f mit
$f(x) = -0{,}2x^2 + 6{,}25$.

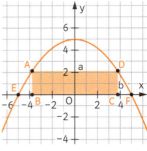

Wie sind die Seitenlängen zu wählen, damit die Fläche maximal wird?
1. siehe oben
2. Die Fläche des Rechtecks soll maximal werden
3. + 4. $A = a \cdot b$
5. Eckpunkte auf x-Achse und auf der Parabel
6. + 7. + 8. $a = 2x$; $b = f(x)$; $x \in [0; 5]$
9. $A(x) = 2x \cdot f(x) = 2x \cdot (-0{,}2x^2 + 6{,}25)$
   $= -2x^3 + 12{,}5\,x$

2 Stellen Sie die Zielfunktion auf.
a) Ein Getränkekarton ist quaderförmig und hat eine quadratische Grundfläche. Das Volumen ist 1000 cm³. Die Oberfläche soll minimal sein.
b) Eine Konservendose ist zylinderförmig. Das Volumen ist 525 cm³. Die Oberfläche soll minimal sein.
c) Eine Wasserrinne aus Blech soll einen möglichst großen rechteckigen Querschnitt aufweisen. Es steht Blech mit 30 cm Breite zur Verfügung.

3 Zwei Seiten eines Rechtecks liegen auf den positiven Koordinatenachsen, ein Eckpunkt auf der Parabel mit der Gleichung $y = -0{,}25x^2 + 4$.
a) Wie lang müssen die Seitenlängen des Rechtecks sein, damit sein Flächeninhalt maximal wird?
b) Wie lang müssen die Seitenlängen des Rechtecks sein, damit sein Umfang maximal wird?

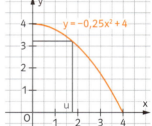

4 Ein gleichschenkliges Dreieck liegt mit einem Eckpunkt im Ursprung und mit den beiden anderen Ecken oberhalb der x-Achse auf dem Graphen von f mit $f(x) = -0{,}2x^2 + 6$.
Bestimmen Sie die Lage der Eckpunkte des Dreiecks auf der Parabel so, dass der Flächeninhalt des Dreiecks maximal wird.

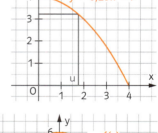

5 Ein Dreieck liegt mit einem Eckpunkt auf dem Ursprung.
Ein zweiter Eckpunkt liegt auf einem Schnittpunkt der Parabel zu $f(x) = -0{,}1x^2 + 8{,}1$ mit der x-Achse. Der dritte Punkt liegt auf der Parabel oberhalb der x-Achse.
Bestimmen Sie die Koordinaten des dritten Punktes so, dass der Flächeninhalt des Dreiecks maximal wird.

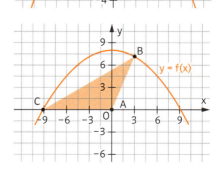

6 Für welche beiden Zahlen mit Abstand 1 ist das Produkt minimal?

42 II Einführung in die Differenzialrechnung

7 Ein zylinderförmiges Holzfass mit Boden und Deckel hat 54 000 cm³ Rauminhalt. Berechnen Sie die Höhe und den Radius des Fasses so, dass die Oberfläche möglichst gering ist.
(Hinweis: Ein Zylinder hat die Mantelfläche $M = 2\pi r h$, der Kreis die Fläche $F = \pi r^2$)

8 Eine zylinderförmige oben offene Kaffekanne soll ein Volumen von 1700 ml haben.
a) Bestimmen Sie für die Durchmesser 9 cm, 13 cm und 15 cm die Höhe der Kanne und ihre Oberfläche.
b) Wie sind Höhe und Durchmesser zu wählen, damit der Materialverbrauch minimal wird?
   Ist eine solche Kanne sinnvoll? Begründen Sie Ihre Antwort.

9 Eine Kohlenschaufel hat die Form eines Quaders, der oben und vorne offen ist. Aus Gewichtsgründen will man das Volumen auf 10 000 cm³ beschränken.
a) Fertigen Sie eine Skizze an.
b) Wie müssen die Seitenlängen gewählt werden, damit der Materialverbrauch minimiert wird, wenn der Schaufelboden quadratisch ist?

10 Von einem Produkt werden 10 000 Stück zu einem Preis von je 20 € verkauft. Eine Marktanalyse hat ergeben, dass bei einer Preissenkung um je 1 € pro Stück jeweils 700 Stück zusätzlich verkauft würden. Bei einer Preiserhöhung um je 1 € würden jeweils 700 Stück weniger verkauft.
a) Bestimmen Sie, für welchen Verkaufspreis bei welcher Menge der Umsatz maximal wird.
b) Bei der Produktion entstehen Kosten von 12 € pro Stück. Bestimmen Sie jetzt den Verkaufspreis und die Menge, für die der Gewinn maximal wird.
c) Entscheiden Sie begründet, was Sie dem Unternehmen empfehlen würden.

11 Ein Monopolist hat für Produkt A eine Gewinnkurve gemäß der Funktion $A(x_a) = -(0{,}5)x_a^2 + 6x_a - 10$; $x_a \in [0; 11]$ und für das Produkt B eine gemäß der Funktion $B(x_b) = -(0{,}8)x_b^2 + 5{,}6x_b - 4{,}8$; $x_b \in [0; 11]$.
(x_a und x_b in 1000 Stück, y in 10 000 €)

a) Bestimmen Sie die Gesamtgewinnfunktion $G = A(x_a) + B(x_b)$.

   $G = A(x_a) + B(x_b) = $ _____

b) Ermitteln Sie, mit welchen Mengen von A und B der Gewinn maximal ist, wenn für eine Lieferung insgesamt 7 ME produziert werden sollen.

   Nebenbedingung: 7 = _____ ; umstellen nach x_b:

   _____ $x_a \in [\_\_\_\_ ; \_\_\_\_]$

   Einsetzen von x_b in G und zusammenfassen: _____

   _____

   _____

   Extrema von G bestimmen: $G'(x_a) = $ _____ ; 0 = _____

   _____ ; $x_a = $ _____ oder $x_a = $ _____

   Welcher Wert liegt im Definitionsbereich? $x_a = $ _____

   Einsetzen in G'': $G''(x_a) = $ _____ ; $G''(___) = $ _____ ; also _____

   von G bei $x_a = $ _____ mit H(_____ | _____)

   Bestimmung von x_b: $x_b = 7 - x_a = $ _____ Randwerte: $G(0) = $ _____ ; $G(7) = $ _____

II Einführung in die Differenzialrechnung

Extremwerte in der Betriebswirtschaft

Für die Untersuchung von Funktionen in der Betriebswirtschaft haben bestimmte Aspekte besondere wirtschaftliche Bedeutung:

Kostenfunktion K: Sie gibt die Gesamtkosten in Abhängigkeit von der produzierten Menge x an. Sie ist die Summe aus der **Fixkostenfunktion K_f** und der **variablen Kostenfunktion K_v**.

Erlösfunktion E: Sie gibt den Erlös in Abhängigkeit von der verkauften Stückzahl x an.

Preis-Absatz-Funktion p: Sie gibt den Preis pro Stück in Abhängigkeit von der Stückzahl x an.

Stückkostenfunktion k: Sie gibt die durchschnittlichen Gesamtkosten pro Mengeneinheit (ME) an:
$k(x) = \frac{K(x)}{x}$

Variable Stückkostenfunktion k_v: Sie gibt die durchschnittlichen Kosten (ohne Fixkosten) pro Mengeneinheit an: $k_v(x) = \frac{K_v(x)}{x}$

Besondere Aspekte:
K' ist die Grenzkostenfunktion und gibt die lokale Änderungsrate der Kosten pro Mengeneinheit an.

Erlösfunktion minus Kostenfunktion ergibt die **Gewinnfunktion G:** $G(x) = E(x) - K(x)$

Im **Monopol** ist p linear mit negativer Steigung. Die Erlösfunktion ist dann $E(x) = p(x) \cdot x$

Im Tiefpunkt T(x|y) des Graphen von k ist die Stückzahl x das **Betriebsoptimum** und die Stückkosten y geben die **langfristige Preisuntergrenze** an.

Im Tiefpunkt T(x|y) des Graphen von k_v ist die Stückzahl x das **Betriebsminimum**, die variablen Stückkosten y geben die **kurzfristige Preisuntergrenze** an.

1 Ordnen Sie die Kärtchen einander richtig zu.

2 Bei der Produktion von exklusiven Kugelschreibern hat eine Firma die Kostenfunktion $K(x) = 0{,}2x^3 - 0{,}8x^2 + 3x + 30$; $x \in [0; 7]$.
Ihr Graph ist rechts zu sehen.
a) Zeigen Sie, dass das Betriebsoptimum bei x = 5 ME liegt und berechnen Sie die langfristige Preisuntergrenze.
b) Bestimmen Sie das Betriebsminimum.
c) Verkauft wird der Kugelschreiber für 13 € pro Stück. Berechnen Sie die gewinnmaximale Produktionsmenge und geben Sie den maximalen Gewinn an.
d) Bestimmen Sie die Grenzkostenfunktion und berechnen Sie die Grenzkosten für die gewinnmaximale Produktionsmenge. Vergleichen Sie das Ergebnis mit der Steigung der Erlösfunktion und erklären Sie, warum das so sein muss.

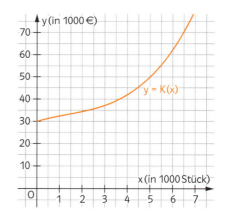

3 Mit dem automatischen Fensterreiniger KLARSICHT hat die Firma PUTZTECHNIK eine Monopolstellung auf dem Markt. Die Produktion verursacht Kosten gemäß der Funktion $K(x) = \frac{1}{3}x^3 - 8x^2 + 100x + 750$.
Die Preis-Absatzfunktion für KLARSICHT ist $p(x) = -0{,}5x + 200$ (x in 100 Stück, y in 100 €).
a) Bestimmen Sie die gewinnmaximale Produktionsmenge und ermitteln Sie das Gewinnmaximum.
b) Bestimmen Sie die Grenzkosten im Gewinnmaximum.
c) Ein Abnehmer garantiert der Firma einen Preis von 150 € pro Stück für jeden über 2000 Stück hinaus produzierten Fensterreiniger. Lohnt sich das für die Firma?

44 II Einführung in die Differenzialrechnung

Bestimmung einer ganzrationalen Funktion

Häufig sind von Kurvenverläufen nur einige Punkte oder Informationen über die Eigenschaften von Punkten bekannt. Für die eindeutige **Bestimmung der Funktionsgleichung** braucht man bei einer Funktion vom Grad n mindestens n + 1 Gleichungen.

Strategie

Eine Funktion 3. Grades hat ihren Hochpunkt in H(−4|80) und ihren Wendepunkt in W(−1|26).

1. Aufstellen der allgemeinen Funktion f vom Grad n und Bestimmung von f′ und f″.

    1. $f(x) = ax^3 + bx^2 + cx + d$; $f'(x) = 3ax^2 + 2bx + c$
    $f''(x) = 6ax + 2b$

2. Erstellen von Gleichungen zu den gegebenen Informationen mit f, f′ und f″.

    2. Hochpunkt H(−4|80), also $f(-4) = 80$ und $f'(-4) = 0$
    Wendepunkt W(−1|26), also $f(-1) = 26$ und $f''(-1) = 0$

3. Aufstellen des Gleichungssystems mit den n + 1 Gleichungen aus 2.

    3. (1) $f(-4) = 80$: $a \cdot (-4)^3 + b \cdot (-4)^2 + c \cdot (-4) + d = 80$
    (2) $f'(-4) = 0$: $3 \cdot a \cdot (-4)^2 + 2 \cdot b \cdot (-4) + c = 0$
    (3) $f(-1) = 26$: $a \cdot (-1)^3 + b \cdot (-1)^2 + c \cdot (-1) + d = 26$
    (4) $f''(-1) = 0$: $6 \cdot a \cdot (-1) + 2b = 0$, also $b = 3a$

4. Lösen des Gleichungssystems.

    4. b in (2) $48a - 24a + c = 0$, also $c = -24a$
    b, c in (3) $-a + 3a + 24a + d = 26$,
    also $d = -26a + 26$
    b, c, d in (1) $-64a + 48a + 96a - 26a + 26 = 80$; $a = 1$
    a einsetzen: $d = 0$; $c = -24$; $b = 3$

5. Angabe der gefundenen Funktion und Kontrolle der hinreichenden Bedingung.

    5. Damit: $f(x) = x^3 + 3x^2 - 24x$; $f'(x) = 3x^2 + 6x - 24$;
    $f''(x) = 6x + 6$; $f'''(x) = 6$;
    $f''(-4) = -18 < 0$, also Hochpunkt bei $x = -4$;
    $f'''(-1) \neq 0$, also Wendepunkt bei $x = -1$

1 Eine Funktion f mit $f(x) = ax^3 + bx^2 + cx + d$ hat den Graphen K. Formulieren Sie die gegebenen Bedingungen mithilfe von f, f′ und f″ als Gleichungen. Bestimmen Sie die Funktion f, wenn es möglich ist.
a) In T(−2|4) hat K einen Tiefpunkt und K verläuft durch den Ursprung des Koordinatensystems.
b) W(1|−3) ist ein Wendepunkt von K. Dort hat die Wendetangente die Steigung $m = 2$.
c) In den Punkten P(0|5) und Q(4|−27) sind die Tangenten an K waagerecht.
d) Die Steigung an der Stelle $x = 1$ ist 4 und K berührt die x-Achse bei $x = 5$.
e) K hat einen Sattelpunkt in W(3|0).
f) In P(−1|2) hat K die Steigung 4 und K verläuft durch Q(2|5).

2 Bestimmen Sie eine Funktion dritten Grades, deren Graph durch den Punkt P(−1|141) verläuft, dort die Steigung $m = -120$ und in T(4|−284) einen Tiefpunkt hat.

3 Der Graph einer Funktion vierten Grades läuft durch P(0|0) und hat dort einen Hochpunkt. T(−2|−4) ist ein Tiefpunkt und der Graph läuft durch Q(2|−4). Bestimmen Sie die Funktionsgleichung.

4 Bei einem Unternehmen liegt das Gewinnmaximum im Punkt H(9|1000). Bei 5 verkauften Mengeneinheiten ist der Gewinn 656 Geldeinheiten. Wenn das das Unternehmen nichts verkauft, liegt der Verlust bei 336,5 Geldeinheiten. Bestimmen Sie eine Funktion dritten Grades mit diesen Eigenschaften.

5 Eine Werbetafel in einem Freizeitpark verspricht:

Sausen Sie mit der Achterbahn vom höchsten Punkt 25,60 m herunter. Und das auf nur 8 m horizontaler Entfernung! Das größte Gefälle liegt genau in der Mitte, damit Sie den Kick richtig genießen können!

Modellieren Sie eine Funktion dritten Grades, die die Bahnkurve in diesem Abschnitt beschreibt.

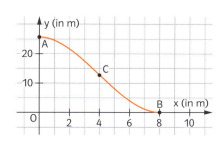

II Einführung in die Differenzialrechnung

Test

1 Bestimmen Sie die erste und zweite Ableitung der folgenden Funktionen.
a) $f(x) = x^4 + 3x^2 + 2x - 1$ b) $g(x) = -4x^3 + 5x^2 - 6x$ c) $h(x) = x^{-1}$ d) $i(x) = 3x^2 + 2x$

2 Bestimmen Sie die Extrempunkte und die Wendepunkte des Graphen der Funktion f.
Skizzieren Sie die Graphen.
a) $f(x) = -x^3 + 3x^2$ b) $f(x) = 2x^3 - 9x^2 + 12x + 4$ c) $f(x) = x^4 - 2x^2$

3 Gegeben ist die Funktion f mit $f(x) = -x^2 + 6x - 5$.
a) Bestimmen Sie die Gleichung der Tangente an den Graphen von f im Punkt $B(2|f(2))$.
b) Vom Punkt $R(3|8)$ aus sollen Tangenten an den Graphen von f gelegt werden. Bestimmen Sie die beiden Berührpunkte sowie die Gleichungen der beiden Tangenten.

4 Richtig oder falsch? Kreuzen Sie an.
Für eine Funktion f, die in einem Intervall I zweimal abgeleitet werden kann, gilt: richtig   falsch
a) Ist $f'(x_0) \neq 0$, so kann x_0 keine lokale Extremstelle von f sein.   ☐ ☐
b) Ist $f'(x) < 0$ für alle $x \in [2; 4]$, so ist $f(4) < f(2)$.   ☐ ☐
c) Eine Tangente an den Graphen einer Funktion f hat mit diesem Graphen immer nur einen Punkt gemeinsam.   ☐ ☐
d) Sind $f''(x_0) = 0$ und $f'''(x_0) \neq 0$, dann hat f einen Wendepunkt an der Stelle x_0.   ☐ ☐

5 Die nebenstehende Abbildung zeigt den Graphen der Funktion f im Intervall $[-2; 4]$.
Lesen Sie daraus näherungsweise ab:

a) $f(0) = $ _____ ; b) $f'(0) = $ _____ ;

c) das Vorzeichen von $f''(0)$: $f''(0)$ ist ____ als null;

d) das Intervall, in dem $f'(x) \leq 0$ ist: $I = [\_\_\_\_;\_\_\_\_]$;

e) das Intervall, in dem $f''(x) \geq 0$ ist: $I = [\_\_\_\_;\_\_\_\_]$;

f) die Stelle, an der f ein lokales Minimum hat: $x_0 = $ ____ ;

g) die Koordinaten des lokalen Tiefpunkts: (____|____);

h) die Stelle, an der f ein lokales Maximum hat: $x_1 = $ ____ ;

i) die Koordinaten des lokalen Hochpunkts: (____|____);

j) die Stelle, an der f' ein lokales Minimum hat: $x_2 = $ ____ .

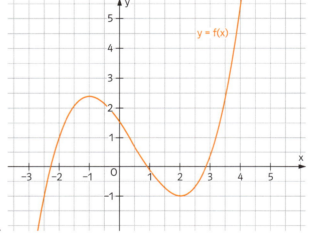

6 Für den Versand quaderförmiger Päckchen gilt bei DHL, dass Länge plus Breite plus Höhe höchstens 90 cm ergeben dürfen. Dabei darf keine Seite länger als 60 cm sein. Wie sind die Seitenlängen zu wählen, damit das Volumen maximal wird, wenn die Breite zudem die Hälfte der Länge sein soll?

7 Bestimmen Sie den Term einer Funktion dritten Grades, deren Graph in $T(0|0)$ einen Tiefpunkt und in $H(3|15)$ einen Hochpunkt hat.

8 Der Graph zeigt den Verlauf einer Funktion f. Skizzieren Sie aufgrund Ihres Wissens über die Ableitung, Extrema und Wendepunkte den Graphen von f'. Markieren Sie die entscheidenden Stellen.

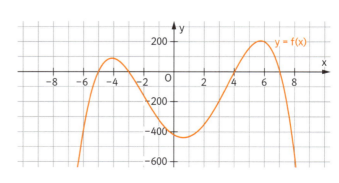

46 II Einführung in die Differenzialrechnung

Deutung von Flächeninhalten und Berechnungen

Gesamtänderungen bestimmt man aus dem Graphen der Änderungsrate dadurch, dass man in den einzelnen Abschnitten jeweils den Flächeninhalt zwischen dem Graphen und der x-Achse berechnet. Bei geradlinigen Verläufen des Graphen lassen sich die Flächen, die oft auch durch das Abzählen von Kästchen bestimmt werden können, in Dreiecke, Rechtecke und Trapeze unterteilen.

Beispiel:
Der Graph zeigt die Geschwindigkeit v eines Autos (in m/s) in Abhängigkeit von der Zeit t (in s).

Wie viel Meter hat das Auto nach 120 Sekunden zurückgelegt?

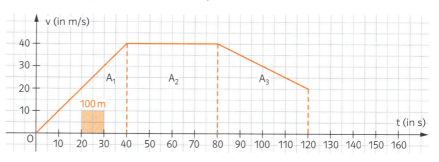

Berechnung der Gesamtstrecke durch das Abzählen von Kästchen:

A_1 umfasst 32 Kästchen, dies entspricht 800 m,

A_2 umfasst 64 Kästchen, dies entspricht 1600 m,

A_3 umfasst 48 Kästchen, dies entspricht 1200 m.

Berechnung der Gesamtstrecke durch Dreiecks-, Rechtecks- und Trapezflächen:

Dreieck $A_1 = \frac{1}{2} \cdot 40\frac{m}{s} \cdot 40\,s = 800\,m$,

Rechteck $A_2 = 40\frac{m}{s} \cdot 40\,s = 1600\,m$,

Trapez $A_3 = \frac{1}{2} \cdot \left(40\frac{m}{s} + 20\frac{m}{s}\right) \cdot 40\,s = 1200\,m$.

Die zurückgelegte Gesamtstrecke beträgt nach 120 Sekunden insgesamt $A_1 + A_2 + A_3 = 3600\,m$.

1 Der CO_2-Ausstoß (in g/km) eines Pkw in Abhängigkeit der zurückgelegten Strecke (in km) entwickelt sich gemäß nebenstehendem Graphen.
a) Wie viel Gramm CO_2 stößt der Pkw auf den ersten beiden Kilometern aus?
b) Wie viel Gramm CO_2 stößt der Pkw zwischen Kilometer 2 und 7 aus?
c) Wie viel Gramm CO_2 stößt der Pkw auf der gesamten Strecke aus?

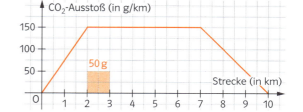

2 Nebenstehender Graph zeigt die Wachstumsrate eines Tropfsteines (in mm pro 100 Jahre) in Abhängigkeit von der Zeit t (in 100 Jahren).
a) Wie viele Millimeter ist der Tropfstein in den ersten 200 Jahren gewachsen?
b) Wie viele Millimeter wächst der Tropfstein im siebten Jahrhundert?
c) Wie viele Millimeter wächst der Tropfstein in 1000 Jahren?

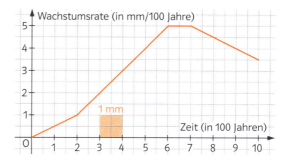

3 Der Bordcomputer eines Autos zeigt den momentanen Kraftstoffverbrauch (in l/100 km) an, dessen Verlauf in Abhängigkeit von der gefahrenen Strecke (in km) nachfolgend für zwei Fahrten dargestellt ist.
Bestimmen Sie, wie viel Liter Kraftstoff während der ersten 50 km bzw. während der gesamten Fahrstrecke verbraucht werden.

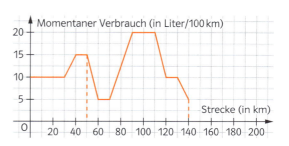

III Integralrechnung 47

4 In einen zu Beginn leeren Eimer tropft 30 Stunden lang Wasser. Der Graph zeigt die Tropfrate in Liter pro Stunde.
Wie viel Liter muss der Eimer mindestens fassen, damit er in dieser Zeit nicht überläuft?

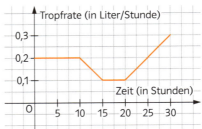

5 Aus einem bis an den Rand gefüllten 12-Liter-Eimer läuft gemäß folgendem Schaubild durch ein Loch im Boden Wasser aus.
Wie viel Wasser befindet sich nach 20 Stunden noch im Eimer?

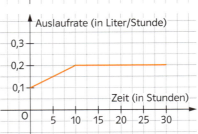

6 Zwei Züge fahren auf der knapp 100 km langen Strecke von Stuttgart nach Ulm einander entgegen, Göppingen liegt fast genau in der Mitte der Strecke. Die beiden Züge starten zur selben Zeit und fahren gemäß den gezeichneten Zeit-Geschwindigkeits-Graphen.

Zug 1: Stuttgart → Ulm

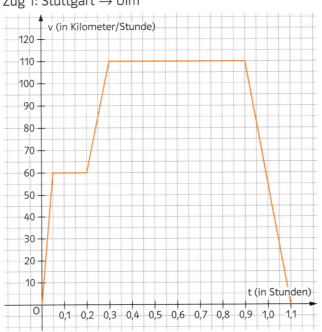

Zug 2: Ulm → Stuttgart

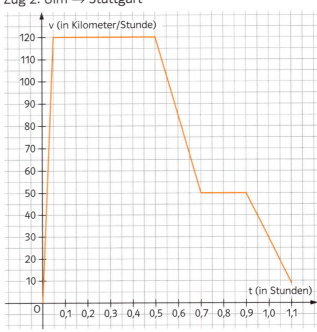

a) Welche Strecke legen die Züge in den ersten 0,05 Stunden zurück?

Zug 1: _____ Zug 2: _____

b) Wie weit fährt Zug 1 in den ersten 0,3 Stunden seiner Fahrt?

_____

c) Wie lange benötigen die Züge, um eine Strecke von 50 km zurückzulegen?

Zug 1 muss nach 0,3 Stunden noch _____ km fahren, um 50 km zurückgelegt zu haben.

Dazu benötigt er noch _____ Stunden.

Insgesamt fährt Zug 1 also _____ Stunden für 50 km.

Zug 2 muss nach 0,05 Stunden noch _____ km fahren, um 50 km zurückgelegt zu haben.

Dazu benötigt er noch _____ Stunden.

Insgesamt fährt Zug 2 also _____ Stunden für 50 km.

d) Begegnen sich die Züge zwischen Göppingen und Stuttgart oder zwischen Göppingen und Ulm?

_____

48 III Integralrechnung

Integral und Integralfunktion

Gegeben ist die Funktion f mit $f(x) = \frac{1}{2}x + 3$.

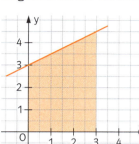

Mit dem Integral $J_0(3) = \int_0^3 \left(\frac{1}{2}t + 3\right) dt$ lässt sich die Fläche unterhalb des Graphen von f im Intervall [0; 3] berechnen. Verallgemeinert man dies, kann man zur Berechnung von Flächeninhalten unterhalb des Graphen von f im Intervall [0; x] jeweils ein Integral angeben:

$J_0(x) = \int_0^x \left(\frac{1}{2}t + 3\right) dt$. J_0 heißt „**Integralfunktion von f zur unteren Grenze 0**".

Ein Funktionsterm für die Integralfunktion ist $J_0(x) = \int_0^x \left(\frac{1}{2}t + 3\right) dt = \left[\frac{1}{4}t^2 + 3t\right]_0^x = \frac{1}{4}x^2 + 3x$

Die gezeichnete Fläche hat den Inhalt $J_0(3) = \int_0^3 \left(\frac{1}{2}t + 3\right) dt = 11{,}25$

Noch allgemeiner liefert $J_a(x) = \int_a^x \left(\frac{1}{2}t + 3\right) dt$ den **orientierten Flächeninhalt** zwischen dem Graphen von f und der x-Achse im Intervall [a; x]

Die nachfolgende Tabelle gibt für verschiedene x die entsprechenden Flächeninhalte zur unteren Grenze a = 0 an:

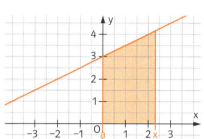

x	1	2	3	10	x
$J_0(x)$	3,25	7	11,25	55	$\frac{1}{4}x^2 + 3x$

1 Berechnen Sie die Fläche mithilfe der Integralfunktion von f zur unteren Grenze 0.

a) $f(x) = 2$

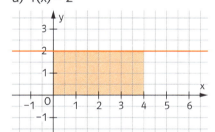

b) $f(x) = \frac{1}{2}x$

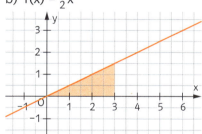

c) $f(x) = -\frac{1}{4}x + 1$

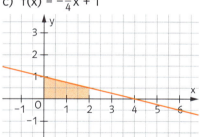

Bei der **Berechnung des Integrals** werden Flächen **oberhalb der x-Achse positiv** gezählt und Flächen **unterhalb der x-Achse negativ**. Mit $f(x) = -x + 1$ berechnet man

a) $\int_0^1 (-x + 1) dx = 0{,}5$, $A = 0{,}5$.

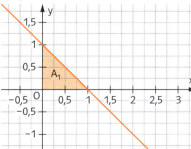

b) $\int_1^2 (-x + 1) dx = -0{,}5$, $A = 0{,}5$.

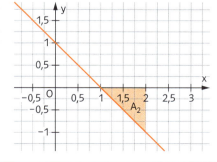

c) $\int_0^2 (-x + 1) dx = 0$, aber $A = 1$.

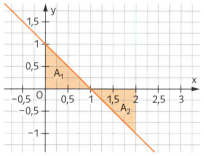

III Integralrechnung

2 Schreiben Sie den orientierten Flächeninhalt mithilfe von Integralen. Bestimmen Sie den Flächeninhalt unter Verwendung von Dreiecks-, Rechtecks- und Trapezflächen.

a) f(x) = x + 2, b) f(x) = −3, c) f(x) = $\frac{1}{2}$x − 1.

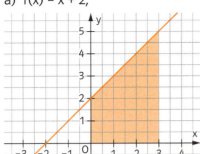 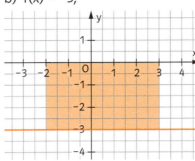 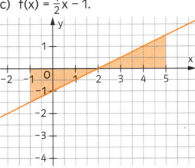

3 Die Tabelle enthält Funktionsgraphen mit schraffierten Flächen, die dazu gehörigen Integrale sowie die Werte dieser Integrale. Vervollständigen Sie die Sätze unter der Tabelle.

(1)	(2)	(3)	(4)
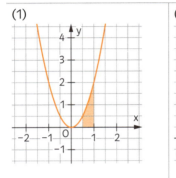	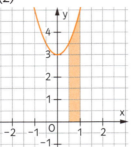	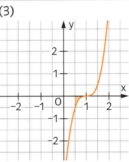	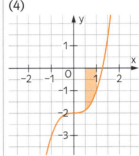
A) $\int_{0,5}^{1}(x^3-2)\,dx$	B) $\int_{0,5}^{1}2x^2\,dx$	C) $\int_{0,5}^{1}(2x^2+3)\,dx$	D) $\int_{0,5}^{1}4(x-1)^3\,dx$
a) −0,77	b) −0,0625	c) 0,5833	d) 2,0833

Zur Fläche (1) gehört das Integral _____ mit dem Wert _____.

Zur Fläche (2) gehört das Integral _____ mit dem Wert _____.

Zur Fläche (3) gehört das Integral _____ mit dem Wert _____.

Zur Fläche (4) gehört das Integral _____ mit dem Wert _____.

4 In der Abbildung ist der Graph einer Funktion f dargestellt. Ordnen Sie folgende Integrale der Größe nach.

$\int_{1}^{3}f(x)\,dx$ $\int_{1}^{5}f(x)\,dx$ $\int_{3}^{4}f(x)\,dx$ $\int_{3}^{5}f(x)\,dx$ $\int_{2}^{3}f(x)\,dx$

Fangen Sie mit dem kleinsten Integral an:

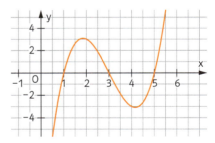

5 Gegeben ist der Graph einer Funktion f, der mit der x-Achse zwei orientierte Teilflächen A_1 und A_2 einschließt.

Das Integral $\int_{a}^{b}f(x)\,dx$ hat den Wert 2.

Kreuzen Sie an, ob die folgenden Aussagen wahr oder falsch sind.

	wahr	falsch
(1) $|A_1|$ ist doppelt so groß wie $|A_2|$	☐	☐
(2) $|A_1| = |A_2| + 2$	☐	☐
(3) $|A_1| = 2$	☐	☐
(4) A_1 ist um 2 größer als A_2	☐	☐

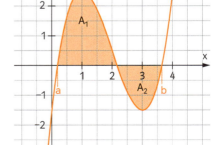

Integral und Stammfunktion – Hauptsatz

> Eine Funktion F heißt **Stammfunktion**, wenn gilt: **F'(x) = f(x)**.
>
> Die Funktion F mit $F(x) = \frac{1}{2}x^2$ ist eine **Stammfunktion** von f mit f(x) = x, da gilt: $F'(x) = \frac{1}{2} \cdot 2x = x = f(x)$.
>
> Jede Funktion G, die sich von F nur durch einen konstanten Summanden unterscheidet, wie z.B. $G(x) = \frac{1}{2}x^2 + 3$, ist ebenfalls eine Stammfunktion von f, da gilt: $G'(x) = \frac{1}{2} \cdot 2x + 0 = x = f(x)$
>
> Eine Stammfunktion zu **Potenzfunktionen** findet man, indem man zur Hochzahl 1 addiert und den Term, mit dem Kehrwert der neuen Hochzahl multipliziert. Aus $f(x) = x^n$ folgt $F(x) = \frac{1}{n+1}x^{n+1}$; $n \in \mathbb{N}$.
>
> Ein Beispiel zur **Potenzregel**: Aus $f(x) = x^3$ folgt $F(x) = \frac{1}{3+1}x^{3+1} = \frac{1}{4}x^4$.

1 a) Ordnen Sie jeder Funktion f die möglichen Stammfunktionen F zu.

Funktionen: (a) $f(x) = x^2$ (b) $f(x) = \frac{1}{3}x^7$ (c) $f(x) = 11$ (d) $f(x) = -2x$

Stammfunktionen: (A) $F(x) = \frac{1}{3}x^8$ (B) $F(x) = \frac{1}{3}x^3$ (C) $F(x) = \frac{1}{24}x^8$ (D) $F(x) = x$

(E) $F(x) = \frac{1}{3}x^3 + 5$ (F) $F(x) = \frac{1}{24}x^8 + 8$ (G) $F(x) = -x^2$ (H) $F(x) = -2x^2 + 3$

b) Geben Sie zu den in Teilaufgabe a) noch nicht zugeordneten Stammfunktionen F einen Funktionsterm für f an, sodass F eine Stammfunktion von f ist.

Zur Stammfunktion F mit F(x) = _____ gehört f mit f(x) = _____ .

Zur Stammfunktion F mit F(x) = _____ gehört f mit f(x) = _____ .

Zur Stammfunktion F mit F(x) = _____ gehört f mit f(x) = _____ .

> Eine Stammfunktion zu **Summen von Funktionen** findet man, indem man zu jedem der Summanden eine Stammfunktion sucht und diese dann addiert. Aus $f(x) = g(x) \pm h(x)$ folgt $F(x) = G(x) \pm H(x)$.
>
> Ein Beispiel zur **Summenregel**: Aus $f(x) = x^3 + x^2$ folgt $F(x) = \frac{1}{4}x^4 + \frac{1}{3}x^3$.
>
> Eine Stammfunktion zu **Vielfachen von Funktionen** findet man, indem man zur Funktion eine Stammfunktion ermittelt und diese dann mit dem Vielfachen multipliziert:
> Aus $f(x) = a \cdot g(x)$ folgt $F(x) = a \cdot G(x)$.
>
> Ein Beispiel zur **Faktorregel**: Aus $f(x) = 6x^2$ folgt $F(x) = 6 \cdot \frac{1}{3}x^3 = 2x^3$.

2 Geben Sie jeweils eine Stammfunktion an.

a) $f(x) = 2x + x^3$
F(x) = _____

b) $f(x) = -3x^2 + \frac{1}{2}x^3$
F(x) = _____

c) $f(x) = 2x + 1$
F(x) = _____

d) $f(x) = 4x^3 + 6x^2 - 2x + 1$
F(x) = _____

e) $f(x) = x^7 + x$
F(x) = _____

f) $f(x) = \frac{1}{8}x^3 + \frac{1}{2}x - 4$
F(x) = _____

3 Geben Sie jeweils drei Stammfunktionen an.

a) $f(x) = x^2 + 3x - 1$
$F_1(x) =$ _____
$F_2(x) =$ _____
$F_3(x) =$ _____

b) $f(x) = \frac{1}{4}x^4 - x^2 + 5$
$F_1(x) =$ _____
$F_2(x) =$ _____
$F_3(x) =$ _____

c) $f(x) = 4x^3 + 3x^2 - 2x + 1$
$F_1(x) =$ _____
$F_2(x) =$ _____
$F_3(x) =$ _____

Das Integral einer Funktion f lässt sich mithilfe einer Stammfunktion F berechnen: $\int_a^b f(x)\,dx = F(b) - F(a)$

Diesen Zusammenhang nennt man **Hauptsatz der Differenzial- und Integralrechnung**.

Beispiel: Bei der Berechnung des Integrals $\int_1^2 x^3\,dx$ geht man folgendermaßen vor:

1. Man sucht eine Stammfunktion F von f: $F(x) = \frac{1}{4}x^4$ ist eine Stammfunktion von f mit $f(x) = x^3$
2. Man berechnet die Funktionswerte F(2) und F(1) und bildet die Differenz F(2) − F(1):

$\int_1^2 x^3\,dx = F(2) - F(1) = \frac{1}{4} \cdot 2^4 - \frac{1}{4} \cdot 1^4 = \frac{15}{4}$

Für dieses Verfahren schreibt man abkürzend $\int_1^2 x^3\,dx = \left[\frac{1}{4}x^4\right]_1^2 = \frac{1}{4} \cdot 2^4 - \frac{1}{4} \cdot 1^4 = \frac{15}{4}$.

4 Berechnen Sie das Integral mit dem Hauptsatz der Differenzial- und Integralrechnung.

a) $\int_1^3 2\,dx$
b) $\int_3^5 x^5\,dx$
c) $\int_{-1}^3 x^5\,dx$
d) $\int_2^5 0{,}7x^4\,dx$
e) $\int_{-2}^{-1} \frac{2}{5}x^3\,dx$

f) $\int_{-2}^2 x\,dx$
g) $\int_1^5 (-2x + 1)\,dx$
h) $\int_0^2 \left(\frac{1}{4}x^2 - 4x\right)dx$
i) $\int_{-1}^3 (4x^3 + 3x^2 + 5x - 1)\,dx$

5 Berechnen Sie den Wert des Integrals in den angegebenen Grenzen und vergleichen Sie den Wert mit der farbigen Fläche.

	a) $f(x) = 0{,}5x + 1$	b) $f(x) = -\frac{1}{2}x^2 + 4$	c) $f(x) = x^3$
Stammfunktion von f	F(x) =	F(x) =	F(x) =
Integral			
Berechnung des Integrals			
Vergleich			

6 In den folgenden Integralberechnungen stecken jeweils Fehler. Beschreiben Sie den oder die Fehler und führen Sie die Rechnung korrekt aus.

a) $\int_1^3 x\,dx = [x]_1^3 = 3 - 1 = 2$

Fehlerbeschreibung:

Korrekte Rechnung:

b) $\int_1^3 \frac{1}{2} x^2\,dx = \left[\frac{1}{6}x^3\right]_1^3 = \frac{1}{6} \cdot 1^3 - \frac{1}{6} \cdot 3^3 = \frac{1}{6} - \frac{27}{6} = -\frac{13}{3}$

Fehlerbeschreibung:

Korrekte Rechnung:

c) $\int_1^4 (-x + 5)\,dx = [5x]_1^4 = 5 \cdot 4 + 5 \cdot 1 = 25$

Fehlerbeschreibung:

Korrekte Rechnung:

d) $\int_0^1 (4x^3 + 3x^2)\,dx = \left[\frac{1}{16}x^4 + \frac{1}{9}x^3\right]_0^1 = \frac{1}{16} - \frac{1}{9} = -\frac{7}{144}$

Fehlerbeschreibung:

Korrekte Rechnung:

7 Füllen Sie die Lücken richtig aus und berechnen Sie das Integral.

a) $\int_1^4 x^7\,dx = \left[\frac{1}{8}x^{\blacksquare}\right]_1^{\blacksquare} = \frac{1}{8} \cdot \blacksquare^{\blacksquare} - \frac{1}{8} \cdot 1^{\blacksquare} =$ _____

b) $\int_0^{\blacksquare} \blacksquare\,dx = [-x^3]_{\blacksquare}^2 = -2^3 \blacksquare (-0^3) =$ _____

c) $\int_1^2 \blacksquare \cdot x\,dx = \left[\frac{\blacksquare}{2}x^2\right]_1^2 = \frac{3}{2} \cdot \blacksquare^2 - \blacksquare \cdot 1^2 =$ _____

d) $\int_{\blacksquare}^0 \frac{1}{4}\,dx = [\blacksquare]_{\blacksquare}^{\blacksquare} = \frac{1}{4} \cdot \blacksquare - \frac{1}{4}(-8) =$ _____

Flächen zwischen Graph und x-Achse

1.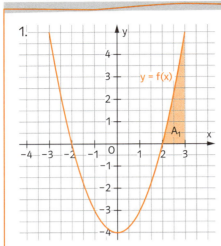
2.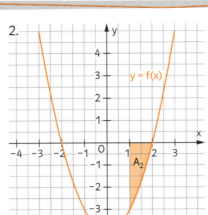
3.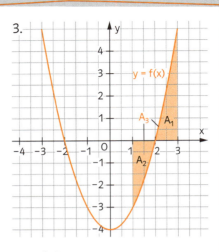

1. Die Funktion f mit $f(x) = x^2 - 4$ hat im Intervall $I = [2; 3]$ **nur positive Funktionswerte**.
   Die Fläche A_1, die der Graph f auf I mit der x-Achse einschließt, liegt komplett oberhalb der x-Achse.
   Für das Integral gilt: $\int_{2}^{3}(x^2 - 4)\,dx = \left[\frac{1}{3}x^3 - 4x\right]_{2}^{3} = -3 - \left(-\frac{16}{3}\right) = \frac{7}{3}$.
   Hier beträgt der Flächeninhalt $A_1 = \frac{7}{3}$.

2. Die Funktion f mit $f(x) = x^2 - 4$ hat im Intervall $I = [1; 2]$ **nur negative Funktionswerte**.
   Die Fläche A_2, die der Graph f auf I mit der x-Achse einschließt, liegt komplett unterhalb der x-Achse.
   Für das Integral gilt: $\int_{1}^{2}(x^2 - 4)\,dx = \left[\frac{1}{3}x^3 - 4x\right]_{1}^{2} = -\frac{16}{3} - \left(-\frac{11}{3}\right) = -\frac{5}{3}$.
   Für den Flächeninhalt nimmt man den Betrag des Integralwertes. Er beträgt damit $A_2 = \frac{5}{3}$.

3. Die Funktion f mit $f(x) = x^2 - 4$ hat im Intervall $I = [1; 3]$ **sowohl positive als auch negative Funktionswerte**. Die Fläche A_3, die der Graph f auf I mit der x-Achse einschließt, liegt sowohl oberhalb als auch unterhalb der x-Achse. Die Nullstelle $x = 2$ teilt die Fläche in zwei Teilflächen A_1 und A_2.
   Für das erste Teilintegral gilt: $\int_{2}^{3}(x^2 - 4)\,dx = \left[\frac{1}{3}x^3 - 4x\right]_{2}^{3} = \frac{7}{3}$.
   Für das zweite Teilintegral gilt: $\int_{1}^{2}(x^2 - 4)\,dx = \left[\frac{1}{3}x^3 - 4x\right]_{1}^{2} = -\frac{5}{3}$.
   Damit beträgt der Flächeninhalt $A_3 = A_1 + A_2 = \frac{7}{3} + \frac{5}{3} = 4$.

4. **Wenn man den Graphen nicht kennt**, geht man zur Berechnung des Flächeninhaltes zwischen dem Graphen von f und der x-Achse über dem Intervall [a; b] wie folgt vor:
   1. Man bestimmt die Nullstellen von f auf [a; b].
   2. Man berechnet die Integrale über den Teilintervallen.
   3. Man addiert die Inhalte der entsprechenden Teilflächen.

1 Berechnen Sie den Inhalt der Fläche, den der Graph der Funktion f mit der x-Achse über dem eingezeichneten Intervall einschließt.

a) $f(x) = 2x - 1$
b) $f(x) = x^2 + 2x - 3$
c) $f(x) = -\frac{1}{2}x^3 + \frac{7}{4}x^2 + \frac{1}{2}x - \frac{7}{4}$

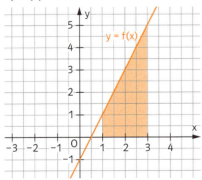
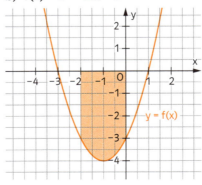
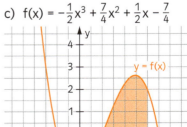

54 III Integralrechnung

d) $f(x) = x^4 - 2{,}5x^3$

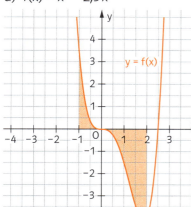

e) $f(x) = \frac{1}{2}x^4 - 2x^3 + \frac{3}{2}x^2 + 2x - 2$

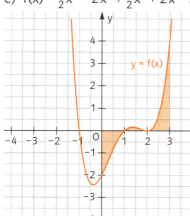

f) $f(x) = x^5 - 3x^3$

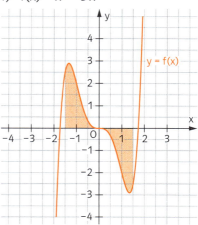

2 Berechnen Sie den Inhalt der Fläche, den der Graph der Funktion f mit der x-Achse einschließt und markieren Sie die Fläche.

a) $f(x) = -x^2 - 2x + 3$

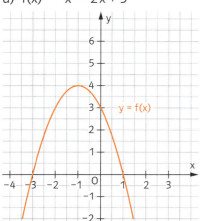

b) $f(x) = \frac{1}{2}x^2 - \frac{1}{2}x - 3$

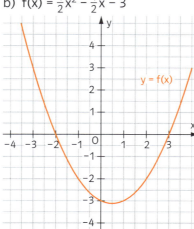

c) $f(x) = x^3 - 6x^2 + 9x$

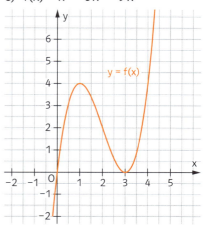

d) $f(x) = -x^3 + 4x^2 - 3x$

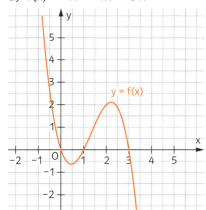

e) $f(x) = x^4 - 4x^2$

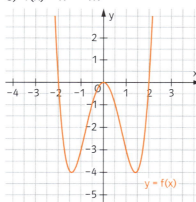

f) $f(x) = x^5 - 4x^3$

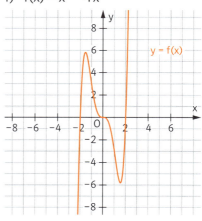

3 Berechnen Sie die Nullstellen und anschließend den Inhalt der Fläche, den der Graph mit der x-Achse einschließt.

a) $f(x) = 2x^2 - 2x - 24$
b) $f(x) = -x^2 - 3x + 4$
c) $f(x) = x^3 + x^2 - 6x$
d) $f(x) = x^3 + 5x^2 + 7x + 3$
e) $f(x) = -x^4 + 9x^2$
f) $f(x) = x^4 - 10x^2 + 9$

4 Bestimmen Sie den Inhalt der Fläche, den der Graph von f über dem Intervall I mit der x-Achse einschließt.

a) $f(x) = -x + 1$, $I = [-2; 2]$
b) $f(x) = x^2 - 2x + 1$, $I = [1; 3]$
c) $f(x) = x^3 - x$, $I = [0; 4]$
d) $f(x) = x^4 - 4x^2$, $I = [-1; 1]$
e) $f(x) = -x^4 - 2x^2 + 3x$, $I = [-1; 2]$
f) $f(x) = x^5 - 3x^3$, $I = [0; 3]$

III Integralrechnung

Flächen zwischen zwei Graphen

Es soll der Inhalt der Fläche berechnet werden, die von zwei Funktionen f und g im Intervall [a; b] begrenzt wird. Die Funktion f verläuft oberhalb der Funktion g. Die **Graphen** der Funktionen **schneiden sich nicht**.

Für das Integral gilt: $\int_a^b (f(x) - g(x)) dx$.

Der Flächeninhalt A entspricht in diesem Fall dem Wert des Integrals.

Verläuft bei gleicher Formel die Funktion g oberhalb der Funktion f, nimmt man für den Flächeninhalt den Betrag des Integralwertes.

Beispiel: $f(x) = \frac{1}{2}x^2 - \frac{1}{2}$ und $g(x) = -\frac{1}{2}x - \frac{3}{2}$ Für das Integral gilt:

$\int_a^b (f(x) - g(x)) dx = \int_{-2}^3 \left(\frac{1}{2}x^2 - \frac{1}{2} - \left(-\frac{1}{2}x - \frac{3}{2} \right) \right) dx = \int_{-2}^3 \left(\frac{1}{2}x^2 + \frac{1}{2}x + 1 \right) dx$

$= \left[\frac{1}{6}x^3 + \frac{1}{4}x^2 + x \right]_{-2}^3 = \frac{39}{4} - \left(-\frac{7}{3} \right) = \frac{145}{12} \approx 12{,}08$

Der Flächeninhalt beträgt damit $A = \frac{145}{12} \approx 12{,}08$.

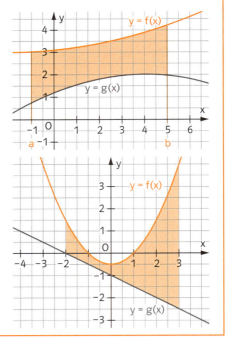

1 Berechnen Sie den Inhalt der Fläche, den die beiden Graphen der Funktionen f und g über dem eingezeichneten Intervall einschließen.

a) $f(x) = \frac{1}{2}x + 3$; $g(x) = \frac{1}{2}x - 2$

b) $f(x) = x + 3$; $g(x) = -\frac{1}{2}x^2 + 1$

c) $f(x) = -3$; $g(x) = x^2 - 2x - 1$

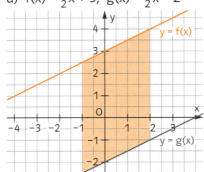 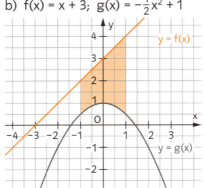 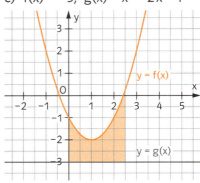

Nun soll der Inhalt der Fläche berechnet werden, die von den Graphen der Funktionen f und g mit $f(x) = x^3 - 2x^2$ und $g(x) = x^2 + x - 3$ begrenzt wird. Dazu berechnet man die **Schnittstellen**. Der Ansatz $f(x) = g(x)$ liefert die Gleichung $x^3 - 3x^2 - x + 3 = 0$ mit den Lösungen $x_1 = -1$, $x_2 = 1$ und $x_3 = 3$. Die Schnittstellen teilen die Fläche in zwei Teilflächen A_1 und A_2.

Für das erste Teilintegral gilt: $\int_a^b (f(x) - g(x)) dx = \int_{-1}^1 (x^3 - 3x^2 - x + 3) dx = 4$.

Für das zweite Teilintegral gilt: $\int_1^3 (x^3 - 3x^2 - x + 3) dx = -4$.

Damit beträgt der Flächeninhalt $A = A_1 + A_2 = 4 + 4 = 8$.
Wenn man die Graphen nicht kennt, geht man zur Berechnung des Flächeninhaltes zwischen zwei Graphen von f und g über dem Intervall [a; b] wie folgt vor:
1. Man bestimmt die Schnittstellen von f und g auf [a; b].
2. Man berechnet die Integrale über den Teilintervallen mit $\int_a^b (f(x) - g(x)) dx$.
3. Man addiert die entsprechenden Flächeninhalte.

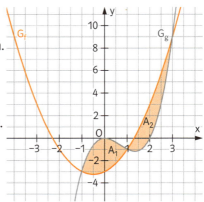

56   III Integralrechnung

2 Berechnen Sie den Inhalt der Fläche, den die beiden Graphen der Funktionen f und g einschließen.

a) f(x) = x − 3; g(x) = x² − 9   b) f(x) = x³; g(x) = x² + 2x   c) f(x) = −x⁴ + 4x² + 1; g(x) = 1

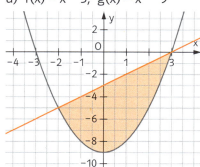
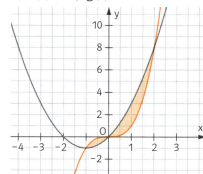
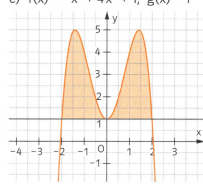

3 Berechnen Sie den Flächeninhalt, den die Graphen der Funktionen f und g miteinander einschließen.

	a) f(x) = x³ − x, g(x) = 3x	b) f(x) = x², g(x) = −x³ + 3x²
Schnittstellen		
Teilintervalle	I₁ = I₂ =	I₁ = I₂ =
Integrale, die zu berechnen sind		
Gesamtflächeninhalt		

	c) f(x) = x³; g(x) = 2x² + 11x − 12	d) f(x) = x⁴ − 5x²; g(x) = −4
Schnittstellen		
Teilintervalle		
Integrale, die zu berechnen sind		
Gesamtflächeninhalt		

III Integralrechnung

Anwendungen

In Anwendungszusammenhängen erschließt sich die **Bedeutung des Flächeninhalts** der Fläche unter bzw. zwischen Kurven durch seine Einheit.

Die Einheit des Flächeninhalts ist immer das Produkt von Einheit der y-Achse und Einheit der x-Achse.

Beim freien Fall ergibt sich nebenstehendes Geschwindigkeits-Zeit-Diagramm $f(x) \approx 9{,}81 \cdot x$

Für die Fläche zwischen Graph und x-Achse im Intervall [0; 2] gilt
$A = \int_0^2 9{,}81\, x\, dx = [4{,}905\, x^2]_0^2 = 19{,}62$

Die Fläche hat die Einheit $\frac{m}{s} \cdot s = m$ und gibt also die zurückgelegte Weglänge an. Sie beträgt 19,62 m.

1 Geben Sie die Bedeutung der Fläche zwischen Graph und x-Achse an.

a) y-Achse: kW; x-Achse: h; Einheit der Fläche: _____ ; Bedeutung: _____

b) y-Achse: Liter pro Minute; x-Achse: Minuten; Einheit der Fläche: _____ ; Bedeutung: _____

c) y-Achse: km pro Stunde; x-Achse: Stunden; Einheit der Fläche: _____ ; Bedeutung: _____

d) y-Achse: m²; x-Achse: m; Einheit der Fläche: _____ ; Bedeutung: _____

e) y-Achse: € pro Tag; x-Achse: Tage; Einheit der Fläche: _____ ; Bedeutung: _____

2 Der Graph der Funktion $f(x) = x^3 - 10x^2 + 24x$ gibt im Bereich von $x = 0$ bis $x = 6$ ungefähr die Wachstumsrate einer Hasenpopulation in Hasen pro Monat an.
a) Welche Bedeutung hat die Fläche zwischen Kurve und x-Achse?
b) Welche Bedeutung hat es, wenn die Kurve unter der x-Achse liegt?
c) Wie viele Hasen gibt es nach vier Monaten, wenn zu Beginn ($x = 0$) bereits 10 Hasen vorhanden waren?
d) Wie viele Hasen sind es nach 6 Monaten?
e) Erklären Sie den Kurvenverlauf vor dem biologischen Hintergrund.

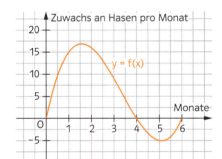

3 Bei der Gestaltung einer Wand mit besonders teurer Farbe sollen die Farbflächen durch eine Welle getrennt sein. Die Welle verläuft wie der Graph der Funktion f mit $f(x) = 5x^3 - 30x^2 + 40x + 130$ mit $0 \leq x \leq 4{,}5$. Pro m² werden 0,2 Liter Farbe benötigt. Die Farbe wird in Flaschen zu 0,1 Litern verkauft.
a) Bestimmen Sie die notwendigen Mengen orangener und grauer Farbe.
b) In welcher Höhe müsste eine waagerechte Trennlinie statt der Welle verlaufen, um mit der gleichen Menge Farbe auszukommen?

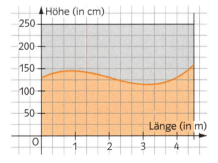

4 Der Graph der Funktion f mit
$f(x) = -26{,}9x^4 + 322{,}25x^3 - 1264{,}4x^4 + 1755x + 250$
beschreibt ungefähr die Geschwindigkeit eines Flugzeugs auf seinem Flug. Bestimmen Sie die Länge der zurückgelegten Strecke.

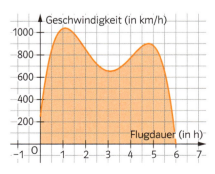

58 III Integralrechnung

5 Die Funktion f mit $f(x) = x^3 - 12x^2 + 35x$ gibt den Zufluss bzw. Abfluss des Wassers einer Badewanne in Litern pro Minute an.
a) Wie viel Wasser befindet sich nach 5 Minuten in der Wanne?
b) Bestimmen Sie die Zeitpunkte, zu denen kein Wasser in die Wanne bzw. aus der Wanne fließt.
c) Bestimmen Sie den Wert des Integrals zu f in den Grenzen von kleinster und größter Nullstelle.
d) Was bedeutet der in c) ausgerechnete Wert im Hinblick auf die Wassermenge in der Wanne zum Zeitpunkt 7 Minuten?

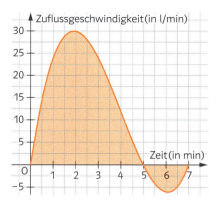

6 Ein Golfverein will das Gelände zwischen zwei Feldwegen zur Erweiterung des Geländes kaufen. Ein Quadratmeter Boden kostet 5 €. Der Verlauf der Wege entspricht ungefähr
$f(x) = x^3 - 3x^2 - 18x + 40$ und $g(x) = x^2 + 13x - 30$.
a) Berechnen Sie die Größe der Fläche, die der Golfplatz erwerben möchte. Geben Sie an, wie teuer die Fläche ist.
b) Tatsächlich aber will der Verkäufer nur 14 400 €, da er davon ausgeht, dass die Fläche nur 2880 m² groß ist. Wo liegt sein Rechenfehler vermutlich?

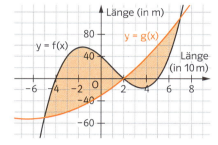

7 Die Uferlinie eines Stausees entspricht auf der einen Seite ungefähr dem Verlauf des Graphen zu $f(x) = 30x^2 - 60x + 100$ und auf der anderen Seite dem Verlauf des Graphen zu
$g(x) = x^3 - 34,5x^2 + 212x - 20$, $1 \leq x \leq 4$.
Durchschnittlich ist der See 15 m tief.
a) Bestimmen Sie die Wasseroberfläche des Sees.
b) Wie viele Tage könnte die Stadt Bochum mit einem täglichen Wasserverbrauch von 46 000 m³ in einer Trockenperiode mit Wasser versorgt werden?

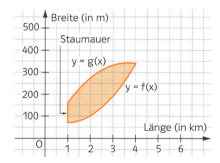

8 Der Kostenzuwachs bei der Produktion einer Ware kann in etwa durch die Kurve zu $K'(x) = 3x^2 - 16x + 40$ beschrieben werden.
(x aus dem Intervall [0; 6])
Bestimmen Sie die Gesamtkosten für die Produktion an der Produktionsgrenze von 600 Stück (x = 6).

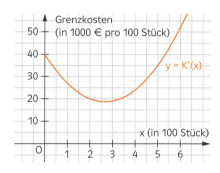

9 Der Gewinn pro Mengeneinheit verhält sich beim Verkauf eines Produkts ungefähr entsprechend der Funktion
$G'(x) = -0,5x^3 + 0,5x^2 + 10x$, $0 \leq x \leq 6$.
a) Bestimmen Sie die Produktionsmengen, für die der Gewinn pro 10 000 Stück 0 € ist.
b) Was bedeutet es, wenn die Kurve unter der x-Achse verläuft?
c) Bestimmen Sie den Gewinn, wenn bis zur Produktionsgrenze von 60 000 Stück produziert wird.
d) Wie groß ist der Gewinn, wenn die Firma nichts mit Verlust verkaufen will?

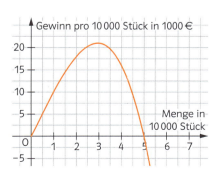

Test

1 Geben Sie zu der Funktion f jeweils eine Stammfunktion an.

a) $f(x) = 2x$
b) $f(x) = \frac{1}{2}x + 1$
c) $f(x) = x^2 + 6x - 3$
d) $f(x) = 6$
e) $f(x) = 0{,}5x^4 + 0{,}2x^3 + 0{,}1x^2$
f) $f(x) = \frac{1}{3}x^3 + \frac{3}{2}x^2 + \frac{1}{4}x - \frac{5}{6}$

2 Kreuzen Sie zu jedem Integral die passende Lösung an.

Integrale: (a) $\int_0^3 x^2\,dx$ (b) $\int_{-2}^2 (x^3 - 4x)\,dx$ (c) $\int_{-1}^2 (x^3 - 2x^2 + x - 1)\,dx$ (d) $\int_{-2}^0 \left(\frac{1}{2}x^4 + 3x\right)dx$

Lösungen: (A) 1 (B) 9 (C) 0 (D) −2
(E) $-\frac{15}{4}$ (F) $-\frac{14}{5}$ (G) −3 (H) 4

	(A)	(B)	(C)	(D)	(E)	(F)	(G)	(H)	keine
(a)	☐	☐	☐	☐	☐	☐	☐	☐	☐
(b)	☐	☐	☐	☐	☐	☐	☐	☐	☐
(c)	☐	☐	☐	☐	☐	☐	☐	☐	☐
(d)	☐	☐	☐	☐	☐	☐	☐	☐	☐

3 Berechnen Sie den Inhalt der Fläche, den der Graph der Funktion f mit der x-Achse im vorgegebenen Intervall I einschließt.
a) $f(x) = -0{,}5x^2 + 2$, $I = [-2; 4]$
b) $f(x) = x^3 + x^2 - 2x$, $I = [-1; 2]$

4 Berechnen Sie die Fläche, die der Graph der Funktion f mit der x-Achse einschließt.
a) $f(x) = 2x^4 - 2x^2$
b) $f(x) = x^3 - 5x^2 - 2x + 24$

5 Eine Fabrik stößt im Laufe eines Tages Abgase aus. Der Graph zeigt die Ausstoßrate $f(x) = -x^2 + 20x + 100$ in m³/Stunde für einen bestimmten Tag.

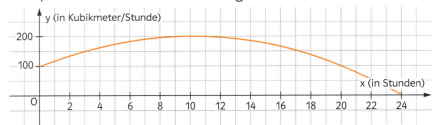

Berechnen Sie wie viel Kubikmeter Abgase an diesem Tag insgesamt ausgestoßen werden.

6 Gegeben ist die Funktion f mit der Funktionsgleichung $f(x) = x^3 - 4x$.
a) Berechnen Sie das Integral der Funktion f im Intervall $I = [-2; 2]$.
b) Ist das Integral aus Aufgabe a) auch ohne Rechnung bestimmbar?
c) Bestimmen Sie den Inhalt der Fläche, die der Graph mit der x-Achse im Intervall $I = [-2; 2]$ einschließt.

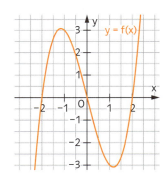

7 Gegeben sind die Funktionen f und g mit den Funktionsgleichungen $f(x) = -x + 2$ und $g(x) = x^2 - 4$.
a) Zeichnen Sie die Graphen der beiden Funktionen in ein Koordinatensystem und markieren Sie die von den Graphen eingeschlossene Fläche.
b) Bestimmen Sie den Inhalt der Fläche zwischen den Graphen der beiden Funktionen f und g.

8 Berechnen Sie den Inhalt der Fläche zwischen den Graphen der beiden Funktionen f und g mit $f(x) = x^3 + 2x^2$ und $g(x) = x + 2$.

Die Funktion mit $f(x) = c \cdot a^x$

Eine Funktion f mit $f(x) = a^x$ heißt **Exponentialfunktion**. Dabei wird a allgemein **Basis** genannt, a muss immer größer als 0 sein.

Die Graphen aller Exponentialfunktionen mit $f(x) = a^x$ laufen durch den Punkt P(0|1), da $f(0) = a^0 = 1$ für alle a gilt.

a > 1: Für $x \to \infty$ gilt: $f(x) \to \infty$.
Für $x \to -\infty$ gilt: $f(x) \to 0$.
a < 1: Für $x \to \infty$ gilt: $f(x) \to 0$.
Für $x \to -\infty$ gilt: $f(x) \to \infty$.
Die x-Achse ist jeweils die Asymptote.

Bei diesen Funktionen geht der Funktionswert für x + 1 durch **Multiplikation mit a** aus dem Funktionswert von x hervor:
$f(x + 1) = a \cdot f(x)$

$f(x) = 1{,}5^x$; Basis a = 1,5
$g(x) = 0{,}7^x$; Basis a = 0,7

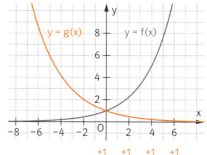

1 Ordnen Sie die Funktionsvorschriften den Graphen zu. $f(x) = 0{,}3^x$ $g(x) = 1{,}5^x$ $h(x) = 2^x$

a)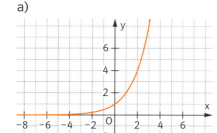
b)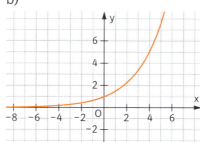
c)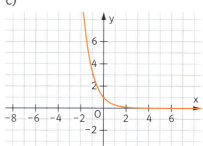

Auch Funktionen vom Typ $f(x) = c \cdot a^x$ heißen Exponentialfunktionen. Dann ist $f(0) = c$ der **Anfangswert** und der Graph schneidet die y-Achse im Punkt P(0|c).

$f(x) = 2 \cdot 0{,}7^x$; Basis a = 0,7; Anfangswert c = 2
$g(x) = 4 \cdot 1{,}5^x$; Basis a = 1,5; Anfangswert c = 4

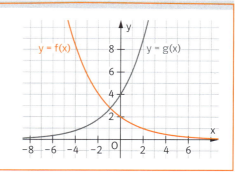

2 Skizzieren Sie den Graphen der Funktion f in das Koordinatensystem. Zum Vergleich ist jeweils der Graph von g mit $g(x) = 2^x$ eingezeichnet.

a) $f(x) = 1{,}5 \cdot 2^x$
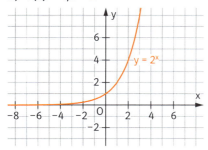

b) $f(x) = 0{,}5 \cdot 0{,}6^x$
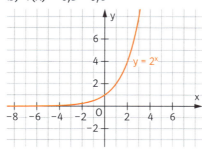

c) $f(x) = 2 \cdot 1{,}2^x$
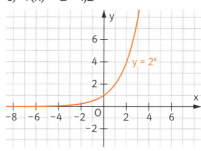

> Wachstums- oder Zerfallsprozesse kann man oft durch $f(x) = c \cdot a^x$ beschreiben. Dabei heißt die Basis a **Wachstumsfaktor**.
>
> Vermehrung um 2% führt zum Wachstumsfaktor
> $a = 100\% + 2\% = 1 + \frac{2}{100} = 1 + 0{,}02 = 1{,}02$
> Bei Abnahme um 2% ist $a = 1 - 0{,}02 = 0{,}98$.

3 Bestimmen Sie die Wachstumsfaktoren.
a) Vermehrung um 20%   b) Abnahme um 10%   c) Vermehrung um 3%

4 Zu Beginn einer Untersuchung sind 250 Bakterien vorhanden. Um 30% pro Tag vermehren sie sich.
a) Wie lautet die Exponentialfunktion?   b) Wie viele Bakterien sind nach 30 Tagen vorhanden?

5 645 000 Bakterien werden einem Antibiotikum ausgesetzt. Pro Tag werden die Bakterien um 30% reduziert. Geben Sie die Exponentialfunktion an und bestimmen Sie die Zahl der Bakterien nach 30 Tagen.

6 Ordnen Sie die Karten passend einander zu.

7 a) Der Wert der Aktie eines Unternehmens bricht täglich um 50% ein. Zu Beginn kostete die Aktie 256 €. Geben Sie die Exponentialfunktion an und berechnen Sie den Wert der Aktie nach acht Börsentagen.
b) Welcher Wachstumsfaktor wäre nötig, damit die Aktie nach acht weiteren Tagen wieder 256 € kostet?

> **Bestimmung von Exponentialfunktionen des Typs $f(x) = c \cdot a^x$**
>
> Sind zwei Punkte des Graphen einer Exponentialfunktion bekannt, kann der Funktionsterm rechnerisch bestimmt werden.
> Ansatz: $f(x) = c \cdot a^x$
> Durch Einsetzen der Koordinaten der beiden Punkte ergibt sich ein Gleichungssystem, dessen Lösung die gesuchten Parameter liefert.
>
> Welche Gleichung hat die Exponentialfunktion, deren Graph durch die Punkte $P(2|2{,}88)$ und $Q(8|8{,}6)$ läuft?
> $f(x) = c \cdot a^x$
> $f(2) = 2{,}88$: $c \cdot a^2 = 2{,}88$, also $c = \frac{2{,}88}{a^2}$ (1)
> $8{,}6 = c \cdot a^8$ (2)
> Einsetzen von c in (2): $8{,}6 = \frac{2{,}88}{a^2} \cdot a^8 = 2{,}88\, a^6$; $a = 1{,}2$
> Einsetzen von a in (1): $c = \frac{2{,}88}{1{,}2^2} = 2$, also: $f(x) = 2 \cdot 1{,}2^x$

8 Bestimmen Sie den Funktionsterm der Exponentialfunktion zu $f(x) = c \cdot a^x$, deren Graph durch die angegebenen Punkte verläuft. Wenn nur ein Punkt angegeben ist, dann ist $c = 1$.

a) $P(2|9)$: $f(2) = 9$; $a^2 = 9$,
   also $a = $ _____ und damit $f(x) = $ _____

b) $P(-2|9)$: $f(-2) = 9$; _____ = _____,
   also $a = $ _____ und damit $f(x) = $ _____

c) $P(3|3{,}375)$: $f(__) = $ _____; _____ = _____,
   also $a = $ _____ und damit $f(x) = $ _____

d) $P(6|1265{,}32)$; $Q(17|1947{,}9)$
   $f(6) = 1265{,}32$; $c \cdot a^6 = 1265{,}32$, also $c = \frac{1265{,}32}{a^6}$
   $f(17) = 1947{,}9$; $c \cdot a^{__} = $ _____;
   einsetzen von c: $\frac{1265{,}32}{a^6} \cdot a^{17} = 1947{,}9$;
   $a = $ _____; $c = \frac{1265{,}32}{a^6} = $ _____; $f(x) = $ _____

e) $P(3|125)$; $Q(5|31{,}25)$
   $f(3) = $ _____; $c \cdot a^{__} = $ _____, also $c = $ _____
   $f(__) = $ _____; ___ = _____; einsetzen von c:
   _____ = _____; $a = $ _____;
   $c = $ _____; $f(x) = $ _____

f) $P(1|4{,}2)$; $Q(4|11{,}5248)$
   $f(__) = $ _____; $c \cdot a^{__} = $ _____, also $c = $ _____
   $f(__) = $ _____; ___ = _____; einsetzen von c:
   _____ = _____; $a = $ _____;
   $c = $ _____; $f(x) = $ _____

9 Sie nehmen einen Kredit auf und leisten keine Zahlung für Zinsen und Tilgung. Die Zinsen erhöhen also Ihre Schulden. Nach 4 Jahren haben Sie 12 155,06 € Schulden. Nach 7 Jahren sind es 14 071 €. Bestimmen Sie den Term der Wachstumsfunktion. Geben Sie den Kreditbetrag und die Verzinsung an.

62 IV Exponentialfunktionen

Die e-Funktion – Ableiten und Integrieren der Exponentialfunktion

Die **eulersche Zahl e** ist irrational, d.h. sie ist nicht periodisch und hat unendlich viele Nachkommastellen. Ihr Wert ist e ≈ 2,71828… Der Taschenrechner hat einen Näherungswert der Zahl e gespeichert.

1 Vereinfachen Sie mithilfe der Potenzgesetze.
a) $e^2 \cdot e^3$ b) $e^{-3} \cdot e^5$ c) $4^2 \cdot 5^2 \cdot e^2$ d) $\frac{e^4}{e}$ e) $(0{,}3 \cdot e^4) \cdot e^2$ f) $(e^3)^2$

2 Lösen Sie die Gleichung mithilfe des Vergleichs der Exponenten.
a) $e^{2x} = e^2$ b) $2e^x = 2e$ c) $\frac{1}{e} = e^x$ d) $e^{-3x} = e^{2x+5}$ e) $e^{2x+2} = e^4$ f) $e^4 = e^{x^2}$

Die natürliche Exponentialfunktion f mit $f(x) = e^x$ hat eine besondere Eigenschaft: Sie stimmt mit ihrer Ableitung überein, das heißt: $f'(x) = e^x$. Damit ist $F(x) = e^x$ eine Stammfunktion zu f.

Für die Exponentialfunktion f mit Anfangswert c, also $g(x) = c \cdot e^x$, gilt aufgrund der Faktorregel: $g'(x) = c \cdot e^x$ und für eine Stammfunktion: $G(x) = c \cdot e^x$.

Etwas anders sieht es bei der Exponentialfunktion $h(x) = e^{mx+c}$ aus. Hier ist die Ableitung $h'(x) = m e^{mx+c}$ und eine Stammfunktion $H(x) = \frac{1}{m} e^{mx+c}$.

Beispiel:
$f(x) = e^x$
$f'(x) = e^x$
$F(x) = e^x$

$g(x) = 1{,}5\, e^x$
$g'(x) = 1{,}5\, e^x$
$G(x) = 1{,}5\, e^x$

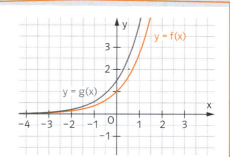

$h(x) = e^{3x+4}$
$h'(x) = 3 e^{3x+4}$
$H(x) = \frac{1}{3} e^{3x+4}$

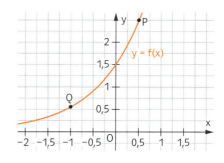

---

3 Bestimmen Sie jeweils die Ableitung und eine Stammfunktion.
a) $f(x) = 3 e^x$ b) $f(x) = e^{x-9}$ c) $f(x) = -3 e^{0{,}5x-6}$ d) $f(x) = 4 e^{-2x+3}$ e) $f(x) = e^{2x+5}$

4 Bestimmen Sie die Gleichung der Tangente an den Graphen von f mit $f(x) = 1{,}5\, e^x$ im angegebenen Punkt und skizzieren Sie die Tangente.
a) P(0,5 | 2,473)   b) Q(–1 | 0,552)

5 Berechnen Sie den Flächeninhalt der eingefärbten Fläche und geben Sie den Wert ungefähr an.
a) $f(x) = e^x$ b) $f(x) = e^{0{,}5x+1}$

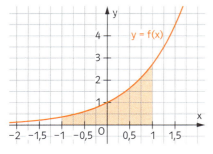
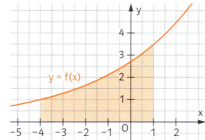

6 Gegeben ist die Funktion f mit $f(x) = e^x + x$.
a) Bestimmen Sie $f'(x)$ und $f''(x)$.
b) Berechnen Sie die Tangentensteigung in den Punkten $P(1|f(1))$, $Q(0|f(0))$ und $R(-1|f(-1))$.
c) Geben Sie die Tangentengleichung im Punkt P und im Punkt Q an.
d) Besitzt der Graph von f Extrempunkte? Begründen Sie Ihre Antwort.

Beim **Verschieben, Spiegeln bzw. Strecken des Graphen der natürlichen Exponentialfunktion** erhält man wieder einen Graphen einer Exponentialfunktion.

1. Spiegeln an der x-Achse
   $f(x) = -e^x$

2. Spiegeln an der y-Achse
   $f(x) = e^{-x}$

3. Verschieben in y-Richtung um 1
   $f(x) = e^x + 1$

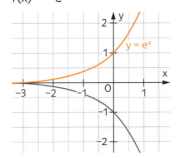
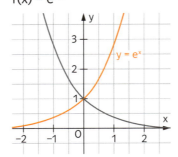
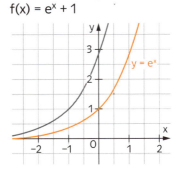

4. Verschieben in x-Richtung um -1
   $f(x) = e^{(x+1)}$

5. Strecken in y-Richtung mit Streckfaktor 2
   $f(x) = 2e^x$

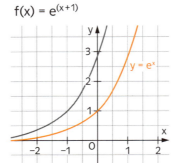
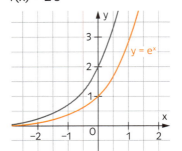

Da $f(x) = e^{(x+1)} = e^x \cdot e^1$ ist, ist das Verschieben in x-Richtung um -1 dasselbe wie das Strecken in y-Richtung mit dem Streckfaktor e.

---

7 Gegeben ist der Graph der natürlichen Exponentialfunktion. Geben Sie jeweils den veränderten Funktionsterm an, wenn der Graph

a) um -1 in y-Richtung verschoben wird: _____ .   b) um 3 in x-Richtung verschoben wird: _____ .

c) mit dem Faktor 0,5 in y-Richtung gestreckt wird: _____ .

d) mit dem Faktor 2 in y-Richtung gestreckt und um $-0,5$ in x-Richtung verschoben wird: _____ .

8 Wie entsteht der Graph der Funktion f aus dem Graphen der natürlichen Exponentialfunktion?
a) $f(x) = e^{x-5}$
b) $f(x) = e^x - 3$
c) $f(x) = 2e^{x+5}$
d) $f(x) = -e^{x+3}$

e)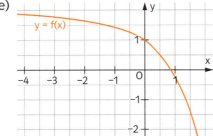
f)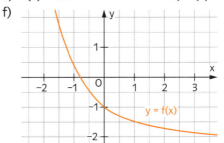

64   IV Exponentialfunktionen

Natürlicher Logarithmus – Exponentialgleichungen

In einer Exponentialgleichung wie $e^x = 4$ heißt die Hochzahl x **natürlicher Logarithmus** (Logarithmus zur Basis e) von 4. Es gilt $x = \ln(4)$.

Der Logarithmus zur Basis e liefert für eine Zahl y immer den Wert, mit dem man e potenzieren muss, um y zu erhalten. Das Logarithmieren ist die Umkehroperation zur Exponentiation.

Beispiele
$\ln(e^x) = x$
$e^{\ln x} = x$
$\ln(1) = \ln(e^0) = 0$
$\ln(e) = 1$
$\ln\left(\frac{1}{e}\right) = \ln(e^{-1}) = -1$

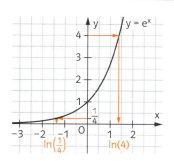

Für das Rechnen mit Logarithmen gelten die folgenden **Gesetze**:
1. $\ln(u \cdot v) = \ln(u) + \ln(v)$
2. $\ln\left(\frac{u}{v}\right) = \ln(u) - \ln(v)$
3. $\ln(u^k) = k \cdot \ln(u)$

Außerdem ist $e^x > 0$ für alle x.

$\ln(e^x \cdot 2) = \ln(e^x) + \ln(2) = x + \ln(2)$
$\ln\left(\frac{e^x}{2}\right) = \ln(e^x) - \ln(2) = x - \ln(2)$
$\ln(2^x) = x \cdot \ln(2)$

1 Wandeln Sie die Terme der ersten Reihe mit den Rechenregeln um. Ordnen Sie gleichwertige Terme zu.

| $\ln(e^{2x} \cdot 3^x)$ | $\ln\left(\frac{e^{2x}}{e^x}\right)$ | $\ln(e^x \cdot e^{2x})$ | $\ln\left(\frac{4^x}{e^x}\right)$ | $\ln(6^x)$ | $\ln(3^{2x} \cdot e^x)$ |

| $x \cdot \ln(6)$ | $2x \cdot \ln(3) + x$ | $2x + x \cdot \ln(3)$ | $2x \cdot \ln(e) - x \cdot \ln(e)$ | $x \cdot \ln(4) - x$ | $x \cdot \ln(e) + 2x \cdot \ln(e)$ |

| x | 3x | $x \cdot (2 \cdot \ln(3) + 1)$ | $x \cdot (2 + \ln(3))$ | $x \cdot (\ln(4) - 1)$ |

2 Geben Sie die Lösungen auf vier Dezimalen gerundet an.
a) In welchem Punkt schneiden sich die Graphen der Funktionen f und g mit $f(x) = e^x$ und $g(x) = 3^{2x}$?
b) An welcher Stelle x_0 hat $f(x) = 2e^x$ die Ableitung $f'(x_0) = e$?

Im Zusammenhang mit Exponentialfunktionen gibt es drei Typen von Gleichungen, die jeweils einen eigenen Lösungsweg erfordern:

1. **Unbekannter Anfangswert**
   Lösungsstrategie: Umstellen nach c

   $c \cdot 2^5 = 96 \quad | : 2^5$
   $c = 3$

2. **Unbekannte Basis**
   Lösungsstrategie: Auflösen nach a durch Wurzelziehen

   $5 \cdot a^7 = 81920 \quad | : 5$
   $a^7 = 16384 \quad | \sqrt[7]{}$
   $a = 4$

3. **Unbekannter Exponent**
   Lösungsstrategie: Anwendung des Logarithmus unter Ausnutzung des 3. Rechengesetzes

   $6 \cdot 3^x = 486 \quad | : 6$
   $3^x = 81 \quad | \ln(\ )$
   $\ln(3^x) = \ln(81) \quad | \text{3. Rechengesetz}$
   $x \cdot \ln(3) = \ln(81) \quad | : \ln(3)$
   $x = \frac{\ln(81)}{\ln(3)} = 4$

3 Berechnen Sie die fehlenden Größen.
a) $7 \cdot 0{,}3^x = 0{,}01701$
b) $c \cdot 1{,}6^4 = 570{,}1623$
c) $8 \cdot a^3 = 1000$

4 Lösen Sie die Gleichungen und geben Sie die Lösungen auf vier Dezimalen gerundet an.
a) $e^x = 5$
b) $4^x = 32$
c) $e^x(e^x - 2) = 0$
d) $e^x = e^{2x-2}$
e) $e^{2x-5} = 2 \cdot e^{4x}$

5 Auf einem Konto mit fester Verzinsung werden 7000 € eingezahlt und für 8 Jahre liegen gelassen. Nach den 8 Jahren hat sich das Kapital mit Zins und Zinseszins auf 7141,23 € vermehrt.
a) Berechnen Sie den Wachstumsfaktor. Geben Sie den Zinssatz pro Jahr an.
Wie lautet der Funktionsterm der Exponentialfunktion?

$7000 \cdot a^8 = 7141{,}23$; a = _____ ; Zinssatz: _____ %; f(x) = _____

b) Geben Sie den Funktionsterm der Exponentialfunktion für eine jährliche Verzinsung von 2,5 % an.
Wie hoch wäre das Guthaben bei dieser Verzinsung nach den 8 Jahren?

6 Im Jahr 1975 gab es auf der Erde 4,033 Mrd. Menschen.
a) Damals wurde das jährliche Wachstum auf 2 % geschätzt. Wie viele Menschen hätten gemäß dieser Prognose 2011 auf der Erde leben müssen?
b) Tatsächlich wurde 2011 der 7-milliardenste Mensch geboren. Bestimmen Sie mit den Daten von 1975 und 2011 bei Annahme exponentiellen Wachstums die Gleichung der Exponentialfunktion. (Für 1975 ist x = 0.)
c) Wie viele Menschen werden nach dem Modell aus b) im Jahr 2050 auf diesem Planeten leben? Wie viele 2100? Begründen Sie, weshalb das Modell des exponentiellen Wachstums nur begrenzt gültig sein kann.

7 Zu Beginn einer Beobachtung im Labor werden 250 Bakterien gezählt.
a) Acht Stunden später sind es 369 Bakterien. Bestimmen Sie den Wachstumsfaktor a (runden Sie auf zwei Dezimalen). Geben Sie die zugehörige Exponentialfunktion an.

Wachstumsfaktor: $250 \cdot a^8 = 369$; a = _____ ; f(x) = _____

b) Nach 17 Stunden Beobachtung (und Wachstum) wird ein Antibiotikum gegeben, das die Vermehrung verhindert und nach 2 Stunden den Bestand auf 173 reduziert.
Bestimmen Sie zunächst die Bakterienzahl nach 17 Stunden und berechnen Sie dann den Wachstumsfaktor während der Antibiotikumsphase. Geben Sie die zugehörige Funktionsgleichung der Exponentialfunktion an.

f(17) = _____ ; _____ $\cdot a^2 = 173$; a = _____ ; g(x) = _____ $\cdot$ _____$^{(x-17)}$

Um wie viel Prozent pro Stunde sinkt der Bestand? _____ %

c) Skizzieren Sie den Verlauf der Entwicklung der Bakterienzahl.

Jede Exponentialfunktion vom Typ $f(x) = a^x$ lässt sich in eine Exponentialfunktion mit der Basis e umrechnen. Deshalb gibt es auf den meisten Taschenrechnern auch nur den natürlichen Logarithmus (ln) und den Logarithmus zur Basis 10 (lg oder log).

Da $e^{\ln(a)} = a$ ist, gilt $a^x = e^{\ln(a^x)} = e^{x \cdot \ln(a)} = e^{\ln(a) \cdot x}$ $\qquad g(x) = 4^{2x} = e^{\ln(4) \cdot 2x} = e^{2 \cdot \ln(4) \cdot x}$

Ableitungen und Stammfunktionen lassen sich damit für alle Exponentialfunktionen mithilfe der Basis e berechnen.

$f(x) = 2^x = e^{\ln(2) \cdot x}$
$f'(x) = \ln(2) \cdot e^{\ln(2) \cdot x} = \ln(2) \cdot 2^x$
$F(x) = \frac{1}{\ln(2)} e^{\ln(2) \cdot x} = \frac{1}{\ln(2)} \cdot 2^x$

---

8 Wandeln Sie f in eine Funktion mit Basis e um. Bestimmen Sie dann die Ableitung und eine Stammfunktion.
a) $f(x) = 5^x$ b) $f(x) = 0{,}95^x$ c) $f(x) = 1{,}05^{2x}$ d) $f(x) = a^x$

9 Bestimmen Sie die Parameter c und m der Exponentialfunktion des Typs $f(x) = c \cdot e^{mx}$, deren Graph die angegebenen Eigenschaften hat.
a) $P(0|2)$ und $R(4|e^4)$ liegen auf dem Graphen.   b) Im Punkt $P(0|5)$ ist die Steigung 8.
c) Der Graph läuft durch $P(0|3)$ und hat bei $x = 0$ die Steigung $3 \cdot \ln(2)$. Geben Sie den Funktionsterm auch mit der Basis $a = 2$ an.

10 Berechnen Sie die Schnittpunkte der beiden Funktionsgraphen auf zwei Dezimalen genau.
Wandeln Sie die gegebenen Funktionsterme vorher in Terme mit der Basis e um. Welchen Vorteil hat das?
a) $f(x) = 2^x$; $g(x) = 3^{-x}$ b) $f(x) = 3^{x-4}$; $g(x) = 0{,}5^x$ c) $f(x) = 5^{-0{,}2x}$; $g(x) = 1{,}5^{x+3}$

IV Exponentialfunktionen

Berühren – Untersuchungen mit Exponentialfunktionen

Untersuchung von Exponentialfunktionen
Auch die Graphen von Exponentialfunktionen können Achsenschnittpunkte, Extrem- und Wendepunkte aufweisen. Zudem ist für den Kurvenverlauf das Unendlichkeitsverhalten bedeutsam.
Zur Untersuchung dieser Aspekte verwendet man dieselben Methoden wie bei ganzrationalen Funktionen.

Beispiel: Untersuchung von $f(x) = e^{x+1} - e^{2x}$

1. $f(x) = e^{x+1} - e^{2x}$; $f'(x) = e^{x+1} - 2e^{2x}$;
   $f''(x) = e^{x+1} - 4e^{2x}$; $f'''(x) = e^{x+1} - 8e^{2x}$

2. Schnittpunkt mit der y-Achse:
   $f(0) = e^1 - 1 \approx 1{,}71828$
   Nullstellen: $e^{x+1} - e^{2x} = 0$, also $e^{x+1} = e^{2x}$,
   also $x + 1 = 2x$ und damit $x = 1$

3. Extrema: $f'(x) = 0$: $e^{x+1} - 2e^{2x} = 0$, also
   $x + 1 = \ln(2) + 2x$ und damit $x = 1 - \ln(2) \approx 0{,}3$
   $f''(0{,}3) \approx -3{,}6 < 0$, daher Hochpunkt von $f(x)$
   bei $x \approx 0{,}3$; $H(0{,}3 | 1{,}85)$

4. Wendepunkte: $f''(x) = 0$: $e^{x+1} - 4e^{2x} = 0$,
   also $x + 1 = \ln(4) + 2x$,
   also $x = 1 - \ln(4) \approx -0{,}39$
   $f'''(-0{,}39) = -1{,}85 \neq 0$, daher Wendepunkt von
   $f(x)$ bei $x \approx -0{,}39$; $W(-0{,}39 | 1{,}39)$

5. Unendlichkeitsverhalten: $f(x) \to -\infty$ für $x \to \infty$
   $f(x) \to 0$ für $x \to -\infty$
   (Durch Einsetzen sehr kleiner und sehr großer x-Werte ermittelt.)

6. Skizze:

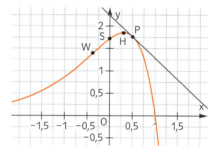

7. Bestimmung der Tangentengleichung im Punkt
   $P(0{,}5 | \approx 1{,}76)$ $m_t = f'(0{,}5) \approx -0{,}95$
   Einsetzen: $y = -0{,}95(x - 0{,}5) + 1{,}76$
   $y = -0{,}95x + 0{,}475 + 1{,}76$
   $t: y = -0{,}95x + 2{,}235$

1 Ordnen Sie den Funktionsgraphen der Exponentialfunktionen begründet ihre Ableitung zu.

a)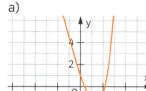
b)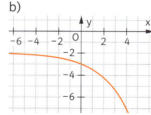
c)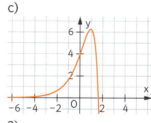
d)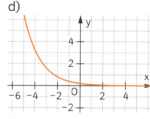

1)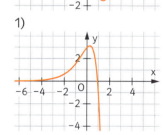
2)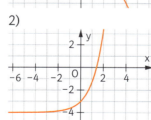
3)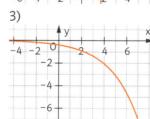
4)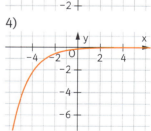

2 Berechnen Sie die Schnittpunkte des Graphen von f mit den Koordinatenachsen. Bestimmen Sie das Unendlichkeitsverhalten und skizzieren Sie den Graphen.
a) $f(x) = e^x - 5$
b) $f(x) = 0{,}5 e^{-x} + 2$
c) $f(x) = -e^{2x} + e$
d) $f(x) = 5 + 3^x$

3 Untersuchen Sie den Graphen von f auf Extrem- und Wendepunkte.
a) $f(x) = e^x - e \cdot x$
b) $f(x) = x + e^{-x}$
c) $f(x) = 2e^x - e^{-x}$
d) $f(x) = -2x + 0{,}2 \cdot e^x$

4 Gegeben sei die Funktion f mit $f(x) = 10x + 20e^{3-x}$.
a) Untersuchen Sie die Funktion f, indem Sie den Schnittpunkt mit der y-Achse, die Extrempunkte, die Wendepunkte und das Unendlichkeitsverhalten bestimmen und eine Skizze anfertigen.
b) Berechnen Sie die Gleichung der Tangente und der Normalen in $P(3 | 50)$.

IV Exponentialfunktionen

Exponentielle Wachstums- und Zerfallsprozesse

Viele Prozesse in Natur, Wirtschaft und Technik können mithilfe von Exponentialfunktionen beschrieben werden. Wenn ein Anfangswert c für jeweils gleiche Zeitlängen t um einen Prozentsatz p wächst bzw. schrumpft, so kann der Prozess durch die Wachstums- bzw. Zerfallsfunktion f beschrieben werden.

Wachstum

$$f(t) = c \cdot \left(1 + \frac{p}{100}\right)^t$$

Auf einem Sparkonto werden 2000 € zu 4 % pro Jahr angelegt, wobei die Zinsen jährlich dem Guthaben zugeschlagen werden.
Wachstumsfunktion:
$f(t) = 2000 \cdot (1 + 0{,}04)^t = 2000 \cdot 1{,}04^t$, t in Jahren

Mit Basis e: $f(t) = 2000 \cdot e^{\ln(1{,}04)t}$

Zerfall

$$f(t) = c \cdot \left(1 - \frac{p}{100}\right)^t$$

30 g radioaktives Jod 131 zerfallen in 8 Tagen zur Hälfte. Die **Halbwertszeit** beträgt also 8 Tage.
Zerfallsfunktion:
$f(t) = 30 \cdot (1 - 0{,}5)^t = 30 \cdot 0{,}5^t$, t in 8 Tagen

Mit Basis e: $f(t) = 30 \cdot e^{\ln(0{,}5)t}$

1 Bestimmen Sie den Wachstumsfaktor.
a) 3 % Guthabenzinsen
b) 20 % Zerfall pro Woche
c) Entwertung: 4 % pro Jahr
d) Baumwachstum: 10 % pro Jahr

2 Modellieren Sie folgende Beispiele für exponentielles Wachstum durch eine Funktion mit der Basis e. Berechnen Sie f(6).
a) Ein Bestand mit $f(0) = 45$ verdreifacht sich jeden Tag.

c = _____ ; a = _____ ; f(t) = _____ = ____ $e^{\ln(\_\_)}$ = ____ $e^{\_\_}$; f(6) = _____

b) Ein Bestand mit $f(0) = 180$ halbiert sich jede Woche.
c) Ein Schimmelpilz bedeckt eine Fläche von 1,5 cm². Die bedeckte Fläche wächst pro Tag um 15 %.
d) Ein Patient nimmt 500 mg eines Medikaments ein. Pro Stunde wird im Körper $\frac{1}{6}$ der vorhandenen Menge abgebaut.

3 Das jährliche Wirtschaftswachstum Chinas liegt bei 9,6 %, das Bruttoinlandsprodukt (BIP) bei 1972 US$ pro Einwohner. In Deutschland war das Wachstum im gleichen Zeitraum bei 1,3 % und das BIP bei 36 646 US$ pro Einwohner.
a) Geben Sie unter der Annahme gleichbleibenden Wachstums die Funktion für das Wirtschaftswachstum für beide Länder an. Geben Sie die Funktionen auch mit der Basis e an.
b) Ermitteln Sie, wann Chinas BIP pro Einwohner unter diesen Bedingungen mit dem deutschen gleich ist.

4 Strontium 90 hat eine Halbwertszeit von 28 Jahren. Zu Beginn der Messung sind 400 Zerfälle pro Minute zu beobachten.
a) Stellen Sie einen Funktionsterm für die Zahl der radioaktiven Zerfälle pro Minute in Abhängigkeit der Halbwertszeitperioden x auf. Geben Sie auch die Zerfallsfunktion mit t in Jahren an. Wandeln Sie diese um in eine Exponentialfunktion mit der Basis e.
b) Nach welcher Zeit sind noch 35 Zerfälle pro Minute zu beobachten?

Ermittlung des Wachstumsfaktors aus einer Datenreihe

Der Wachstumsfaktor kann auch ermittelt werden, wenn konkrete Messwerte einer Reihe bekannt sind.

Algenteppich im See

t in Wochen	0	2	4	12
Fläche in m²	3	4,32	6,22	26,75

Mit dem größten Zeitabstand ergibt sich der Faktor
$w = \frac{26{,}75}{3} \approx 8{,}9167$ (12 Wochen).
Die 12. Wurzel liefert den Wachstumsfaktor pro Woche:
$a \approx \sqrt[12]{8{,}9167} \approx 1{,}2$; also $f(x) = 3 \cdot 1{,}2^t$, t in Wochen.

IV Exponentialfunktionen

5 Der Bestand an Rentieren in einem lappländischen Naturschutzgebiet ist drastisch zurückgegangen.
Die Tabelle gibt die Werte für einen 16-jährigen Beobachtungszeitraum an.

Jahr	0	2	5	10	16
Bestand	18000	11599	6000	2000	535

a) Skizzieren Sie den Verlauf der Abnahme in einem Koordinatensystem. Um welchen Typ von Funktion scheint es sich zu handeln?
b) Bestimmen Sie den Funktionsterm der Wachstumsfunktion. Wie hoch ist der jährliche Rückgang in Prozent?
c) Wann waren nur noch 9320 Rentiere vorhanden?
d) Geben Sie den Zeitraum an, in dem sich der Bestand jeweils halbiert.

6 Aus einer Bankwerbung:
Zahlen Sie heute 5000 € ein, dann haben Sie bei gleichbleibendem Zins in 10 Jahren 6400,41 €!
a) Bestimmen Sie den Term der zugehörigen Exponentialfunktion und geben Sie den Zinssatz an.
b) Aufgrund der Geldentwertung (Inflation) nimmt man an, dass 1000 € in 10 Jahren nur noch einen Vergleichswert von 859,73 € haben. Bestimmen Sie die Wachstumsfunktion für die Geldentwertung unter der Annahme einer jährlich gleichen Inflationsrate.
c) Wie viel sind die angesparten 6400,41 € in 10 Jahren aufgrund der Inflation im Vergleich zu heute noch wert?

Ermittlung der momentanen Wachstumsgeschwindigkeit

Die momentane Änderungsrate eines Wachstumsprozesses ist die Wachstumsgeschwindigkeit zu einem bestimmten Zeitpunkt.
Sie wird mithilfe von f'(t) ermittelt.
Die Einheit der Wachstumsgeschwindigkeit ist der Quotient aus y-Achseneinheit und x-Achseneinheit.

Die Größe eines Algenteppichs entwickelt sich gemäß der Funktion $f(t) = 3 \cdot 1,2^t = 3 \cdot e^{\ln(1,2) \cdot t}$ (f(t) in m² und t in Wochen).

Wie groß ist die momentane Änderungsrate und damit die Wachstumsgeschwindigkeit des Algenteppichs zum Zeitpunkt t = 8 Wochen?

$f'(t) = 3 \cdot \ln(1,2) \cdot e^{\ln(1,2) \cdot t}$; $f'(8) \approx 2,35 \left(\frac{m^2}{Woche}\right)$

---

7 Der Holzbestand eines Waldes kann durch die Funktion f mit $f(x) = 8500 \cdot e^{0,0415x}$ beschrieben werden (x in Jahren, f(x) in m³).
a) Zu Beginn der Beobachtung beträgt der Holzbestand _____.
b) Nach 5 Jahren ist der Holzbestand auf _____ angewachsen.
c) Nach _____ Jahren ist er auf über 12 000 m³ angewachsen.
d) Zwei Jahre vor Beginn der Beobachtung betrug er _____.
e) Die Wachstumsgeschwindigkeit wird beschrieben durch _____ mit _____.
Zu Beginn beträgt die Wachstumsgeschwindigkeit _____ und nach 7 Jahren _____.

8 Ein Guthaben von 3000 € wird zu 4,5 % pro Jahr verzinst. Geben Sie die Wachstumsfunktion an und bestimmen Sie die Zuwachsgeschwindigkeit zum Zeitpunkt 5 Jahre.

9 Ein radioaktives Element zerfällt gemäß der Funktion $f(t) = 400 \cdot e^{-0,0248t}$ mit t in Jahren.
f(t) gibt die Masse des radioaktiven Elements in Gramm an.
Wie groß ist die momentane Zerfallsgeschwindigkeit in Gramm pro Jahr zu Beginn, zum Zeitpunkt 28 Jahre, zum Zeitpunkt 56 Jahre? Welcher Zusammenhang besteht zwischen der momentanen Zerfallsgeschwindigkeit und der Halbwertszeit, die hier 28 Jahre beträgt?

Test

1 Bestimmen Sie den Funktionsterm der Exponentialfunktion f mit $f(x) = c \cdot a^x$, deren Graph durch die Punkte P und Q verläuft.
a) P(3|5,184); Q(4|6,221)
b) P(−2|50); Q(1|0,4)
c) P(3|5,4); Q(5|48,6)

2 Bestimmen Sie die Parameter c und m der Exponentialfunktion des Typs $f(x) = c \cdot e^{mx}$, deren Graph die angegebenen Eigenschaften hat.
a) P(0|−2) und R(2|−2e³) liegen auf dem Graphen.
b) Im Punkt P(1|e) ist die Steigung 8.
c) Der Graph verläuft durch P(0|4) und hat bei x = 0 die Steigung 4 · ln(3). Geben Sie auch den Funktionsterm mit der Basis a = 3 an.

3 Berechnen Sie soweit möglich Extrem- und Wendepunkte.
a) $f(x) = 2x + e^{-x}$
b) $f(x) = e^{x-2} - 2 \cdot e \cdot x$
c) $f(x) = e^x - 2e^{-x}$

4 Markieren Sie die zwischen Graph und x-Achse von x = 0 bis x = 1 liegende Fläche und berechnen Sie ihren Inhalt.
a) $f(x) = e^{x+2}$
b) $f(x) = -5e^{0,4x-2}$
c) $f(x) = 0,64^x$

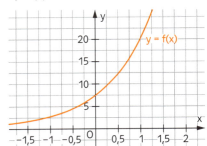 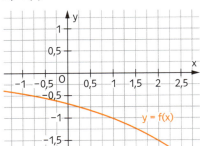 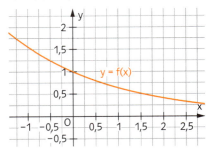

5 Nehmen Sie an, Ihre Vorfahren hätten am 1. Januar 1949 den Gegenwert von 100 € für Sie festverzinslich dauerhaft zu 8 % pro Jahr angelegt, wobei die Zinsen jährlich dem Konto gutgeschrieben werden.
a) Bestimmen Sie die Funktionsgleichung, die das Kapitalwachstum beschreibt.
b) Berechnen Sie, wie viel Kapital Sie am 1. Januar 2014 hätten. Wie viel wäre es am 1. Januar 2050?
c) Wie lange müsste das Geld liegen bleiben, bis es sich auf 1 000 000 € vermehrt hätte?

6 Die Entwicklung einer Population von Käfern kann durch die Funktion $f(x) = 400 \cdot e^{0,0753x}$ beschrieben werden. Dabei ist f(x) die Anzahl der Tiere im Jahr x nach Beobachtungsbeginn.
a) Um welche Art von Wachstum handelt es sich?
b) Wie viele Tiere umfasst die Population nach 5 Jahren?
c) Um wie viel Prozent nimmt die Anzahl der Tiere pro Jahr zu?
d) Wie groß ist die Verdopplungszeit?
e) Wie groß ist die Wachstumsgeschwindigkeit nach 3 Jahren?

7 Eine Raupenpopulation vermehrt sich mit 30 % pro Monat. Zu Beginn gibt es 3000 Raupen.
a) Wie lautet die Wachstumsfunktion?
b) Wie viele Raupen sind nach 20 Monaten vorhanden?
c) Nun wird das Futter knapp und die Raupenpopulation schrumpft um 20 % pro Monat. Geben Sie die Zerfallsfunktion an und bestimmen Sie die Zahl der Raupen nach 20 weiteren Monaten.
d) Wann sind wieder so viele Raupen vorhanden wie zu Beginn der Beobachtung?

8 Wenn Licht in Wasser eindringt verringert sich die Lichtintensität exponentiell.
a) Ein Taucher misst in einer Tiefe von 6 Metern eine Lichtintensität von 25 000 lx (Lux) und in 12 m Tiefe noch 12 500 lx. Bestimmen Sie die zugehörige Exponentialfunktion.
b) Wie groß ist die Lichtintensität an der Wasseroberfläche?
c) Wie tief müsste man tauchen, um nur noch die Lichtintensität von Vollmondnächten (0,25 lx) zu haben?
d) In welchem Abstand (in Metern) halbiert sich die Lichtintensität?

Die Funktionen sin und cos

Zu jedem Winkel α gibt es am Einheitskreis einen dazugehörenden Kreisbogen x. Für seine Länge gilt: $x = \frac{\alpha}{360°} \cdot 2\pi$. Dieser Wert heißt **Bogenmaß** von α. Bogenmaße werden oft als Vielfache oder Teile von π angegeben: Zu α = 45° gehört das Bogenmaß
$x = \frac{45°}{360°} \cdot 2\pi = \frac{1}{8} \cdot 2\pi = \frac{\pi}{4}$.

Kennt man einen Winkel im Bogenmaß, so kann man mithilfe der Gleichung $\alpha = \frac{x}{2\pi} \cdot 360°$ sein Gradmaß berechnen.

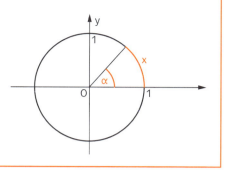

1 Füllen Sie die Tabelle aus.

Winkel α	360°	180°	90°	30°	10°			15°		25°
Bogenmaß x	2π					$\frac{\pi}{3}$	$\frac{\pi}{6}$	$\frac{3\pi}{2}$	$\frac{\pi}{4}$		$\frac{7\pi}{4}$

Zur Definition der **Sinus-** und der **Kosinusfunktion** verwendet man neben dem Winkel α auch das Bogenmaß x.

Die Funktion f mit f(x) = sin(x) ordnet jedem Bogenmaß x einen Sinuswert zu. Ebenso wird durch die Funktion g mit g(x) = cos(x) jedem Bogenmaß x ein Kosinuswert zugeordnet. Diese Werte sind die Koordinaten des Punktes $P_x(\cos(x)|\sin(x))$.
Eine Besonderheit der Sinus- und Kosinusfunktion ist, dass sich die Funktionswerte in regelmäßigen Abständen von 2π wiederholen. Man sagt, diese Funktionen sind **periodisch** mit der **Periode** p = 2π. Wenn man im Bogenmaß arbeitet, muss man den Taschenrechner auf „rad" (Radiant = Bogenmaß) stellen.

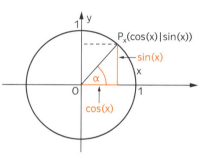

2 Zeichnen Sie die Graphen der Funktionen f und g mit f(x) = sin(x) und g(x) = cos(x).

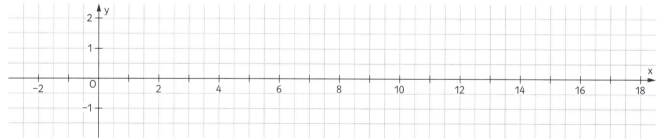

3 Lesen Sie aus der Zeichnung in Aufgabe 2 die Koordinaten der Hoch- und Tiefpunkte sowie die Schnittpunkte mit der x-Achse ab. Bestimmen Sie die Wertemenge.

a) Für f(x) = sin(x): _____

b) Für g(x) = cos(x): _____

4 Berechnen Sie mithilfe des Taschenrechners auf vier Dezimalen genau.

a) sin(1,5) = _____ b) $\sin\left(\frac{\pi}{3}\right)$ = _____ c) cos(0,5) = _____ d) $\cos\left(\frac{\pi}{6}\right)$ = _____

5 Berechnen Sie mithilfe des Taschenrechners den entsprechenden Winkel im Bogenmaß auf zwei Stellen.

a) sin(x) = 1; x = _____ b) sin(x) = 0,25; x = _____ c) cos(x) = 0,87; x = _____ d) cos(x) = 0,15; x = _____

V Trigonometrische Funktionen

Amplituden und Perioden von Sinusfunktionen

Die Sinusfunktion hat Funktionswerte von −1 bis 1. Wird die Sinusfunktion mit einer Konstanten a multipliziert, erhält man eine Funktion der Form **f(x) = a sin(x)**. Man erhält eine Streckung entlang der y-Achse mit Faktor a.
Die Funktion $f_2(x) = 2\sin(x)$ hat Funktionswerte von −2 bis 2;
die Funktion $f_{\frac{1}{3}}(x) = \frac{1}{3}\sin(x)$ hat Funktionswerte von $-\frac{1}{3}$ bis $\frac{1}{3}$ und
die Funktion $f_{-3}(x) = -3\sin(x)$ hat Funktionswerte von −3 bis 3.
Ist a negativ, wird der Graph zusätzlich an der x-Achse gespiegelt. Den Betrag von a nennt man **Amplitude**.

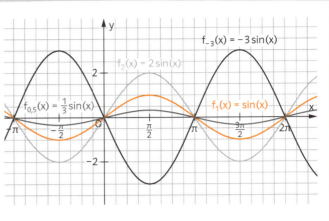

1 Die Graphen der Funktionen f, g und h mit
$f(x) = 2{,}5\sin(x)$, $g(x) = 0{,}5\sin(x)$ und $h(x) = 3{,}5\sin(x)$
sind rechts gezeichnet.
a) Beschriften Sie die Graphen.
b) Geben Sie für jeden Graphen die Koordinaten der Schnittpunkte mit der x-Achse, Hoch- und Tiefpunkte an, die Sie in der Zeichnung ablesen können.

f(x): _____

g(x): _____

h(x): _____

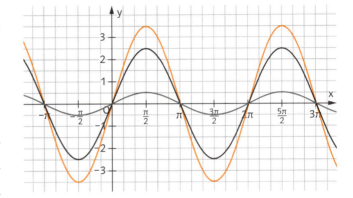

2 Bestimmen Sie die Amplitude sowie den kleinsten und größten Funktionswert der Funktion f.

Funktion	Amplitude	Kleinster Funktionswert	Größter Funktionswert
$f(x) = 4\sin(x)$	4	−4	4
$f(x) = 0{,}7\sin(x)$			
$f(x) = -1{,}8\sin(x)$			

Welche Auswirkung hat eine Streckung in y-Richtung auf die Hochpunkte bzw. die Schnittpunkte mit der x-Achse?

3 Geben Sie eine Funktionsgleichung an.

a) f(x) = _____

b) f(x) = _____

c) f(x) = _____

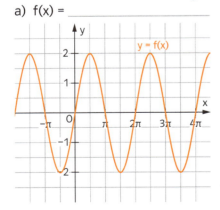
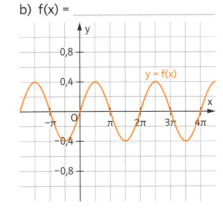
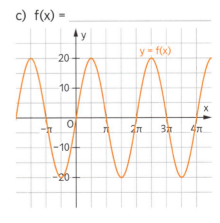

4 Zeichnen Sie die Graphen der Funktionen $f(x) = 4\sin(x)$ und $g(x) = -4\sin(x)$. Beschreiben Sie, wie die beiden Graphen miteinander zusammenhängen.

Wird x durch b · x ersetzt, bewirkt dies eine Veränderung der **Periode p**. Die Funktion wird in Richtung der x-Achse gestreckt. Die Sinusfunktion der Form **f(x) = sin(bx)** hat die Periode $p = \frac{2\pi}{b}$.

Der Graph der Funktion f(x) = sin(bx) mit b > 0 entsteht aus dem Graphen der Funktion f(x) = sin(x) durch Streckung in x-Richtung mit Faktor $\frac{1}{b}$.

Links sind die Graphen der Funktionen f(x) = sin(x) und g(x) = sin(3x) dargestellt. Die Periode von f ist p = 2π, die Periode von g ist $\pi = \frac{2\pi}{3}$.
Der Graph von g entsteht aus dem Graphen von f durch Streckung in x-Richtung mit Faktor $\frac{1}{3}$.

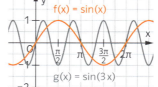 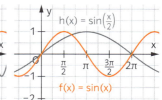

Rechts sind die Graphen der Funktionen f(x) = sin(x) und $h(x) = \sin\left(\frac{x}{2}\right)$ dargestellt. Die Periode von h ist $p = \frac{2\pi}{0,5} = 4\pi$.
Der Graph von h entsteht aus dem Graphen von f durch Streckung in x-Richtung mit dem Faktor 2.
Umgekehrt kann man aus der Periodenlänge p auf den Faktor b schließen: $b = \frac{2\pi}{p}$.

5 Ergänzen Sie die Tabelle.

Funktion	f(x) = sin(4x)	f(x) = sin(πx)	f(x) =	f(x) =	f(x) =
Faktor b			$\frac{1}{4}$		
Periode p				10π	4

6 Welcher Graph gehört zu welcher Funktion? Begründen Sie.

$f_1(x) = 2\sin(2x)$ $\qquad f_2(x) = 2\sin\left(\frac{\pi x}{3}\right)$ $\qquad f_3(x) = 2\sin(2\pi x)$

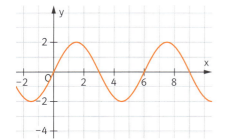 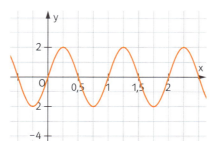 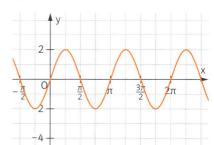

7 Kreuzen Sie an. wahr falsch
a) Die Funktion f(x) = 5sin(2x) hat Funktionswerte von −2 bis 2. ☐ ☐
b) Der Graph der Funktion f(x) = −4sin(8x) entsteht aus dem Graphen der Funktion ☐ ☐
g(x) = sin(x) u.a. durch Streckung in x-Richtung mit Faktor $\frac{1}{8}$.
c) Die Funktion f(x) = 3sin(πx) hat die Wertemenge [−3; 3]. ☐ ☐
d) Die Funktion f(x) = 5sin(2x) hat die Periode $p = \frac{\pi}{2}$. ☐ ☐
e) Die Funktion f(x) = −4sin(8x) entsteht aus dem Graphen der Sinusfunktion auch ☐ ☐
durch Spiegelung an der x-Achse.

8 Geben Sie eine Funktionsgleichung der Form f(x) = a sin(bx) an, die die Bedingungen erfüllt.

a) Die Amplitude ist 13, die Periode beträgt p = 9π. f(x) =

b) Die Funktionswerte nehmen Werte von −3,5 bis 3,5 an, die Periode beträgt p = 4. _____

c) Der Graph schneidet die x-Achse bei 0, 2π, 4π usw. Die Amplitude ist 1,7. _____

d) Der Graph schneidet die x-Achse bei $\frac{\pi}{6}, \frac{\pi}{3}, \frac{\pi}{2}$ usw. Der größte y-Wert ist 5. _____

Verschieben von Graphen von Funktionen

Addiert man zu einem Funktionsterm eine Zahl d, wird der Graph **entlang der y-Achse verschoben**.

Verschiebt man den Graphen der Funktion $g(x) = \sin(x)$ um 1,5 nach oben, so erhält man den Graphen der Funktion $h(x) = \sin(x) + 1{,}5$. Der Graph der Funktion $f(x) = \sin(x) + d$ ist der Graph der Sinusfunktion um d Einheiten entlang der y-Achse verschoben.

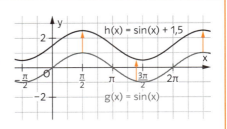

1 Skizzieren Sie die Graphen der Funktionen in das Koordinatensystem und ergänzen Sie.

a) $f_1(x) = \sin(x) + 1$
Funktionswerte von _____ bis _____

b) $f_2(x) = \sin(x) + 2$
Funktionswerte von _____ bis _____

c) $f_3(x) = \sin(x) - 0{,}5$
Funktionswerte von _____ bis _____

d) $f_4(x) = \sin(x) - 1{,}5$
Funktionswerte von _____ bis _____

2 Geben Sie den Wertebereich der Funktion an und entscheiden Sie, ob der Graph die x-Achse schneidet.

Funktion	a) $f(x) = \sin(x) + 0{,}5$	b) $f(x) = \sin(x) + 3$	c) $f(x) = \sin(x) - 0{,}8$	d) $f(x) = \sin(x) - 2{,}2$
Wertebereich				
Schnittpunkte	☐ ja ☐ nein	☐ ja ☐ nein	☐ ja ☐ nein	☐ ja ☐ nein

Wird in der Funktion g mit $g(x) = \sin(x)$ die Variable x durch $x - \frac{\pi}{4}$ ersetzt, so erhält man die Funktion $h(x) = \sin\left(x - \frac{\pi}{4}\right)$.

Der Graph von h ist der um $\frac{\pi}{4}$ Einheiten nach rechts verschobene Graph der Sinusfunktion.
Der Graph der Funktion $f(x) = \sin(x - c)$ ist um c Einheiten **entlang der x-Achse** verschoben.

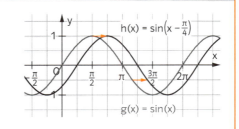

3 Geben Sie die Verschiebung entlang der x-Achse an.

a) $f(x) = \sin\left(x + \frac{\pi}{4}\right)$, Verschiebung: $-\frac{\pi}{4}$

b) $f(x) = \sin\left(x + \frac{\pi}{8}\right)$, Verschiebung: _____

c) $f(x) = \sin\left(x - \frac{\pi}{4}\right)$, Verschiebung: _____

d) $f(x) = \sin\left(x + \frac{3\pi}{4}\right)$, Verschiebung: _____

e) $f(x) = \sin\left(x - \frac{\pi}{8}\right)$, Verschiebung: _____

f) $f(x) = \sin\left(x - \frac{3\pi}{4}\right)$, Verschiebung: _____

g) $f(x) = \sin(x + 1)$, Verschiebung: _____

h) $f(x) = \sin(x - 0{,}5)$, Verschiebung: _____

4 Ordnen Sie die Graphen einer Funktion aus Aufgabe 3 zu.

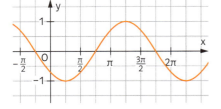 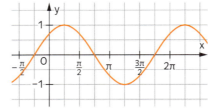 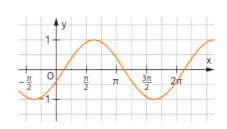

74 V Trigonometrische Funktionen

Den Graphen von f mit f(x) = a · sin(b · (x − c)) + d mit b > 0 kann man aus dem Graphen der Sinusfunktion schrittweise entstehen lassen.

Der Graph der Funktion f(x) = 2 · sin(3π · (x − 5)) + 4 entsteht aus dem Graphen der Funktion f mit f(x) = sin(x) durch
- **Streckung in x-Richtung:** b = 3π, also ist der Streckfaktor $\frac{1}{3\pi}$ und damit p = $\frac{2\pi}{3\pi}$ = $\frac{2}{3}$;
- **Streckung in y-Richtung:** a = 2, also ist der Streckfaktor 2 und damit hat f die Amplitude 2;
- **Verschiebung entlang der y-Achse:** d = 4, der Graph von f ist um 4 nach oben verschoben;
- **Verschiebung entlang der x-Achse:** c = 5, der Graph von f ist um 5 nach rechts verschoben.

Das Vorgehen gilt ebenso für die Funktion g(x) = a · cos(b · (x − c)) + d mit b > 0.

5 Füllen Sie die Tabelle aus.

	f(x) = 5 sin(x + 3) − 1	g(x) = 1,4 sin$\left(\frac{x}{5}\right)$ + 3	h(x) = 0,4 cos$\left(\frac{4x}{\pi}\right)$ − 0,2
Streckung in x-Richtung			
Streckung in y-Richtung			
Verschiebung in y-Richtung			
Verschiebung in x-Richtung			

6 Der Graph der Funktion g mit g(x) = sin(x) bzw. der Funktion h mit h(x) = cos(x) ist bereits eingezeichnet. Skizzieren Sie dazu jeweils den Graphen von f.

a) f(x) = sin$\left(\frac{\pi}{2}x\right)$ − 1,5

Amplitude a = _____, Periode p = _____

Verschiebung in x-Richtung um _____

Verschiebung in y-Richtung um _____

b) f(x) = 1,5 · sin$\left(\frac{\pi}{2} \cdot (x - 2)\right)$

Amplitude a = _____, Periode p = _____

Verschiebung in x-Richtung um _____

Verschiebung in y-Richtung um _____

c) f(x) = −cos$\left(1,5 \cdot \left(x + \frac{\pi}{2}\right)\right)$ + 0,5

Amplitude a = _____, Periode p = _____

Verschiebung in x-Richtung um _____

Verschiebung in y-Richtung um _____

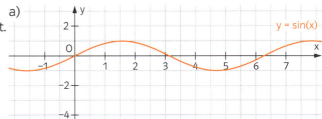

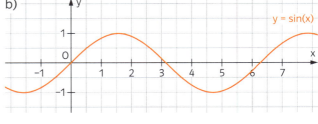

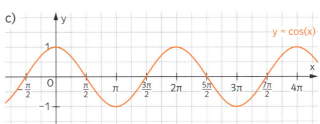

7 Ordnen Sie die Funktionsgleichungen den Graphen zu.

$f_1(x) = \sin(2(x + 0,5)) - 0,5$; Graph _____

$f_2(x) = 2\sin(0,5x) + 1$ Graph _____

$f_3(x) = 0,5\sin(x - 1) + 2$ Graph _____

$f_4(x) = 0,5\sin(x) + 1$ Graph _____

Eine Funktion kann nicht zugeordnet werden. Skizzieren Sie sie in das Koordinatensystem.

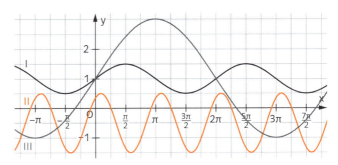

Um **aus einem vorgegebenen Graphen** die **dazugehörende Funktion** f mit $f(x) = a\sin(b(x-c)) + d$ zu **bestimmen**, empfiehlt sich folgendes Vorgehen:
1. Um a zu bestimmen, betrachtet man die y-Werte von Hochpunkt (y_H) und Tiefpunkt (y_T):
   $a = 0{,}5(y_H - y_T)$.
2. Um d zu bestimmen, nimmt man ebenfalls diese beiden y-Werte: $d = 0{,}5(y_H + y_T)$.
3. Zur Bestimmung der Periode p nimmt man den x-Abstand zwischen zwei benachbarten Hochpunkten oder zwischen zwei benachbarten Tiefpunkten. Mit der Formel $b = \frac{2\pi}{p}$ wird b berechnet.
4. Um c zu bestimmen, denkt man sich eine Gerade parallel zur x-Achse mit dem y-Achsenabschnitt d und betrachtet die erste Schnittstelle mit dem Graphen: Dieser x-Wert ist c. Beachten Sie: Wenn der x-Wert negativ ist, steht in der Klammer ein +.

Beispiel:
Bestimmung einer Funktion:
1. H_1 hat den y-Wert $y_H = 1{,}5$ und T hat $y_T = -3{,}5$.
   $a = 0{,}5(1{,}5 - (-3{,}5))$, also ist $a = 2{,}5$.
2. d erhält man durch $d = 0{,}5(1{,}5 + (-3{,}5))$;
   also ist $d = -1$.
3. Der Abstand der Hochpunkte beträgt
   $12 - 4 = 8$. Mit $p = 8$ erhält man $b = \frac{2\pi}{8} = \frac{\pi}{4}$.
4. Die Verschiebung in x-Richtung beträgt 2, also ist $c = 2$.
$f(x) = 2{,}5 \sin\left(\frac{\pi}{4}(x-2)\right) - 1$

Da ein Tiefpunkt auf der y-Achse liegt, hätte man auch den Ansatz über die Kosinusfunktion wählen können. Dann erhält man $f(x) = -2{,}5 \cos\left(\frac{\pi}{4}x\right)$.

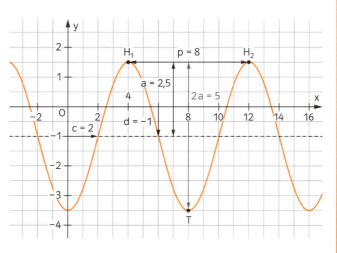

8 Geben Sie anhand der Graphen die Periode, die Amplitude sowie die zugehörige Funktionsgleichung an.

a) p = _____, a = _____, f(x) = _____

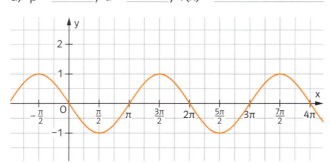

b) p = _____, a = _____, f(x) = _____

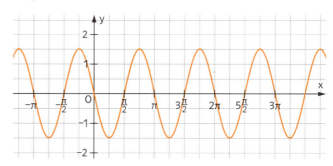

c) p = _____, a = _____, f(x) = _____

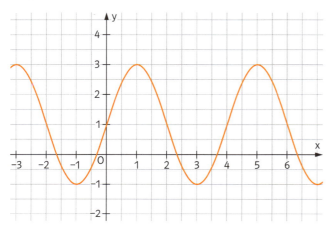

d) p = _____, a = _____, f(x) = _____

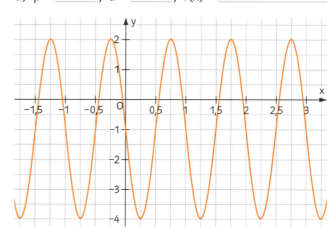

Trigonometrische Gleichungen

Das erste Ziel beim **Lösen von trigonometrischen Gleichungen** ist das Umformen der Gleichung in die Form $\sin(x) = \ldots$ bzw. $\cos(x) = \ldots$ Diese Form kann man entweder exakt oder mit dem Taschenrechner lösen.

Beispiel 1:
$2\sin(x) + 5 = 7$
und $0 \leq x \leq 2\pi$
$2\sin(x) + 5 = 7 \quad | -5$
$2\sin(x) = 2 \quad | :2$
$\sin(x) = 1$
$x = \frac{\pi}{2}$

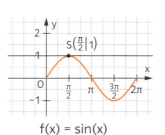
$f(x) = \sin(x)$

Beispiel 2:
$0{,}5\cos(x) + 0{,}75 = 1{,}1$
und $0 \leq x \leq 2\pi$
$0{,}5\cos(x) + 0{,}75 = 1{,}1 \quad | -0{,}75$
$0{,}5\cos(x) = 0{,}35 \quad | :0{,}5$
$\cos(x) = 0{,}7$
$x_1 \approx 0{,}80$
$x_2 \approx 2\pi - 0{,}80 \approx 5{,}5$ (s. Skizze)

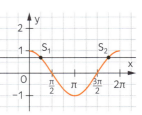
$g(x) = \cos(x)$

1 Berechnen Sie die Werte exakt.
a) $5\sin(x) - 4 = 1$ und $0 \leq x \leq 2\pi$
b) $1{,}5\cos(x) + 2{,}5 = 2{,}5$ und $0 \leq x \leq 2\pi$

2 Lösen Sie nach x auf.
a) $0{,}1\sin(x) - 0{,}25 = -0{,}3$ und $-\frac{\pi}{2} \leq x \leq \pi$
b) $2\cos(x) + 1 = 2{,}2$ und $0 \leq x \leq \pi$

Da die **Sinusfunktion** periodisch ist, gibt es mehrere x-Werte, die denselben Funktionswert besitzen.

Die Gleichung $\sin(x) = 0{,}8$ hat die Lösung $x_0 = 0{,}9273$.
Wegen der Periodizität der Sinusfunktion sind auch $x_1 = 0{,}9273 + 2\pi$ und $x_2 = 0{,}9273 + 4\pi$ usw. Lösungen der Gleichung.
Zudem ist die Sinusfunktion achsensymmetrisch zur Geraden $x = \frac{\pi}{2}$.
Deshalb ist auch $x_3 = \pi - 0{,}9273$ eine Lösung und ebenso $x_4 = 3\pi - 0{,}9273$ usw.

Wie viele und welche Lösungen man braucht, hängt immer vom Definitionsbereich ab.

---

3 Zeichnen Sie den Funktionsgraphen und die Hilfsgerade. Lösen Sie die Gleichung. Geben Sie alle Lösungen im Intervall an.

a) $\sin(x) = 0{,}3$ und $0 \leq x \leq 3\pi$ \quad Lösung: _____ ; weitere Werte: _____

b) $3\sin(x) = -1{,}8$ und $-3 \leq x \leq 5$ \quad Lösung: _____ ; weitere Werte: _____

c) $\sin(x) + 1 = 0{,}6$ und $2 \leq x \leq 8$ \quad Lösung: _____ ; weitere Werte: _____

Da auch die **Kosinusfunktion** periodisch ist, gibt es auch hier mehrere x-Werte, die denselben Funktionswert besitzen.

Die Gleichung $\cos(x) = -0{,}7$ hat die Lösung $x_0 = 2{,}3462$. Wegen der Periodizität der Kosinusfunktion sind auch $x_1 = 2{,}3462 + 2\pi$ und $x_2 = 2{,}3463 - 2\pi$ usw. Lösungen dieser Gleichung.
Zudem ist die Funktion achsensymmetrisch zur y-Achse, also sind auch $x_3 = -2{,}3462$ und $x_4 = -(2{,}3462 + 2\pi)$ Lösungen.

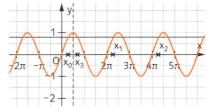

Wie viele und welche Lösungen man braucht, hängt immer vom Definitionsbereich ab.

---

4 Zeichnen Sie den Funktionsgraphen und die Hilfsgerade. Geben Sie alle Lösungen des Intervalls an.

a) $\cos(x) = 0{,}2$ und $0 \leq x \leq 5\pi$
b) $2\cos(x) = 1{,}9$ und $-2 \leq x \leq 4$

Sollen Gleichungen der Form $a\cos(bx) = e$ gelöst werden, muss man die **Substitution** anwenden und die Periodenlänge beachten.

Allgemein:
Umformen mit dem Ziel $\cos(\ ) = \ldots$
Substituieren des Kosinusarguments bx durch z
Eine Lösung für z bestimmen
Weitere Lösungen für z bestimmen
x bestimmen durch Rücksubstitution für z_1, z_2 und z_3

Lösungsmenge angeben

Beispiel:
$2\cos(\pi x) = 1{,}6;\ x \in [0;\ 4]\quad |:2$
$\cos(\pi x) = 0{,}8\quad |\ \pi x = z$
$\cos(z) = 0{,}8$
$z_1 = 0{,}6435$
$z_2 = 0{,}6435 + 2\pi = 6{,}9267,\ z_3 = 13{,}2098$
$\pi x_1 = 0{,}6435\quad |:\pi$
$x_1 = 0{,}2048$
$\pi x_2 = 6{,}9267\quad |:\pi \qquad \pi x_3 = 13{,}2098\quad |:\pi$
$x_2 = 2{,}2048 \qquad\qquad x_3 = 4{,}2048$ liegt nicht in $[0;\ 4]$
$L = \{0{,}2048;\ 2{,}2048\}$

Gleichungen der Form $a\sin(bx) = e$ löst man nach dem gleichen Verfahren.

5 Füllen Sie die Lücken aus.

a) $3\cos(2x) = 1{,}5;\ x \in [0;\ 4]$

$3\cos(2x) = 1{,}5\quad |:3$

$\cos(2x) = \underline{\qquad}\quad |\ z = 2x$

$\cos(\underline{\qquad}) = 0{,}5$

$z_1 = 1{,}05$

$z_2 = 1{,}05 + \underline{\qquad} = 7{,}3332$

$z_3 = \pi - 1{,}05 = \underline{\qquad}$

Rücksubstitution:

$2x_1 = 1{,}05\quad |:2$

$x_1 = \underline{\qquad}$

$2x_2 = 7{,}3332\quad |\underline{\qquad};\quad 2x_3 = \underline{\qquad}\quad |\underline{\qquad}$

$x_2 = \underline{\qquad} \qquad x_3 = \underline{\qquad}$

$L = \{\underline{\qquad\qquad}\}$

b) $0{,}5\sin\left(\frac{\pi x}{2}\right) = 0{,}3;\ x \in [-1;\ 5]$

$0{,}5\sin\left(\frac{\pi x}{2}\right) = 0{,}3\quad |:\underline{\qquad}$

$\sin(\underline{\qquad}) = 0{,}6\quad |\ z = \underline{\qquad}$

$\sin(\underline{\qquad}) = \underline{\qquad}$

$z_1 = \underline{\qquad}$

$z_2 = \underline{\qquad} + 2\pi = \underline{\qquad}$

$z_3 = \pi - \underline{\qquad} = \underline{\qquad}$

Rücksubstitution:

$\frac{\pi x_1}{2} = \underline{\qquad}\quad |\cdot \frac{2}{\pi}$

$x_1 = \underline{\qquad}$

$\frac{\pi x_2}{2} = \underline{\qquad}\quad |\underline{\qquad} \qquad \frac{\pi x_3}{2} = \underline{\qquad}\quad |\underline{\qquad}$

$x_2 = \underline{\qquad} \qquad x_3 = \underline{\qquad}$

$L = \underline{\qquad}$

6 Ordnen Sie zu.

Ausgangsgleichung

A) $5\sin\left(\frac{x}{2}\right) = 2{,}5$
B) $2\sin\left(\frac{x}{3}\right) = 0{,}5$
C) $\sin(2x) + 1 = 0{,}5$
D) $4\sin(3x) = 1$
E) $\sin\left(\frac{x}{3}\right) + 0{,}7 = 0{,}2$
F) $5\sin(2x) = 2{,}5$

Gleichung der Form $\sin(\ ) = \ldots$

a) $\sin(2x) = 0{,}5$
b) $\sin\left(\frac{x}{3}\right) = -0{,}5$
c) $\sin\left(\frac{x}{2}\right) = 0{,}5$
d) $\sin(2x) = -0{,}5$
e) $\sin\left(\frac{x}{3}\right) = 0{,}25$
f) $\sin(3x) = 0{,}25$

Substitution

1) $z = 3x$
2) $z = x - 0{,}5$
3) $z = 2x$
4) $z = 3 + x$
5) $z = \frac{x}{2}$
6) $z = \frac{x}{3}$

7 Lösen Sie die Gleichungen im angegebenen Intervall. Überprüfen Sie Ihre Lösungen ggf. mit dem GTR.

a) $\sin(3x) = 1;\ [0;\ 2\pi]$
b) $\cos(0{,}5x) = -1;\ [0;\ 3\pi]$
c) $5\sin\left(\frac{x}{2}\right) + 1 = 1;\ [0;\ 9\pi]$
d) $1{,}5\cos(\pi x) = 1{,}2;\ [-1;\ 4]$

Ableiten trigonometrischer Funktionen

Für das **Ableiten** der trigonometrischen Funktionen gelten folgende Regeln:
Für **f(x) = sin(x)** gilt **f'(x) = cos(x)**, für **f(x) = cos(x)** gilt **f'(x) = −sin(x)**.

Es gelten die Summenregel und die Faktorregel.
Beispiel: $f(x) = 5\sin(x) − 3\cos(x)$ $\quad f'(x) = 5\cos(x) − 3(−\sin(x)) = 5\cos(x) + 3\sin(x)$

1 Bestimmen Sie die erste Ableitung der Funktion f.
a) $f(x) = \sin(x) + x$
b) $f(x) = 2 + \cos(x)$
c) $f(x) = \sin(x) + \cos(x)$
d) $f(x) = 3 − \sin(x)$
e) $f(x) = 4x^2 + 2\sin(x)$
f) $f(x) = 4x^3 − 0{,}5\cos(x)$
g) $f(x) = 2{,}1\sin(x) + e^x$
h) $f(x) = 4\sin(x) − 3\cos(x)$

2 Geben Sie die entsprechenden Ableitungen an.
a) $f(x) = \sin(x)$ $f'(x) =$ _____ $f''(x) =$ _____ $f'''(x) =$ _____ $f''''(x) =$ _____

b) $f(x) = \cos(x)$ $f'(x) =$ _____ $f''(x) =$ _____ $f'''(x) =$ _____ $f''''(x) =$ _____

Was fällt Ihnen auf? _____

3 Bestimmen Sie f'(x) und f''(x) sowie f'(π). Bestimmen Sie die Tangentengleichung für gegebenes x_0.
a) $f(x) = 3x + \sin(x); \; x_0 = 0$
b) $f(x) = 1{,}5x − \cos(x); \; x_0 = 0$
c) $f(x) = \sin(x) + \cos(x); \; x_0 = \frac{\pi}{2}$
d) $f(x) = 3\cos(x) − 2\sin(x); \; x_0 = 2\pi$
e) $f(x) = 0{,}4\sin(x) − 3x^2; \; x_0 = 0$
f) $f(x) = 2e^x + 0{,}1\sin(x); \; x_0 = 0$

Hat die trigonometrische Funktion die Form
f(x) = sin(bx + c), dann hat sie die Ableitung
f'(x) = b cos(bx + c),

Beispiel 1:
Für $f(x) = \sin(3x − 7)$ gilt:
$f'(x) = 3\cos(3x − 7)$

g(x) = cos(bx + c), dann hat sie die Ableitung
g'(x) = b(−sin(bx + c)).

Beispiel 2:
Für $f(x) = 2\cos(5x + 1)$ gilt:
$f'(x) = 2 \cdot 5 (−\sin(5x + 1))$

---

4 Ordnen Sie einer Funktion ihre Ableitungsfunktion zu.

f(x)	a) $2\sin(5x)$	b) $4\cos(3x+1)$	c) $5\sin(2x)$	d) $4\sin(3x+1)$	e) $3\cos(4x+1)$
f'(x)	A) $-12\sin(3x+1)$	B) $-12\sin(4x+1)$	C) $12\cos(3x+1)$	D) $10\cos(5x)$	E) $10\cos(2x)$

5 Entscheiden Sie, ob richtig oder falsch abgeleitet wurde. Kreuzen Sie an. Erklären Sie ggf. den Fehler.

Funktion	Ableitungsfunktion	r	f	Fehler
$f(x) = 0{,}3\cos(\pi x + 1)$	$f'(x) = −0{,}3\sin(\pi x + 1)$	☐	☐	
$f(x) = \sin(5x − 1) + 2$	$f'(x) = 5\cos(5x − 1)$	☐	☐	
$f(x) = 3\sin(x) + \cos(3x)$	$f'(x) = 3\cos(x) + 3\sin(3x)$	☐	☐	

6 Bilden Sie Ketten in der Reihenfolge f(x); f'(x); f''(x); f'''(x).

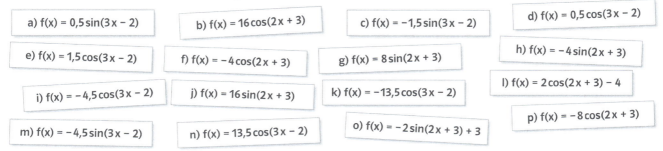

a) $f(x) = 0{,}5\sin(3x − 2)$
b) $f(x) = 16\cos(2x + 3)$
c) $f(x) = −1{,}5\sin(3x − 2)$
d) $f(x) = 0{,}5\cos(3x − 2)$
e) $f(x) = 1{,}5\cos(3x − 2)$
f) $f(x) = −4\cos(2x + 3)$
g) $f(x) = 8\sin(2x + 3)$
h) $f(x) = −4\sin(2x + 3)$
i) $f(x) = −4{,}5\cos(3x − 2)$
j) $f(x) = 16\sin(2x + 3)$
k) $f(x) = −13{,}5\cos(3x − 2)$
l) $f(x) = 2\cos(2x + 3) − 4$
m) $f(x) = −4{,}5\sin(3x − 2)$
n) $f(x) = 13{,}5\cos(3x − 2)$
o) $f(x) = −2\sin(2x + 3) + 3$
p) $f(x) = −8\cos(2x + 3)$

Da die Kosinusfunktion die Ableitung der Sinusfunktion ist, ist die Sinusfunktion eine Stammfunktion der Kosinusfunktion: $f(x) = \sin(x)$ mit $f'(x) = \cos(x)$, also ist für **g(x) = cos(x)** eine **Stammfunktion** **G(x) = sin(x)**.

Die Ableitung der Minus-Kosinusfunktion ist die Sinusfunktion, also ist $-\cos$ die Stammfunktion der Sinusfunktion: $f(x) = -\cos(x)$ mit $f'(x) = \sin(x)$; also ist für **g(x) = sin(x)** eine **Stammfunktion** **G(x) = −cos(x)**.

Beispiel 1: $\int_0^\pi \sin(x)\,dx = [-\cos(x)]_0^\pi = -\cos(\pi) - (-\cos(0)) = -(-1) + 1 = 2$

Beispiel 2: $\int_0^{\pi/2} \cos(x)\,dx = [\sin(x)]_0^{\pi/2} = \sin\left(\frac{\pi}{2}\right) - \sin(0) = 1 - 0 = 1$

7 Bestimmen Sie folgende Integrale.

a) $\int_{-\pi/2}^{\pi/2} \cos(x)\,dx$
b) $\int_{\pi/2}^{\pi} \sin(x)\,dx$
c) $\int_0^3 2\sin(x)\,dx$
d) $\int_5^8 0{,}5\cos(x)\,dx$

Die Funktion $f(x) = \sin(bx + c)$ hat als eine **Stammfunktion** $F(x) = -\frac{1}{b}\cos(bx + c)$.

Die Funktion $g(x) = \cos(bx + c)$ hat als eine **Stammfunktion** $G(x) = \frac{1}{b}\sin(bx + c)$.

Beispiel 3: $\int_0^{\pi/2} \sin(2x)\,dx = \left[-\frac{1}{2}\cos(2x)\right]_0^{\pi/2} = -\frac{1}{2}\cos\left(2 \cdot \frac{\pi}{2}\right) - \left(-\frac{1}{2}\cos(2 \cdot 0)\right) = -\frac{1}{2} \cdot (-1) + \frac{1}{2} = 1$

Beispiel 4: $\int_0^{\pi/6} \cos(3x)\,dx = \left[\frac{1}{3}\sin(3x)\right]_0^{\pi/6} = \frac{1}{3}\sin\left(3 \cdot \frac{\pi}{6}\right) - \frac{1}{3}\sin(3 \cdot 0) = \frac{1}{3} \cdot 1 - \frac{1}{3} \cdot 0 = \frac{1}{3}$

8 a) Ordnen Sie den Funktionen passende Stammfunktionen zu.

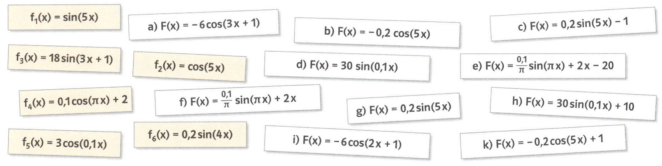

b) Eine Funktion und eine Stammfunktion in Teil a) können nicht zugeordnet werden.
Geben Sie für die Funktion eine Stammfunktion und für die Stammfunktion eine Funktion an.

Funktion: _____   Stammfunktion: _____

Funktion: _____   Stammfunktion: _____

9 Berechnen Sie jeweils den Inhalt der markierten Flächen. Bestimmen Sie zuerst die Integrationsgrenzen.

a) $f(x) = \sin(x) + 1$
b) $f(x) = 2\sin(0{,}5\pi x) + 2$
c) $f(x) = 0{,}5\cos(2x)$

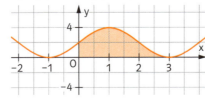
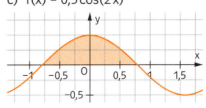

80 V Trigonometrische Funktionen

Untersuchung von Funktionen

Bei der Untersuchung trigonometrischer Funktionen gelten die gleichen Kriterien wie bei der Untersuchung von ganzrationalen Funktionen.

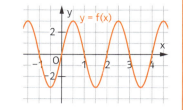

Beispiel:
a) Bestimmen Sie die Periode und die Amplitude der Funktion f mit
$f(x) = 3\sin(\pi x)$ und $x \in [-0{,}8; 3{,}1]$.
b) Untersuchen Sie den Graphen von f auf Schnittpunkte mit den Achsen, Hoch-, Tief- und Wendepunkte.

a) $p = \frac{2\pi}{b}$; also $p = \frac{2\pi}{\pi} = 2$. Die **Periode** beträgt 2. Wegen $a = 3$ ist die **Amplitude** 3.

b) **Schnittpunkt mit der y-Achse:** $f(0) = \sin(\pi \cdot 0) = \sin(0) = 0$; $S_y(0|0)$
Schnittpunkte mit der x-Achse: $f(x) = 0$ und $x \in [-0{,}8; 3{,}1]$. Wegen $0 = \sin(\pi x)$ und Substitution mit $z = \pi x$ erhält man $\sin(z) = 0$ mit den Lösungen $0; \pi; 2\pi$ usw. für z. Rücksubstitution $x = \frac{z}{\pi}$ ergibt als relevante Lösungen $x_1 = 0$; $x_2 = 1$; $x_3 = 2$, $x_4 = 3$; also $N_1(0|0)$, $N_2(1|0)$; $N_3(2|0)$; $N_4(3|0)$.
Ableitungen: $f'(x) = 3\pi \cos(\pi x)$; $f''(x) = -3\pi^2 \sin(\pi x)$; $f'''(x) = -3\pi^3 \cos(\pi x)$
Hoch- und Tiefpunkte: $f'(x) = 0$: $0 = 3\pi \cos(\pi x)$ ergibt $0 = \cos(\pi x)$. Mit Substitution $z = \pi x$ erhält man $0 = \cos(z)$ mit den Lösungen $\frac{\pi}{2}; \frac{3\pi}{2}; \frac{5\pi}{2}$ usw. für z. Rücksubstitution $x = \frac{z}{\pi}$ ergibt als relevante Lösungen $x_4 = -0{,}5$; $x_5 = 0{,}5$; $x_6 = 1{,}5$ und $x_7 = 2{,}5$.
Überprüfen mit f'': $f''(-0{,}5) = -3\pi^2 \sin(-0{,}5\pi) = 3\pi^2 \cdot 1 > 0$ also TP; $f(-0{,}5) = -3$ ergibt $T_1(-0{,}5|-3)$.
$f''(0{,}5) = -3\pi^2 \sin(0{,}5\pi) = -3\pi^2 \cdot 1 < 0$ also HP; $f(0{,}5) = 3$ ergibt $H_1(0{,}5|3)$.
$f''(1{,}5) = -3\pi^2 \sin(1{,}5\pi) = -3\pi^2 \cdot (-1) = 3\pi^2 > 0$ also TP; $f(1{,}5) = -3$ ergibt $T_2(1{,}5|-3)$.
$f''(2{,}5) = -3\pi^2 \sin(2{,}5\pi) = -3\pi^2 \cdot 1 < 0$ also HP; $f(2{,}5) = 3$ ergibt $H_1(2{,}5|3)$.
Wendepunkte: $f''(x) = 0$: $0 = -3\pi^2 \sin(\pi x)$ ergibt $0 = \sin(\pi x)$ mit Lösungen $x_1 = 0$; $x_2 = 1$; $x_3 = 2$; $x_4 = 3$ (s. Nullstellen).
Überprüfen mit f''': $f'''(0) = -3\pi^3 \cos(\pi \cdot 0) = -3 \neq 0$ also WP; $W_1(0|0)$.
$f'''(1) = -3\pi^3 \cos(\pi) = 3 \neq 0$ also WP; $W_2(1|0)$. $f'''(2) = -3\pi^3 \cos(2\pi) = -3 \neq 0$ also WP; $W_3(2|0)$.
$f'''(3) = -3\pi^3 \cos(\pi 3) = 3 \neq 0$ also WP; $W_4(3|0)$.

1 Gegeben ist die Funktion f mit $f(x) = 1{,}5 \sin\left(\frac{\pi}{2} x\right)$.
a) Skizzieren Sie den Graphen von f.

b) Bilden Sie f' und f''.

$f'(x) = $ _____

$f''(x) = $ _____

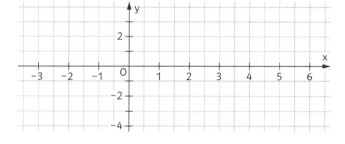

c) Skizzieren Sie die Graphen von f' und f'' in das Koordinatensystem.

d) Markieren Sie am Graphen von f die Schnittpunkte mit der x-Achse sowie die Hoch-, Tief- und Wendepunkte. Wie verlaufen an diesen Stellen die Graphen von f' und f''?

2 Bestimmen Sie die Extremstellen der folgenden Funktionen in dem jeweils angegebenen Intervall.

Funktion f	Ableitung f'	Lösungen von $f'(x_0) = 0$	2. Ableitung f''	$f''(x_0)$	Extrema
$5\sin(x) + 3$; $[0; 7]$	$5\cos(x)$	$x_1 = \frac{\pi}{2}$; $x_2 = \frac{3\pi}{2}$	$-5\sin(x)$	$f''\left(\frac{\pi}{2}\right) = -5$ $f''\left(\frac{3\pi}{2}\right) = 5$	Maximum Minimum
$2\cos(3x)$; $[0; 1{,}5]$					
$0{,}2\sin(5\pi x)$; $[0; 0{,}5]$					
$3\cos\left(\frac{x}{2}\right) + 2$; $[-1; 6]$					

V Trigonometrische Funktionen   81

3 Bestimmen Sie die Wendepunkte der Funktion.

Funktion	f(x) = 5cos(x) − 1; [0; 6]	f(x) = sin($\frac{x}{4}$) + 2; [0; 5π]	f(x) = 0,8 sin(0,2x); [0; 20]
Ableitung f'			
2. Ableitung f''			
3. Ableitung f'''			
Lösungen von f''(x_0) = 0			
Prüfen mit f'''			
y-Wert bestimmen: f(x_0)			
Koordinaten der WP			

4 Gegeben ist die Funktion f(x) = 4cos($\frac{1}{2}$x), $\left[-\frac{\pi}{4}; \frac{9}{2}\pi\right]$.

Überprüfen Sie die Angaben. Kreuzen Sie an. Korrigieren Sie ggf. den Fehler.

Aussage	r	f	Korrektur
Der Graph schneidet die y-Achse in 4.	☐	☐	
Die einzige Schnittstelle mit der x-Achse ist bei π.	☐	☐	
Die Periodenlänge ist 4π.	☐	☐	
Der Hochpunkt hat die Koordinaten H$\left(2\pi\mid\frac{1}{8}\right)$.	☐	☐	
Die Wendepunkte sind W_1(π∣0), W_2(3π∣0), W_3(5π∣0).	☐	☐	

5 Ordnen Sie die Punkte den Schnittpunkten mit den Achsen und den Hoch-, Tief- und Wendepunkten der Funktionen zu.

f(x) = 0,5 sin($\frac{x}{3}$); x ∈ [−5; 10]   h(x) = 0,25 cos(0,5x) + 0,25; x ∈ [0; 5π]

A$\left(-\frac{3\pi}{2}\mid-0,5\right)$ B(0∣0)   C(0∣0,5)   D(0∣6)   E(π∣0)   F(π∣0,25)

G$\left(\frac{3\pi}{2}\mid 0,5\right)$ H(2π∣0)   J(3π∣0)   K(3π∣0,25)   L(4π∣0,5)   M(5π∣0)   N(5π∣0,25)

6 Der Graph der Funktion f(x) = $\frac{3}{2}$cos($\frac{\pi}{2}$x) für x ∈ [0; 4] schließt mit der x-Achse eine Fläche ein. Bestimmen Sie ihren Inhalt:

Bestimmen der Nullstellen: _____

Berechnen des Integrals: _____

Flächeninhalt: _____

7 Der Graph der Funktion f(x) = 5 sin(2x); [0; π] schließt mit der x-Achse und der Parallelen zur y-Achse durch den Tiefpunkt eine Fläche ein. Bestimmen Sie ihren Inhalt.

Bestimmen des Tiefpunkts: _____

Berechnen des Integrals: _____

Flächeninhalt: _____

8 Der Graph der Funktion f mit $f(x) = 5{,}2\sin(0{,}3x) + 2$; $[0; 7\pi]$ und die Gerade durch die Wendepunkte des Graphen schließen eine Fläche ein. Berechnen Sie ihren Inhalt.

Bilden der Ableitungen: _____

Bestimmen der Wendestellen: _____

Prüfen mit f''' sowie y-Wert bestimmen: _____

Berechnen des Integrals: _____

Aus gegebenen Daten kann man **eine Funktionsgleichung** aufstellen.

Beispiel 1:
Von einer Sinusfunktion der Form
$f(x) = a\sin(bx) + d$ mit $x \in [0; 12]$ kennt man den
Hochpunkt H(2,5|15) und den Tiefpunkt T(7,5|−3).
Bestimmen Sie eine geeignete Sinusfunktion.

Bestimmung von a: $a = 0{,}5(y_H - y_T)$
$a = 0{,}5(15 - (-3)) = 9$
Bestimmung von d: $d = 0{,}5(y_H + y_T)$
$d = 0{,}5(15 + (-3)) = 6$
Bestimmung von p: $p = 2|x_H - x_T|$ und $b = \frac{2\pi}{p}$
$p = 2|2{,}5 - 7{,}5| = 10$; $b = \frac{2\pi}{10} = \frac{\pi}{5}$
$f(x) = 9\sin\left(\frac{\pi}{5}x\right) + 6$

Beispiel 2:
Gegeben ist die Funktion f mit $f(x) = a\sin(x + c)$.
Bestimmen Sie a und c so, dass der Punkt P(2|0)
auf dem Graphen von f liegt und dass der Graph
von f dort eine Steigung von 3,5 hat.

Einsetzen von P in f: $0 = a\sin(2 + c)$,
also $0 = \sin(2 + c)$. Dies gilt, wenn $2 + c = 0$.
Also gilt: $c = -2$.
Zwischenergebnis: $f(x) = a\sin(x - 2)$
$f'(x) = a\cos(x - 2)$ und $f'(2) = a\cos(2 - 2) = a$.
Da der Graph an der Stelle 2 die Steigung 2 haben
soll, gilt $f'(2) = 3{,}5$ also $a = 3{,}5$.
$f(x) = 3{,}5\sin(x - 2)$

---

9 Bestimmen Sie aus Hoch- und Tiefpunkt eine Funktion der Form $f(x) = a\sin(bx)$ und ordnen Sie zu.

H(0|−0,5); T($\frac{\pi}{2}$|−1,5)

H(π|3); T(3π|−1)

$a_1 = 0{,}5$ $a_2 = 0{,}75$ $a_3 = 1{,}5$ $a_4 = 2$

$d_1 = -1$ $d_2 = -0{,}5$ $d_3 = 0{,}5$ $d_4 = 1$

$b_1 = 0{,}5$ $b_2 = \frac{\pi}{2}$ $b_3 = 2$ $b_4 = 2\pi$

H(1|2); T(1,5|−1)

H(5|0,25); T(7|−1,25)

10 Bestimmen Sie aus den Angaben die Amplitude, die Verschiebung in y-Richtung sowie die Periode einer Sinusfunktion der Form $f(x) = a\sin(bx) + d$.

Hoch- und Tiefpunkte	Amplitude	Verschiebung	Periode	Funktionsgleichung
H($\frac{\pi}{6}$|3,9); T($\frac{\pi}{2}$|0,1)	$a = \frac{3{,}9 - 0{,}1}{2} = 1{,}9$	$d = \frac{3{,}9 + 0{,}1}{2} = 2$	$p = 2\left(\frac{\pi}{2} - \frac{\pi}{6}\right) = \frac{2\pi}{3}$	$f(x) = 1{,}9\sin(3x) + 2$
H(1,5π|5,4); T(4,5π|4,6)				
H(0,125|3); T(0,375|−1,8)				
H(0,5|1); T(1,5|−0,4)				
H(2|5,2); T(6|−1,2)				

11 Bestimmen Sie die Variablen so, dass der Punkt P auf dem Graphen von f liegt und der Graph in Punkt P die Steigung m hat.

a) $f(x) = a\sin\left(\frac{x}{4} + b\right)$; $P(\pi|0)$ mit $m = 0{,}5$

b) $f(x) = a\sin\left(\frac{x}{2} + b\right)$; $P(1|0)$ mit $m = 7$

c) $f(x) = 2\sin(\pi x + b) + d$; $P(1|3)$ mit $m = 0$

d) $f(x) = 0{,}5\sin\left(\frac{\pi}{2}x + b\right) + d$; $P(2|3{,}5)$ mit $m = \frac{\pi}{4}$

Test

1 Bestimmen Sie die Amplitude und die Periode und skizzieren Sie den Graphen von f.

a) $f(x) = -2\sin\left(\frac{\pi}{2}x\right) + 1$
b) $f(x) = 1{,}5 \cdot \sin\left(x - \frac{\pi}{2}\right) - 2$
c) $f(x) = -\sin(2x) - 3$

2 Bestimmen Sie jeweils den Funktionsterm der trigonometrischen Funktion f.

a) Eine Sinuskurve hat die Periode 2 und die Amplitude 3. Sie ist um 4 Einheiten nach links und um 5 Einheiten nach unten verschoben.

b) Gegeben ist die Funktion f mit $f(x) = \sin(x + b)$. Bestimmen Sie b so, dass der Punkt P(2|0) auf dem Graphen von f liegt.

c) Gegeben ist die Funktion f mit $f(x) = a \cdot \sin(x)$. Bestimmen Sie a so, dass der Punkt $P\left(\frac{\pi}{2}\big|-1{,}5\right)$ auf dem Graphen von f liegt.

d) Gegeben ist die Funktion f mit $f(x) = a \cdot \sin[b \cdot (x - c)]$. Bestimmen Sie a, b und c so, dass der Graph von f die Periode $p = 2$ hat, in x-Richtung um $\frac{1}{3}$ verschoben ist und eine Amplitude von 3 hat.

3 Ordnen Sie jedem Graphen eine Funktion zu.

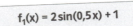

$f_1(x) = 2\sin(0{,}5x) + 1$

$f_2(x) = \sin(0{,}5x) + 1$

$f_3(x) = 0{,}5\sin\left(x + \frac{\pi}{4}\right) + 0{,}5$

$f_4(x) = 0{,}5\sin\left(x - \frac{\pi}{4}\right) + 1$

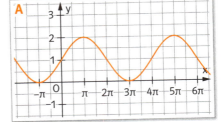

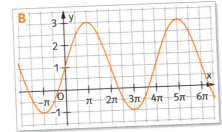
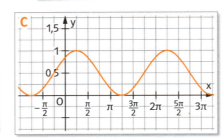
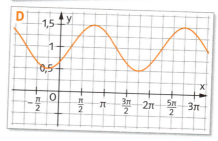

4 Nur einer der Graphen ist Graph der Funktion f mit $f(x) = 3\sin(\pi(x - 0{,}25)) - 2$. Begründen Sie für jeden Graphen, warum er der Graph der Funktion ist bzw. warum er nicht Graph der Funktion sein kann.

a)
b)
c)

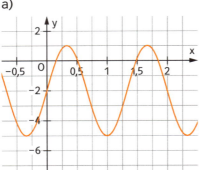
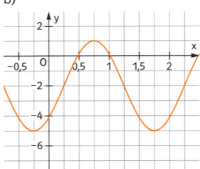
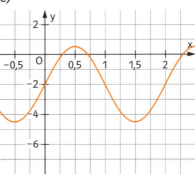

5 Untersuchen Sie den Graphen der Funktion f mit $f(x) = 5\sin\left(\frac{\pi}{3}x\right) + 1$ und $x \in [0; 8]$ auf Hoch-, Tief- und Wendepunkte. Skizzieren Sie den Graphen.

6 a) Die Punkte H(3|17) und T(12|−3) sind benachbarte Extrempunkte des Graphen einer Sinusfunktion. Bestimmen Sie die Amplitude und die Periode und geben Sie den Funktionsterm an.

b) Der Punkt A(4|0) soll auf dem Graphen einer Funktion f mit $f(x) = a\sin(x + b)$ liegen. Die Steigung des Graphen an der Stelle $x = 6$ beträgt −3. Bestimmen Sie a und b und geben Sie die Funktion an.

84 V Trigonometrische Funktionen

Potenzfunktionen mit negativen Exponenten

Funktionen der Form $f(x) = ax^n$ mit $n = -1, -2, -3$ usw. heißen **Potenzfunktionen mit negativen Exponenten**, da der Exponent n negativ ist. Beispiele für diese Funktionen mit $a = 1$ sind $f(x) = x^{-1}$; $g(x) = x^{-2}$; $h(x) = x^{-3}$.
Es gilt: $\frac{1}{x^k} = x^{-k}$. Deshalb kann man die Funktionen auch anders darstellen: $f(x) = \frac{1}{x}$; $g(x) = \frac{1}{x^2}$; $h(x) = \frac{1}{x^3}$.

Besonderheiten dieser Funktionen:
- **Einschränkung des Definitionsbereichs**
  Durch 0 darf nicht geteilt werden, deshalb muss man 0 aus dem Definitionsbereich ausschließen: $D = \mathbb{R} \setminus \{0\}$. 0 heißt **Definitionslücke** oder Polstelle.
- **Waagerechte Asymptoten für $x \to \pm\infty$**
  Je größer bzw. kleiner die Werte von x werden, desto mehr geht der Funktionswert gegen 0; z.B. $f(10\,000) = 0{,}0001$; $g(-5000) = 0{,}00000004$. Man sagt „Der y-Wert nähert sich 0." Die x-Achse ist deshalb die waagerechte Asymptote.
- **Senkrechte Asymptote an der Definitionslücke**
  Rückt man von rechts immer dichter an die Definitionslücke heran, werden die Funktionswerte beliebig groß: $f(0{,}01) = 100$; $f(0{,}0001) = 10000$. Rückt man von links immer dichter an die Definitionslücke heran, werden die Funktionswerte beliebig klein bzw. groß: $f(-0{,}01) = -100$; $f(-0{,}0001) = -10000$. Man sagt: Die y-Achse ist senkrechte Asymptote.

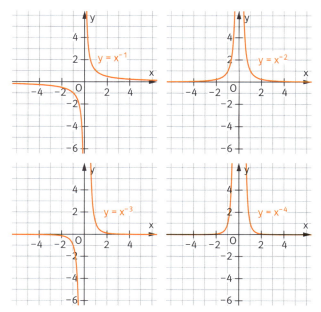

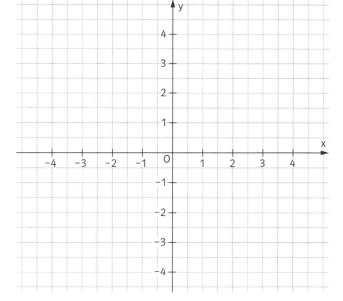

1 Füllen Sie die Wertetabelle aus. Zeichnen Sie den Graphen.

a) $f(x) = x^{-2}$

x	0	0,5	1	1,5	2	2,5	3
f(x)							

x	−0,5	−1	−1,5	−2	−2,5	−3
f(x)						

$f(100) = $ _____ ; $f(100\,000) = $ _____

$f(0{,}01) = $ _____ ; $f(0{,}00001) = $ _____

b) $g(x) = x^{-3}$

x	0	0,5	1	1,5	2	2,5	3
g(x)							

x	−0,5	−1	−1,5	−2	−2,5	−3	3
g(x)							

$g(100) = $ _____ ; $g(100\,000) = $ _____

$g(0{,}01) = $ _____ ; $g(0{,}00001) = $ _____

2 Gegeben ist die Funktion $f(x) = x^{-5}$. Ergänzen Sie.

Werden die x-Werte immer größer $(x \to \infty)$, dann nähern sich die Funktionswerte _____.

Werden die x-Werte immer kleiner $(x \to -\infty)$, dann nähern sich die Funktionswerte _____.

Nähern sich die x-Werte von rechts der 0, dann werden die Funktionswerte _____.

Nähern sich die x-Werte von links der 0, dann werden die Funktionswerte _____.

VI Gebrochenrationale Funktionen

3 Ordnen Sie jeder Funktion die passenden Eigenschaften zu.

(A) $f(x) = \frac{1}{x}$; _____

(B) $f(x) = \frac{1}{x^2}$; _____

(C) $f(x) = \frac{1}{x^3}$; _____

(D) $f(x) = \frac{1}{x^4}$; _____

(E) $f(x) = \frac{1}{x^5}$; _____

(F) $f(x) = \frac{1}{x^6}$; _____

(1) Definitionsbereich $D = \mathbb{R} \setminus \{0\}$
(2) Der Graph geht durch P(1|1).
(3) Der Graph geht durch Q(-1|1).
(4) Der Graph geht durch R(-1|-1).
(5) Der Graph ist punktsymmetrisch.
(6) Der Graph ist achsensymmetrisch.
(7) Die x-Achse ist waagerechte Asymptote.
(8) Die y-Achse ist senkrechte Asymptote.

(9) Für $x \to \infty$ gilt $f(x) \to 0$.
(10) Für $x \to -\infty$ gilt $f(x) \to 0$.
(11) Für positive $x \to 0$ gilt $f(x) \to +\infty$.
(12) Für positive $x \to 0$ gilt $f(x) \to -\infty$.
(13) Für negative $x \to 0$ gilt $f(x) \to +\infty$.
(14) Für negative $x \to 0$ gilt $f(x) \to -\infty$.
(15) $y = 0$ ist waagerechte Asymptote.
(16) $x = 0$ ist senkrechte Asymptote.

Um den Graphen einer Funktion f entlang der y-Achse **um den Faktor a zu strecken**, wird der Term der Funktion mit $a > 0$ multipliziert.
Um den Graphen **entlang der x-Achse um x_0 zu verschieben**, wird x durch $(x - x_0)$ ersetzt.
Um den Graphen **entlang der y-Achse zu verschieben**, wird y_0 addiert.
Der Graph der Funktion f mit $f(x) = \frac{a}{(x-x_0)^n} + y_0$ hat die Definitionslücke x_0 und die Gerade $x = x_0$ ist die senkrechte Asymptote.

Beispiel:

Der Funktionsterm $f(x) = \frac{2}{(x-4)^2} + 3$ entsteht aus dem Funktionsterm $g(x) = \frac{1}{x^2}$ durch Multiplikation mit 2: $g_1(x) = \frac{2}{x^2}$. Der Graph der neuen Funktion ist wegen $a = 2$ mit dem Faktor 2 gestreckt.

Ersetzt man nun im Funktionsterm x durch $x - 4$, erhält man als Term $g_2(x) = \frac{2}{(x-4)^2}$. Der Graph ist um +4 entlang der x-Achse verschoben. Addiert man zum Term noch 3 dazu, erhält man

$f(x) = \frac{2}{(x-4)^2} + 3$. Der Graph wird um 3 entlang der y-Achse verschoben. Die Definitionslücke oder Polstelle ist $x_0 = 4$, also $D = \mathbb{R} \setminus \{4\}$. Die Gleichung der senkrechten Asymptote ist $x = 4$, es handelt sich um eine Polstelle ohne Vorzeichenwechsel. Die waagerechte Asymptote ist $y = 3$.

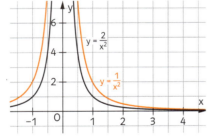
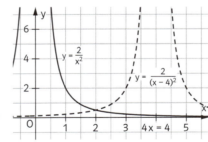
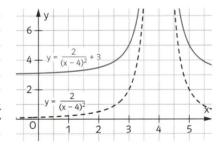

4 Ordnen Sie der Funktion den dazugehörenden Graphen zu.

$f(x) = \frac{2}{x-1}$ $g(x) = \frac{3}{x+2}$ $h(x) = \frac{1}{x} + 2$ $i(x) = \frac{2}{(x-3)} - 1$

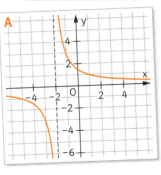
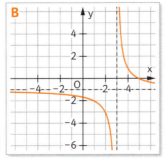
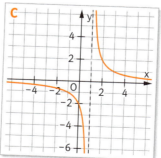
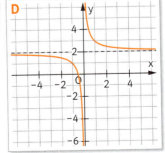

86 VI Gebrochenrationale Funktionen

5 Bestimmen Sie den Streckfaktor a, die Verschiebung in x-Richtung x_0 und die Verschiebung in y-Richtung y_0. Geben Sie den Definitionsbereich und die Gleichungen der Asymptoten an.

f(x)	a	x_0	y_0	Definitionsbereich	Senkrechte Asymptote	Waagerechte Asymptote
$\frac{0{,}5}{x-3} + 4$						
$\frac{7}{x-1} - 2$						
$\frac{3}{(x+2)^2} - 6$						
$\frac{2{,}5}{(x+1)^2} + 2$						

6 Begründen Sie für jede Funktion, warum Sie nicht Funktion des Schaubildes sein kann.

Schaubild	Funktion und Begründung
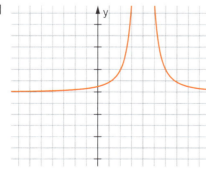	$f(x) = \frac{2}{x+4} + 1$; Begründung:
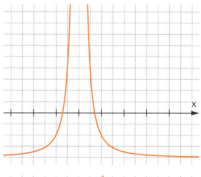	$f(x) = \frac{0{,}5}{x-5} + 2$; Begründung:
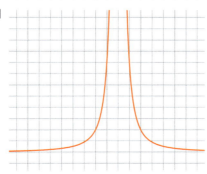	$f(x) = \frac{4}{x-3} - 2$; Begründung:

7 Zeichnen Sie die fehlenden Achsen so ein, dass der Graph mit der Funktion übereinstimmt.

a) $f(x) = \frac{1}{(x-2)^2} + 1$

b) $g(x) = \frac{1}{(x+3)^2} - 2$

c) $h(x) = \frac{1}{(x+1)^2} - 1$

d) $i(x) = \frac{1}{x+2} + 3$

Eigenschaften gebrochenrationaler Funktionen

Gebrochenrationale Funktionen lassen sich als Quotient zweier ganzrationaler Funktionen darstellen. Allgemein gilt: $f(x) = \frac{p(x)}{q(x)}$. Beispiele sind $f(x) = \frac{x+3}{x-5}$; $f(x) = \frac{x^2+4}{x-1}$ und $f(x) = \frac{x+4}{x^2-9}$. Die Nullstellen des Nenners sind die Definitionslücken.

Es werden hier nur Funktionen betrachtet, die vollständig gekürzt sind: So lässt sich die Funktion f mit $f(x) = \frac{2x-6}{x^2-9}$ auch darstellen als $f(x) = \frac{2x-6}{x^2-9} = \frac{2(x-3)}{(x-3)(x+3)} = \frac{2}{x+3}$.

Beispiel: Die Funktion f mit $f(x) = \frac{2}{x-3}$ ist an der Stelle $x = 3$ nicht definiert.

Man nennt diese Stelle auch **Definitionslücke** von f. Sie entspricht der Nullstelle des Nenners.
Für $x \to 3$ von „links" (d.h. $x < 3$) gilt: $f(x) \to -\infty$.
Für $x \to 3$ von „rechts" (d.h. $x > 3$) gilt: $f(x) \to +\infty$.
Die Gerade $x = 3$ ist die **senkrechte Asymptote** des Graphen von f.

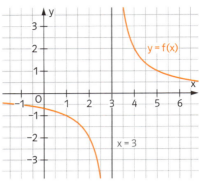

1 Bestimmen Sie den Definitionsbereich, die Polstellen und die Gleichungen der senkrechten Asymptoten.

a) $f(x) = \frac{2}{x+1}$ b) $f(x) = \frac{x+3}{x-3}$ c) $f(x) = \frac{x+3}{x(x-5)}$ d) $f(x) = \frac{x}{x^2-4}$ e) $f(x) = \frac{2x+3}{x^2-7x}$

2 a) Welcher Graph gehört zu welcher Funktion? Begründen Sie.

$f_1(x) = \frac{x}{x+2}$ $f_2(x) = \frac{2}{(x+2)^2}$ $f_3(x) = \frac{1}{x^2+2}$ $f_4(x) = \frac{2}{(x-2)(x+2)}$

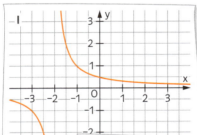
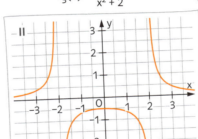
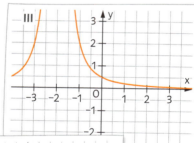
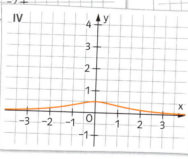
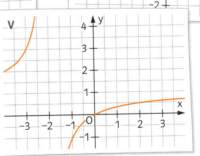

b) Ein Graph passt nicht zu den angegebenen Funktionsgleichungen.

Wie lautet die zugehörige Funktionsgleichung für f_5? $f_5(x) =$ _____

3 Untersuchen Sie f auf Definitionslücken, beschreiben Sie das Verhalten von f in der Nähe dieser Definitionslücken und skizzieren Sie den Graphen.

a) $f(x) = \frac{x}{3x-1}$, $x_0 =$ ____, Verhalten in der Nähe von x_0: _____

b) $f(x) = \frac{1}{x^2-9}$, $x_0 =$ ____, Verhalten in der Nähe von x_0: _____

$x_1 =$ ____, Verhalten in der Nähe von x_1: _____

Bei der Untersuchung von gebrochenrationalen Funktionen für $x \to \pm\infty$ unterscheidet man drei Fälle und orientiert sich an den höchsten Potenzen von Zähler und Nenner.

1. Fall: Zählergrad < Nennergrad

$f(x) = \frac{x}{x^2-3}$. Wegen x^1 ist der Zählergrad 1, wegen x^2 ist der Nennergrad 2. Der Zählergrad ist größer als der Nennergrad, denn es gilt: $1 < 2$. Die **waagerechte Asymptote ist die x-Achse: y = 0**.

2. Fall: Zählergrad = Nennergrad

$f(x) = \frac{4x}{3x-5}$. Wegen x^1 ist der Zählergrad 1, wegen x^1 ist der Nennergrad 1.

Zählergrad und Nennergrad sind gleichgroß. Man bestimmt die waagerechte Asymptote, indem man den Koeffizienten der höchsten Potenz im Zähler durch den Koeffizienten der höchsten Potenz im Nenner teilt: $y = \frac{4}{3}$.

3. Fall: Zählergrad > Nennergrad

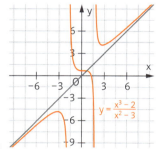

$f(x) = \frac{x^3-2}{x^2-3}$. Wegen x^3 ist der Zählergrad 3, wegen x^2 ist der Nennergrad 2.

Der Zählergrad ist größer als der Nennergrad. In diesem Fall gibt es keine waagerechte Asymptote. Mithilfe der Polynomdivision bestimmt man

$f(x) = x + \frac{3x-2}{x^2-3}$. Der ganzrationale Term beschreibt die Näherungskurve: $y = x$.

4 Bestimmen Sie das Verhalten der gebrochenrationalen Funktion f für $x \to \pm\infty$.

f(x)	Welcher Fall liegt vor?	Gibt es eine waagerechte Asymptote?	Gleichung der waagerechten Asymptote	Definitionsbereich
$\frac{5}{2x+1}$	1. Fall	ja	$y = 0$	$D = \mathbb{R}\setminus\{-0,5\}$
$\frac{4x-3}{1-2x}$				
$\frac{2x^3-x^2+3}{3x^2-x}$				
$\frac{7x^2-4}{x-2}$				
$\frac{1-x}{8-2x^2}$				
$3 + \frac{2}{1-x}$				

5 Bestimmen Sie mithilfe der Polynomdivision die Gleichung der Näherungskurve.

a) $(x^2 + 0x - 2) : (x - 3) = x + 3 + \frac{7}{x-3}$
   $\underline{-(x^2 - 3x)}$
   $0 + 3x - 2$
   $\underline{-(3x - 3 \cdot 3)}$
   $0 + 7$

Näherungskurve: _____

b) $(7x^2 + 0x - 4) : (x - 2) = 7x + 14 +$ _____
   $\underline{-(7x^2 - 14x)}$
   $0 + 14x - 4$
   $-(\underline{})$
   $\underline{}$

Näherungskurve: _____

c) $(x^3 - 2x) : (x^2 + 5) = x -$ _____
   $-(x^3 + 5x)$
   _____

Näherungskurve: _____

d) $(3x^4 + 0x^2 - 2) : (x^2 + 2) =$ _____

Näherungskurve: _____

Ableitungsregeln

> **Die Ableitung einer gebrochenrationalen Funktion** f mit $f(x) = \frac{k}{x^n}$ lässt sich mithilfe der Potenzregel ermitteln: $f(x) = \frac{k}{x^n} = k \cdot x^{-n}$ hat die Ableitung $f'(x) = -n \cdot k \cdot x^{-n-1} = -\frac{n \cdot k}{x^{n+1}}$
>
> Beispiel: $f(x) = \frac{2}{x^4} = 2 \cdot x^{-4}$; $f'(x) = 2 \cdot (-4) \cdot x^{-5} = -8x^{-5} = -\frac{8}{x^5}$.

1 Leiten Sie ab.

a) $f(x) = \frac{1}{x^7} =$ __x^{-7}__ ; $f'(x) =$ __$-7x^{-8}$__

b) $f(x) = \frac{4}{x^5} =$ __$4x^{-5}$__ ; $f'(x) =$ _____

c) $f(x) = \frac{5}{x^2} =$ _____ ; $f'(x) =$ _____

d) $f(x) = \frac{15}{x^3} =$ _____ ; $f'(x) =$ _____

e) $f(x) = \frac{0,5}{x^4} =$ _____ ; $f'(x) =$ _____

f) $f(x) = \frac{-2}{x} =$ _____ ; $f'(x) =$ _____

g) $f(x) = \frac{1}{x^2} - \frac{1}{x} =$ _____ ; $f'(x) =$ _____

h) $f(x) = \frac{2}{x^3} + \frac{7}{x^2} =$ _____ ; $f'(x) =$ _____

> Gebrochenrationale Funktionen, bei denen nur im Nenner eine Funktion von x steht, lassen sich in der Form $f(x) = g(u(x))$ darstellen und müssen nach der **Kettenregel** abgeleitet werden. Dabei wird die Funktion zuerst als Produkt geschrieben und dann wie im Beispiel abgeleitet.
>
> Beispiel: $f(x) = \frac{3}{2x-5} = 3 \cdot (2x-5)^{-1}$
>
> 1. Innere und äußere Funktion festlegen und deren Ableitung bilden:
>   Innere Funktion u mit $u(x) = 2x - 5$, $u'(x) = 2$
>   Äußere Funktion g(u) mit $g(u) = 3u^{-1}$, $g'(u) = -3u^{-2}$
> 2. Kettenregel anwenden: $f'(x) = g'(u) \cdot u'(x)$ $f'(x) = -3(u)^{-2} \cdot 2$
> 3. u(x) wieder einsetzen und zusammenfassen: $f'(x) = -6(2x-5)^{-2} = \frac{-6}{(2x-5)^2}$

2 Füllen Sie die Tabelle für $f(x) = g(u(x))$ aus.

$f(x) = g(u(x))$	$u(x)$	$u'(x)$	$g(u)$	$g'(u)$	$f'(x) = g'(u) \cdot u'(x)$
$\frac{5}{3x-2} = 5(3x-2)^{-1}$	$3x-2$	3	$5u^{-1}$	$-5u^{-2}$	$-5u^{-2} \cdot 3 = -15(3x-2)^{-2}$
$\frac{2}{4x+1} = 2(4x+1)^{-1}$	$4x+1$		$2u^{-1}$		$-2u^{-2} \cdot 4 =$
$\frac{1}{5x+3}$					
$\frac{3}{x^2+4}$					
$\frac{3}{(4x+1)^2}$					

3 Was gehört zusammen? Ergänzen Sie.

a) $f(x) = \frac{0,5}{(4x-3)^2} =$ _____

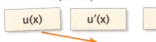

Damit ist $f'(x) =$ _____

b) $f(x) = \frac{-2}{3x^2-1} =$ _____

Damit ist $f'(x) =$ _____

4 Ordnen Sie den Funktionstermen die zugehörigen Ableitungsterme zu.

a) $\frac{1}{x+5}$	b) $\frac{3}{x-4}$	c) $\frac{4}{x+3}$	d) $\frac{3}{x^2-4}$	e) $\frac{1}{x^2+5}$	f) $\frac{3}{(x-4)^2}$
1) $-3(x-4)^{-2}$	2) $-6(x-4)^{-3}$	3) $-2x(x^2+5)^{-2}$	4) $-1(x+5)^{-2}$	5) $-6x(x^2-4)^{-2}$	6) $-4(x+3)^{-2}$

90 VI Gebrochenrationale Funktionen

Steht im Zähler und im Nenner einer gebrochenrationalen Funktion eine Funktion von x, so muss man neben der Kettenregel auch die **Produktregel** zum Ableiten verwenden:
f(x) = u(x) · v(x); f'(x) = u'(x) · v(x) + u(x) · v'(x).
Man schreibt zuerst den Bruch als Produkt zweier Faktoren und leitet dann wie im Beispiel ab.

Beispiel: $f(x) = \frac{7x}{2x-5} = 7x \cdot (2x-5)^{-1}$

1. Die beiden Faktoren festlegen und ableiten: u(x) = 7x; u'(x) = 7; v(x) = (2x − 5)⁻¹;
   v'(x) = −2(2x − 5)⁻²
2. Die Ableitung f' mithilfe der Produkregel bilden: f'(x) = u'(x) · v(x) + u(x) · v'(x)
   = 7 · (2x − 5)⁻¹ + 7x · (−2(2x − 5)⁻²)
   = 7(2x − 5)⁻¹ − 14x · (2x − 5)⁻²

5 Füllen Sie die Tabelle aus.

f(x)	u(x)	u'(x)	v(x)	v'(x)	f'(x) = u'(x) · v(x) + u(x) · v'(x)
$\frac{3x}{2x-5}$ = 3x·(2x − 5)⁻¹	3x	3	(2x − 5)⁻¹	−2(2x − 5)⁻²	3·(2x − 5)⁻¹ + 3x·(−2(2x − 5)⁻²) = 3·(2x − 5)⁻¹ − 6x(2x − 5)⁻²
$\frac{2x}{5x-3}$ = 2x(5x − 3)⁻¹	2x		(5x − 3)⁻¹		
$\frac{2x+1}{2-3x}$ =					
$\frac{x^2}{x-3}$ =					

Eine direkte Möglichkeit zum Ableiten einer Funktion der Form $f(x) = \frac{u(x)}{v(x)}$ ist die **Quotientenregel**.
Damit ergibt sich die Ableitung $f'(x) = \frac{u'(x) \cdot v(x) - u(x) \cdot v'(x)}{(v(x))^2}$.

Beispiel: $f(x) = \frac{3x}{x-2}$

1. Die beiden Funktionen u und v ableiten: u(x) = 3x; u'(x) = 3; v(x) = x − 2; v'(x) = 1
2. Die Ableitung mithilfe der Quotientenregel bilden: $f'(x) = \frac{u'(x) \cdot v(x) - u(x) \cdot v'(x)}{(v(x))^2} = \frac{3 \cdot (x-2) - 3x \cdot 1}{(x-2)^2} = \frac{-6}{(x-2)^2}$

6 Füllen Sie die Tabelle aus.

f(x)	u(x)	u'(x)	v(x)	v'(x)	$f'(x) = \frac{u'(x) \cdot v(x) - u(x) \cdot v'(x)}{(v(x))^2}$
$\frac{2x}{x+1}$	2x		x + 1		
$\frac{3x+1}{x-5}$	3x + 1				
$\frac{4x+1}{2-5x}$					
$\frac{x^2}{3x-1}$					

7 Ergänzen Sie.

a) $f(x) = \frac{x+2}{x+1}$; $f'(x) = \frac{1 \cdot (x+1) - }{\rule{2cm}{0.4pt}}$

b) $f(x) = \frac{3x-1}{x+5}$; $f'(x) = \frac{3 \cdot (x+5) - }{\rule{2cm}{0.4pt}}$

c) $f(x) = \frac{6x+2}{2x-1}$; $f'(x) = \frac{6 \cdot (2x-1) - }{\rule{2cm}{0.4pt}}$

d) $f(x) = \frac{x^2}{x+1}$; $f'(x) = \frac{2x \cdot (x+1) - }{\rule{2cm}{0.4pt}}$

8 Leiten Sie ab.

a) $f(x) = \frac{2x+1}{3x-2}$
b) $f(x) = \frac{2x-3}{4-x}$
c) $f(x) = \frac{x-2}{2+5x}$
d) $f(x) = \frac{x-3}{x^2+3}$
e) $f(x) = \frac{x^2+1}{x^2-4}$

Anwendungen – Kurvendiskussion

Die **Kurvendiskussion** einer gebrochenrationalen Funktion beinhaltet dieselben Elemente wie die einer ganzrationalen oder exponentiellen Funktion (**Symmetrie, Schnittpunkte mit den Achsen, Extrem- und Wendepunkte**). Zusätzlich muss man die charakteristischen Eigenschaften (**Definitionsbereich, Polstellen, Asymptoten**) ermitteln.

Beispiel 1: $f(x) = \frac{x^3 + 1}{x} = \frac{x^3}{x} + \frac{1}{x} = x^2 + x^{-1}$

Schnittpunkte mit den Achsen:
y-Achse: $f(0)$ existiert nicht, da $x = 0$ Definitionslücke
x-Achse: $f(x) = 0$: $x^3 + 1 = 0$ hat die Lösung $x = -1$.
$N_1(-1|0)$ ist Schnittpunkt mit der x-Achse.
Ableitungen:
$f'(x) = 2x - x^{-2}$;
$f''(x) = 2 + 2x^{-3}$;
$f'''(x) = -6x^{-4}$

Extrempunkte: $f'(x) = 0$ und $x \neq 0$
$0 = 2x - x^{-2} \quad | \cdot x^2 \neq 0$
$0 = 2x^3 - 1$ hat die Lösung $x = \sqrt[3]{0{,}5} \approx 0{,}7937$.
$f''(0{,}7937) = 6 > 0$ und $f(0{,}7937) \approx 1{,}8899$.
T(0,79|1,89)

Wendepunkte: $f''(x) = 0$ und $x \neq 0$
$0 = 2 + 2x^{-3} \quad | \cdot x^3 \neq 0$
$0 = 2x^3 + 2$ hat die Lösung $x = -1$.
$f'''(-1) = -6 \neq 0$ und $f(-1) = 0$. W(−1|0)

Zeichnung:

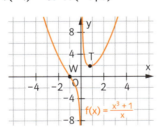

Beispiel 2: $f(x) = \frac{x^2}{x - 3}$

Schnittpunkte mit den Achsen:
y-Achse: $f(0) = 0$,
x-Achse: $x^2 = 0$ hat die Lösung $x = 0$.
O(0|0) ist Schnittpunkt mit den Achsen.

Ableitungen: $f'(x) = \frac{2x(x-3) - x^2 \cdot 1}{(x-3)^2} = \frac{x^2 - 6x}{(x-3)^2}$;
$f''(x) = \frac{(2x-6)(x-3)^2 - (x^2 - 6x) \cdot 2(x-3) \cdot 1}{(x-3)^4}$
$= \frac{(x-3)[(2x-6)(x-3) - (x^2 - 6x) \cdot 2]}{(x-3)^4}$
$= \frac{2x^2 - 6x - 6x + 18 - (2x^2 - 12x)}{(x-3)^3} = \frac{18}{(x-3)^3}$

Extrempunkte: $f'(x) = 0$ und $x \neq 3$
$0 = x^2 - 6x = x(x - 6)$ hat die Lösungen
$x_1 = 0$; $x_2 = 6$
$f''(0) = \frac{-16}{27} < 0$ und $f(0) = 0$. H(0|0)
$f''(6) = \frac{16}{27} > 0$ und $f(6) = 12$. T(6|12)

Wendepunkte: $f''(x) = 0$ und $x \neq -3$
$0 = 18$ ist eine falsche Aussage, es gibt keine Lösung, also gibt es keinen Wendepunkt.

Zeichnung:

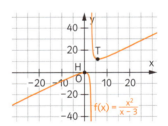

1 Überprüfen Sie den Graphen der Funktion f auf Schnittpunkte mit den Achsen. Ergänzen Sie.

Funktion f	$\frac{3x - 1}{x^2}$	$\frac{x + 2}{x - 4}$	$\frac{1}{x} - \frac{3}{x^2}$
Definitionslücke			
y-Achse: $f(0)$			
x-Achse: $f(x) = 0$			

2 Füllen Sie die Tabelle aus, um die Extremstellen zu bestimmen.

Funktion f	$f'(x)$	$f''(x)$	Extremstellen: $f'(x) = 0$
$\frac{x^2}{x + 3}$			
$\frac{x^2}{x - 5}$			
$\frac{x^2 + 4}{x}$			
$\frac{x}{x^2 + 9}$			

3 Füllen Sie die Tabelle aus, um die Wendestellen zu bestimmen.

Funktion	f'(x)	f''(x)	f'''(x)	Wendestellen: f''(x) = 0
$\frac{x^2-6}{x^3}$	$\frac{18-x^2}{x^3}$			
$\frac{x-3}{x^4}$	$\frac{12-3x}{x^5}$			
$\frac{x^2-4}{x}$	$\frac{x^2+4}{x^2}$			
$\frac{x}{x^2+9}$	$\frac{9-x^2}{(x^2+9)^2}$			

4 Ordnen Sie zu.

Funktion	Definitionslücke	Nullstelle	y-Achsenabschnitt	Extrempunkt	Wendepunkt
$f(x) = \frac{x+1,5}{x^2-1}$	$x = 4$	keine	$(0\,|\,0{,}44)$	$H_1(-1\,|\,-2)$	$W_1(-3{,}82\,|\,-0{,}17)$
$g(x) = \frac{x+4}{x^2+9}$	$x_{1,2} = \pm 1$	$x = -4$	$(0\,|\,-2{,}25)$	$T_1(9\,|\,18)$ $H_2(-0{,}38\,|\,-1{,}3)$	$W_2(-0{,}96\,|\,-0{,}30)$ $W_3(2{,}73\,|\,0{,}41)$
$h(x) = \frac{x^2+9}{x-4}$	keine	$x = -1{,}5$	$(0\,|\,-1{,}5)$	$H_3(1\,|\,0{,}5)$	kein WP

5 Überprüfen Sie die Funktion auf senkrechte und waagerechte Asymptoten sowie Näherungskurven. Skizzieren Sie den Graphen der Funktion.

f(x)	senkrechte Asymptote	waagerechte Asymptote	Näherungskurve	Skizze
$\frac{x-1}{x+1}$				
$\frac{x^2-9}{x+2}$				

6 In den Graphen einer gebrochenrationalen Funktion f sind die zugehörigen Asymptoten eingezeichnet. Geben Sie jeweils einen möglichen Funktionsterm an.

a)
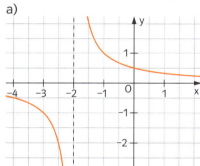

b)
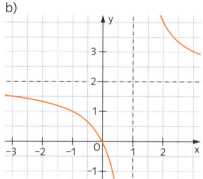

c)
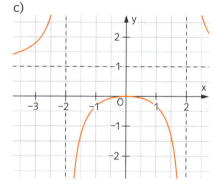

7 Entscheiden Sie, ob die Funktion f zum abgebildeten Graphen gehört. Begründen Sie.

a) $f(x) = \frac{x}{x-5}$
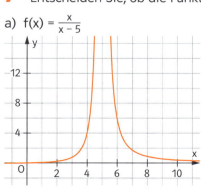

b) $f(x) = \frac{2x+2}{x+3}$
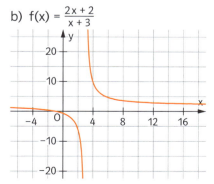

c) $f(x) = \frac{x-1}{x+2} + 3$
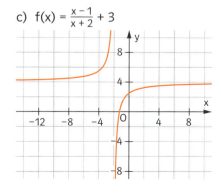

Test

1 Kreuzen Sie an, ob die Aussage wahr oder falsch ist.   wahr   falsch

a) Die Funktion f mit $f(x) = \frac{1}{x^4}$ ist punktsymmetrisch zum Ursprung.   ☐ ☐

b) Die Funktion f mit $f(x) = \frac{1}{x+2}$ hat bei $x = -2$ eine Defintionslücke.   ☐ ☐

c) Die Funktion f mit $f(x) = \frac{1}{x-5}$ hat bei $x = 5$ eine Polstelle mit Vorzeichenwechsel.   ☐ ☐

d) Die Funktion f mit $f(x) = \frac{3x-2}{x+5}$ hat die waagerechte Asymptote $y = -2$.   ☐ ☐

e) Die Funktion f mit $f(x) = \frac{x^2-1}{x+4}$ hat die Näherungskurve $y = x - 4$.   ☐ ☐

f) Die Funktion f mit $f(x) = \frac{x-5}{x+8}$ schneidet die y-Achse bei -5.   ☐ ☐

g) Die Funktion f mit $f(x) = \frac{x-4}{5x-2}$ schneidet die x-Achse bei 4.   ☐ ☐

h) Die Funktion f mit $f(x) = \frac{2x}{5x-4}$ hat die Ableitung $f'(x) = \frac{-8}{(5x-4)^2}$.   ☐ ☐

2 Untersuchen Sie das Verhalten von f für $x \to \infty$ und $x \to -\infty$ und geben Sie alle Asymptoten an. Skizzieren Sie dann den Graphen von f. Überprüfen Sie das Ergebnis anschließend mit dem GTR.

a) $f(x) = \frac{2}{x-1}$ b) $f(x) = \frac{x}{4-x^2}$ c) $f(x) = 2 - \frac{1}{x^2}$ d) $f(x) = \frac{3x^2-2}{2x+1}$

3 Ordnen Sie die Graphen den Funktionsgleichungen zu. $f(x) = \frac{x-4}{x+2}$ $g(x) = \frac{3}{x^2} + 1$ $h(x) = \frac{x}{x-2}$

4 Bilden Sie die erste Ableitung.

a) $f(x) = \frac{1}{x^5}$ b) $f(x) = \frac{2}{x-6}$ c) $f(x) = \frac{5x-2}{2x-5}$ d) $f(x) = \frac{x^2}{4x+3}$ e) $f(x) = \frac{2-x}{3x^2}$ f) $f(x) = \frac{x^2+3}{4x^2-1}$

5 Ordnen Sie den Funktionen die Schnittpunkte mit den Achsen zu.

a) $f(x) = \frac{x-3}{x+6}$ b) $f(x) = \frac{2x+4}{4x-1}$ c) $f(x) = \frac{3x}{x^2-1}$ d) $f(x) = \frac{x+1}{3x^2+2}$ e) $f(x) = \frac{x^2-1}{x-0,5}$ f) $f(x) = \frac{x^2-9}{x^2+1}$

A(−3|0)   B(−2|0)   C(−1|0)   D(0|−9)   E(0|−4)

F(0|0)   G(0|0,5)   H(0|2)   I(1|0)   J(0|−0,5)   K(3|0)

6 Überprüfen Sie den Graphen der Funktion auf Extrempunkte und Wendepunkte.

a) $f(x) = \frac{3}{x^3} - \frac{2}{x^2}$ b) $f(x) = \frac{4x^2-5}{x}$ c) $f(x) = \frac{x^2}{3x+5}$ d) $f(x) = \frac{2x}{x^2-4}$

7 Wahr oder falsch? Kreuzen Sie an.   wahr   falsch

a) Der Graph einer gebrochenrationalen Funktion hat eine waagerechte Asymptote, falls der Grad des Zählers gleich dem Grad des Nenners ist.   ☐ ☐

b) Ist der Grad des Zählers kleiner als der Grad des Nenners, hat der Graph der gebrochenrationalen Funktion eine Näherungskurve.   ☐ ☐

c) Der Graph einer gebrochenrationalen Funktion hat immer eine senkrechte Asymptote.   ☐ ☐

94   VI Gebrochenrationale Funktionen

Lambacher Schweizer

Mathematik für die Fachhochschulreife

Basistraining Analysis

Lösungen zum Arbeitsheft

I Ganzrationale Funktionen

Zuordnungen darstellen und interpretieren, Seite 3

1

h [cm]	0	2	4	6	8
V [cm³]	0	628	1257	1885	2513

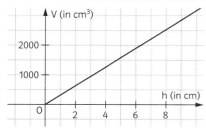

2 Näherungswerte aus dem Diagramm abgelesen
a) und b)

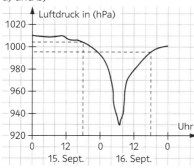

a) 15.9., 18.00 Uhr: 1004 hPa;
16.9., 18.00 Uhr: 996 hPa
b) Minimum am 16.9., 7.00 Uhr: 930 hPa
c)

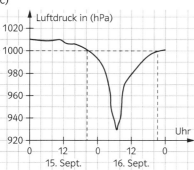

1000 hPa am 15.9. gegen 21.00 Uhr,
am 16.9. gegen 22.00 Uhr
d) 1010 hPa − 1001 hPa = 9 hPa

3 a)

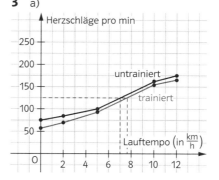

b) bei $5\frac{km}{h}$: 100 − 90 = 10 Herzschläge pro min
bei $12\frac{km}{h}$: 175 − 165 = 10 Herzschläge pro min
c) aus dem Diagramm:
untrainiert: $7\frac{km}{h}$ trainiert: $7,7\frac{km}{h}$

Der Begriff der Funktion, Seite 4

1 a) f(8) = 4; f(11) = 5,5; f(−4) = −2; f(−7) = −3,5; $f(x) = \frac{x}{2}$
b) f(2) = 4; f(10) = 100; f(−4) = 16; f(−3) = 9; $f(x) = x^2$
c) f(0) = 3; f(4) = 7; f(−3) = 0; f(−4) = −1; f(x) = x + 3

2 a) P(−2 | 3)
b) f(4) = 1
c) f(3) < 0; f(5) > 0

3 a) f(3,5) = −1,75; f(0) = 0; f(1,5) = 1,3
b) f(x) = 1: $x_1 \approx 0,2$; $x_2 \approx 1,6$; $x_3 \approx 4,2$
f(x) = −1: $x_1 \approx -0,2$; $x_2 \approx 2,4$; $x_3 \approx 3,8$
c) $c_2 \approx 2,1$; $x_1 \approx 0,8$; $x_2 \approx 4,4$
d) kleinster Funktionswert: f(2,5) ≈ −1,3
größter Funktionswert: f(0,8) ≈ 2,1

4 a) f(2) = 0,5; g(2) ≈ 1,8
b) f(1) < g(1)
c) $x_1 \approx 0,7$; $x_2 \approx 3,3$
d) Alle Funktionswerte der Funktion f sind positiv.
e) Der Funktionswert der Funktion g an der Stelle 0 ist negativ.

Lineare Funktionen, Seite 5

1

	Steigung	y-Achsenab.	Punktprobe
a)	2	3	f(5) = 13; erfüllt
b)	−0,5	−1	f(−2) = 0 ≠ 1; nicht erfüllt
c)	0	4	f(3) = 4; erfüllt

Lösungen Kapitel I **95**

2 a)

x	−1	0	1	2
y	−3	−1	1	3

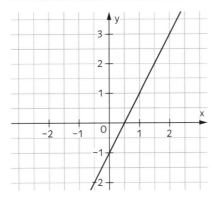

b) $f(x) = -\frac{2}{3}x + 2{,}5$

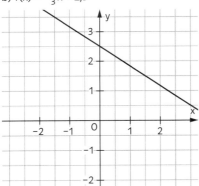

c) Steigung: 3; y-Achsenabschnitt: −1,5

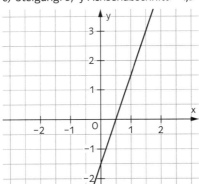

3 a) y-Achsenabschnitt: −2
Steigung: 0,5
Steigungswinkel: $\tan(\alpha) = 0{,}5$; also $\alpha \approx 26{,}6°$
b) y-Achsenabschnitt: 0,5
Steigung: $\frac{1{,}5}{2} = 0{,}75$
Steigungswinkel: $\tan(\alpha) = 0{,}75$; also $\alpha \approx 36{,}9°$
Funktionsgleichung: $f(x) = 0{,}75x + 0{,}5$

4 a) $f(x) = 5(x-3) + 2 = 5x - 13$
b) $f(x) = -3(x-3) + 2 = -3x + 11$
c) $m = \frac{4-2}{7-3} = \frac{1}{2}$; $f(x) = \frac{1}{2}(x-3) + 2 = \frac{1}{2}x + \frac{1}{2}$
d) $m = \frac{3-2}{-2-3} = -\frac{1}{5}$; $f(x) = -\frac{1}{5}(x-3) + 2 = -\frac{1}{5}x + \frac{13}{5}$

5 a) $m_1 = 2$; $m_2 = 0{,}5$; $m_1 \cdot m_2 = 2 \cdot 0{,}5 = 1 \neq -1$
Die Geraden sind also nicht orthogonal.
b) $m_1 = 3$; $m_2 = -\frac{1}{m_1} = -\frac{1}{3}$
z. B. $f_1(x) = -\frac{1}{3}x + 2 \qquad f_2(x) = -\frac{1}{3}x - 9$

6 a) g_1 kommt nicht vor.
Zu g_2 gehören E und H;
zu g_3 gehören C, F und G;
zu g_4 gehört B;
zu g_5 gehört D.
b) g_1 kam nicht vor: $f(x) = x + 3$.
c) $m_2 = 2$; $m_3 = -\frac{1}{2}$; $m_2 \cdot m_3 = 2 \cdot \left(-\frac{1}{2}\right) = -1$
g_2 und g_3 sind demnach orthogonal.
d) Steigung von g_6: $m_6 = -\frac{1}{m_4} = -\frac{1}{-\frac{2}{3}} = \frac{3}{2}$
z. B.: g_6: $y = \frac{3}{2}x + 3$
Zeichnung zu b) und d):

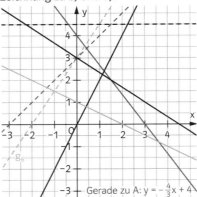

Gerade zu A: $y = -\frac{4}{3}x + 4$

Anwendungen zu linearen Funktionen, Seite 7

1 a)

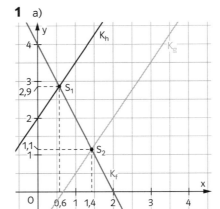

$S_1(0{,}6 \mid 2{,}9)$; $S_2(1{,}4 \mid 1{,}1)$

b) $f(x) = g(x)$

$-2x + 4 = 1{,}5x - 1 \quad | +2x + 1$
$\qquad 5 = 3{,}5x$

$x = \frac{10}{7}$; $y = -2 \cdot \frac{10}{7} + 4 = \frac{8}{7}$

Die beiden Geraden schneiden sich im Punkt $S_2\left(\frac{10}{7} \mid \frac{8}{7}\right)$.

$f(x) = h(x)$

$-2x + 4 = 1{,}5x + 2 \quad | +2x - 2$
$\qquad 2 = 3{,}5x$

$x = \frac{4}{7} \qquad y = -2 \cdot \frac{4}{7} + 4 = \frac{20}{7}$

Die beiden Geraden schneiden sich im Punkt $S_1\left(\frac{4}{7} \mid \frac{20}{7}\right)$

$g(x) = h(x)$
$1{,}5x - 1 = 1{,}5x + 2 \quad | -1{,}5x$
$\qquad -1 = 2$; falsche Aussage
Die Graphen zu den Funktionen g und h liegen parallel; sie schneiden sich nicht.

2 a)

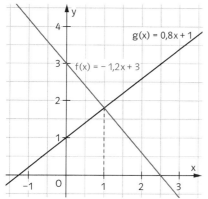

b) f(x) = g(x) gilt für x = 1
c) f(x) < g(x) gilt für x > 1
d) f(x) ≥ g(x) gilt für x ≤ 1

3 a) $\frac{75\% - 95\%}{26°C - 22°C} = -5 \frac{\%}{°C}$
b) f(x) = −5(x − 22) + 95 = −5x + 205
c) f(28) = −5 · 28 + 205 = 65
Die Leistungsfähigkeit beträgt bei 28 °C 65 %.
d) f(x) = 100 ergibt x = 21. Die Leistungsfähigkeit beträgt 100 %, wenn die Temperatur 21 °C beträgt.
e) f(0) = 205, ein unrealistisch hoher Wert für die Leistungsfähigkeit. Das lineare Modell kann daher für sehr niedrige und sehr hohe Temperaturen nicht gültig ein.

4 a) Inhalt der Flasche in ml zum Zeitpunkt x (in min):
f(x) = −4x + 500.
f(x) = 250; x = 62,5; nach 62,5 min ist sie halb leer.
f(x) = 0; x = 125; nach 125 min ist sie ganz leer.
b) g(x) = mx + 500
Bedingung: g(10) = 470, d.h. 10 m + 500 = 470.
Also ist m = −3. Die Geschwindigkeit betrug 3 ml/min, sie muss um 1 ml/min nach oben korrigiert werden.
c) h(x) = mx + 500 mit h(15) = 0;
15 m + 500 = 0 ergibt m ≈ −33,3.
Die Dosiergeschwindigkeit beträgt 33,3 ml/min.

5 a) Für f mit f(x) = 600 − 25x gilt: f(0) = 600. Wird x um 1 vergrößert nimmt f um 25 ab. f gibt die Füllmenge nach x Tagen an.
b) 20 · 25 = 500;
500 l wurden entnommen; 100 l sind noch im Tank.
c) f(x) = 200, d.h. 600 − 25x = 200; also x = 16.
Nach 16 Tagen sind noch 200 ml enthalten.
d) f(x) = 0, d.h. 600 − 25x = 0; also x = 24.
Nach 24 Tagen ist der Tank leer.
e), f) und g) g(x) = −5x + 400

Abgelesen: x = 10;

Rechnung:
600 − 25x = −5x + 400 | +25x − 400
     200 = 20x | : 20
      x = 10
Die beiden Tanks enthalten nach 10 min die gleiche Füllmenge.

6 a) x = Zeit in h, f bzw. g geben die Länge an.
1. Kerze: f(x) = −1,5x + 15
2. Kerze: g(x) = −2,5x + 28
f(4) = 9; g(4) = 18. Die erste Kerze ist nach 4 Stunden 9 cm, die zweite Kerze 18 cm lang.
b) f(x) = 0 ergibt x = 10; g(x) = 0 ergibt x = 11,2.
Die erste Kerze ist zuerst abgebrannt.
c) Da die 2. Kerze zu Beginn länger ist, setzt man an:
g(x) − f(x) = 5; als Lösung ergibt sich x = 8, d.h. nach 8 h unterscheiden sich die Kerzenlängen um 5 cm.
d) f(x) = g(x) ergibt x = 13. Beide Kerzen sind zu diesem Zeitpunkt bereits abgebrannt. Sie erreichen also vor dem Abbrennen nie die gleiche Länge.

Einfache quadratische Funktionen und Gleichungen, Seite 9

1 A → 1; B → 5; C → 2; D → 3; E → 4; F → 6

2 a) S(0|0); nach unten geöffnet
b) S(0|−2); nach oben geöffnet

3 b) Faktor 0,8; Verschieben um −4
c) mit dem Faktor 3; Verschiebung um 2 in y-Richtung.
d) Spiegelung an der x-Achse, Verschieben um −2,5 in y-Richtung.

4

x	−2,5	−2	−1	0	1	2	2,5
f(x) = x²	6,25	4	1	0	1	4	6,25
g(x) = 0,5x²	3,125	2	0,5	0	0,5	2	3,125
h(x) = 0,5x² + 1	4,125	3	1,5	1	1,5	3	4,125

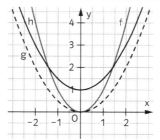

Der Graph von h entsteht aus dem Graphen von f durch Strecken mit dem Faktor 0,5 in Richtung der y-Achse und Verschieben um 1 in Richtung der y-Achse.

5 a) P(2|9): 1,5 · 2² + 3 = 9
Q(−3|16,5): 1,5 · (−3)² + 3 = 16,5
P und Q liegen auf dem Graphen.
b) P(1,5|−4,5): −2 · 1,5² + 0,5 = −4 ≠ −4,5
Q(0|−0,5): −2 · 0² + 0,5 = 0,5 ≠ −0,5
P und Q liegen nicht auf dem Graphen.

6 b) 12 = a · 2², also ist a = 3; y = 3x²
c) −13 = a · 8² + 3, also ist a = −0,25; y = −0,25x² + 3
d) 8 = 2,5 · (−2)² + c, also ist c = −2; y = 2,5x² − 2

7 a) $-4x^2 = 0$, also $x = 0$.
b) $3x^2 - 12 = 0$, also $x_1 = -2$; $x_2 = 2$
c) $-1{,}5x^2 + 1{,}5 = 0$, also $x_1 = -1$; $x_2 = 1$
d) $x^2 + 3 = 0$; $x^2 = -3 < 0$, also keine Lösung und damit keine Schnittstellen mit der x-Achse.

8 a) Falsch, da $-2{,}5 < 0$.
b) Falsch, da Scheitel $S(0\,|\,4)$ ist.
c) Richtig, da $-2^2 + 3 = -1$
d) Richtig, da $-3x^2 + 2 = 0$ die zwei Lösungen $x_{1,2} = \pm\sqrt{\tfrac{2}{3}}$ hat.
e) Falsch, da die Parabel für $a < 0$ zwei Schnittpunkte mit der x-Achse hat, und zwar $x_{1,2} = \pm\sqrt{\tfrac{-2}{a}}$.

Die allgemeine quadratische Funktion, Seite 11

1 Strategie: Scheitelkoordinaten ablesen und Öffnungsrichtung der Parabel beachten.
Lösung: A → 2; B → 3; C → 4; D → 1

2 a) $f(x) = 0{,}5(x - 2)^2$
b) $f(x) = 2(x + 4)^2 + 1$
c) $f(x) = -1{,}5(x + 3)^2 + 4$
d) $f(x) = 0{,}5(x - 3)^2 - 2$
e) $f(x) = -3(x + 2)^2 + 5$
f) $f(x) = 2(x - 1)^2 + 3$
g) $f(x) = 2(x - 6)^2$

3 g: Der Graph von $f(x) = x^2$ wird um 0,5 nach links verschoben; $g(x) = (x + 0{,}5)^2$
h: Der Graph von $f(x) = x^2$ wird an der x-Achse gespiegelt, um 2 nach rechts und um 3 nach oben verschoben; $h(x) = -(x - 2)^2 + 3$
k: Der Graph von $f(x) = x^2$ wird um 1,5 nach rechts und um 2 nach oben verschoben; $k(x) = (x - 1{,}5)^2 + 2$

4 a) $S(4\,|\,2)$; Minimum 2
b) $S(-3\,|\,5)$; Maximum 5
c) $S(2\,|\,-3)$; Maximum -3

5 Es gibt jeweils unendlich viele Beispiele.
b) $f(x) = -(x - 3)^2 + 7$; $g(x) = -4(x - 3)^2 + 7$
c) $f(x) = 1{,}5(x + 3)^2 + 4$; $g(x) = 3{,}8(x + 3)^2 + 4$
d) $f(x) = 3x^2 - 3$; $g(x) = 0{,}2x^2 - 3$

6 c) $x^2 - 10x + 25 + 3 = x^2 - 10x + 28$
d) $3(x^2 + 2x + 1) - 4 = 3x^2 + 6x - 1$
e) $-\tfrac{1}{2}(x^2 + 4x + 4) + 4 = -\tfrac{1}{2}x^2 - 2x + 2$
f) $-\tfrac{1}{3}(x^2 + 4x + 4) + \tfrac{7}{3} = -\tfrac{1}{3}x^2 - \tfrac{4}{3}x + 1$

7 a) $(x - 5)^2 = x^2 - 2 \cdot 5x + 25 = x^2 - 10x + 25$
b) $(x + 4)^2 = x^2 + 2 \cdot 4x + 16 = x^2 + 8x + 16$

8
b) $x^2 + 10x + 28 = \left(x^2 + 2 \cdot \tfrac{10}{2}x + \left(\tfrac{10}{2}\right)^2\right) - \left(\tfrac{10}{2}\right)^2 + 28 = (x + 5)^2 + 3$
c) $x^2 + 6x - 5 = \left(x^2 + 2 \cdot \tfrac{6}{2}x + \left(\tfrac{6}{2}\right)^2\right) - \left(\tfrac{6}{2}\right)^2 - 5 = (x + 3)^2 - 14$
d) $x^2 - 12x - 4 = \left(x^2 - 2 \cdot \tfrac{12}{2}x + \left(\tfrac{12}{2}\right)^2\right) - \left(\tfrac{12}{2}\right)^2 - 4 = (x - 6)^2 - 40$
e) $x^2 + 3x - 6 = \left(x^2 + 2 \cdot \tfrac{3}{2}x + \left(\tfrac{3}{2}\right)^2\right) - \left(\tfrac{3}{2}\right)^2 - 6 = (x + 1{,}5)^2 - 8{,}25$

9 a) $y = x^2 + 10x + 21 = \left(x^2 + 2 \cdot \tfrac{10}{2}x + \left(\tfrac{10}{2}\right)^2\right) - \left(\tfrac{10}{2}\right)^2 + 21$
$= (x + 5)^2 - 4$; Minimum: -4

b) $y = x^2 - 5x + \tfrac{11}{4} = \left(x^2 - 2 \cdot \tfrac{5}{2}x + \left(\tfrac{5}{2}\right)^2\right) - \left(\tfrac{5}{2}\right)^2 + \tfrac{11}{4} = \left(x - \tfrac{5}{2}\right)^2 - \tfrac{7}{2}$;
Minimum: $-\tfrac{7}{2}$

c) $y = 2x^2 + 16x + 26$
$\tfrac{y}{2} = x^2 + 8x + 13 = (x + 4)^2 - 3$
$y = 2(x + 4)^2 - 6$; Minimum: -6

d) $y = -3x^2 + 30x - 81$
$-\tfrac{y}{3} = x^2 - 10x + 27 = (x - 5)^2 + 2$
$y = -3(x - 5)^2 - 6$; Maximum: -6

10 b) $f(x) = -4x^2 + 14x + 9$; $a = -4$; $b = 14$; $x_0 = -\tfrac{14}{2 \cdot (-4)} = \tfrac{7}{4}$

11 a) $3 = 2(-2 + 4)^2 + y_0$ ergibt $y_0 = -5$; $f(x) = 2(x + 4)^2 - 5$
b) $9 = a(6 - 2)^2 + 1$ ergibt $a = 0{,}5$; $f(x) = 0{,}5(x - 2)^2 + 1$
c) $27 = 2(-3)^2 + b \cdot (-3)$ ergibt $b = -3$; $f(x) = 2x^2 - 3x$
d) $-2 = a \cdot 2^2 - 4$ ergibt $a = \tfrac{1}{2}$; $f(x) = \tfrac{1}{2}x^2 - 4$
e) $25 = \tfrac{2}{3} \cdot (-6)^2 + c$ ergibt $c = 1$; $f(x) = \tfrac{2}{3}x^2 + 1$
f) $10 = (-2)^2 + b \cdot (-2) - 2$ ergibt $b = -4$; $f(x) = x^2 - 4x - 2$

Nullstellen von quadratischen Funktionen, Seite 14

1 a) $x_{1/2} = -\tfrac{-10}{2} \pm \sqrt{\left(\tfrac{-10}{2}\right)^2 - 24}$; $x_1 = 4$; $x_2 = 6$

b) $x_{1/2} = \tfrac{-10 \pm \sqrt{10^2 - 4 \cdot 2 \cdot 10{,}5}}{2 \cdot 2}$; $x_1 = -3{,}5$; $x_2 = -1{,}5$

c) $x_{1/2} = -\tfrac{16}{2} \pm \sqrt{\left(\tfrac{10}{2}\right)^2 - 70} = -8 \pm \sqrt{-45}$;
Die Zahl unter der Wurzel ist negativ; keine Lösung.

d) $x_{1/2} = \tfrac{-(-30) \pm \sqrt{(-30)^2 - 4 \cdot 3 \cdot 60}}{2 \cdot 3}$; $x_1 = 5 + \sqrt{5}$; $x_2 = 5 - \sqrt{5}$

2 A: Lösungen: -2; 4; also x_1; x_3
B: Lösungen: -4; 12; also x_2; x_4
C: Lösungen: -2; -4; also x_3; x_4
D: Lösungen: -4; 12; also x_2; x_4
E: Lösungen: 0; -4; also x_4; x_5
Am häufigsten kommt $x_4 = -4$ vor, am seltensten kommt $x_5 = 0$ als Lösung vor.

3 A → 3; B → 1; C → 5; D → 2; E → 4

Anwendungen zur quadratischen Funktion, Seite 15

1 a) Bedingungen formulieren: Aus $2x + y = 120$ folgt $x = 60 - \tfrac{y}{2}$. Damit ist $A(y) = x \cdot y = \left(60 - \tfrac{y}{2}\right)y = 60y - \tfrac{1}{2}y^2$

Funktionswerte/ Schaubild

y	0	20	40	60	80	100	120
A(y)	0	1000	1600	1800	1600	1000	0

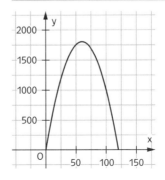

Gleichung lösen: A(y) = 1350 d.h. $-\frac{1}{2}y^2 + 60y - 1350 = 0$.
Diese Gleichung liefert die Lösungen $y_1 = 30$ und $y_2 = 90$.
Die Seite parallel zur Mauer sollte also entweder 30 m oder 90 m lang sein. Die Seite senkrecht zur Mauer ist dann 45 m oder 15 m lang.
Extremwert berechnen:
Die Parabel mit der Gleichung $A(y) = -\frac{1}{2}y^2 + 60y$ ist nach unten geöffnet. Den größten Funktionswert erhält man somit an der
x-Koordinate des Scheitels: $-\frac{60}{2\cdot\left(-\frac{1}{2}\right)} = 60$, es ist A(60) = 1800.
Bei einer Seitenlänge von y = 60 m (und x = 30 m) hat die umzäunte Fläche einen maximalen Flächeninhalt von 1800 m².

2 Seitenlänge der Grundfläche: x; Höhe: h
Oberflächeninhalt O = 2x² + 4hx
Bedingung 4h + 8x = 40; d.h. h = 10 − 2x
Oberflächeninhalt O(x) = 2x² + 4(10 − 2x)x,
d.h. O(x) = −6x² + 40x

3 Die Bedingung 4h + 8x = 40 wird nach x aufgelöst, d.h.
$x = 5 - \frac{1}{2}h$.
Oberflächeninhalt: $O(h) = 2\left(5 - \frac{1}{2}h\right)^2 + 4h\left(5 - \frac{1}{2}h\right)$,
d.h. $O(h) = -\frac{3}{2}h^2 + 10h + 50$

4 Seitenlängen: a, b
Flächeninhalt A = a · b
Bedingung: Umfang U = 2a + 2b = 60
d.h. b = 30 − a
Funktion: A(a) = a · (30 − a)
Gleichung: A(a) = 144, d.h. a² − 30a + 144 = 0
Diese Gleichung liefert die Lösungen $a_1 = 6$ und $a_2 = 24$.
Damit gilt: $b_1 = 30 - 6 = 24$ und $b_2 = 30 - 24 = 6$.
Die Seitenlängen des Rechtecks betragen also 6 cm und 24 cm.

5 a) Variablen festlegen: Seitenlängen x, y (in m)
Flächeninhalt: A = x · y
Bedingung: x + y = 50, d.h. y = 50 − x
Funktionsterm für den Flächeninhalt:
A(x) = x(50 − x) = −x² + 50x
Der Flächeninhalt soll 400 m² betragen, also −x² + 50x = 400.
Diese Gleichung liefert die Lösungen $x_1 = 10$ und $x_2 = 40$.
Damit gilt: $y_1 = 50 - 10 = 40$ und $y_2 = 50 - 40 = 10$. Es sind also die Seitenlängen 10 m und 40 m zu wählen.
b) Der Graph von A(x) = −x² + 50x ist eine nach unten geöffnete Parabel. Der x-Wert des Scheitels beträgt $-\frac{50}{2\cdot(-1)} = 25$.
Die Funktion A nimmt an dieser Stelle ihren größten Wert an. Die Seitenlängen müssen also beide 25 m betragen.
c) A(25) = 625. Die Grundstücksfläche beträgt dann 625 m².

6 a) Der Teil der Parabel rechts vom Scheitel würde das Rückwärtsfahren beschreiben.
b)

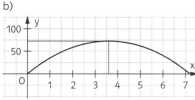

Dauer ca. 3,6 s; Bremsweg ca. 73 m.
c) Die Hälfte der Bremsdauer beträgt ca. 1,8 s
f(1,8) ≈ 54,2. Das ist deutlich mehr als die Hälfte von 73.
Die Aussage stimmt also nicht.

7 a) 1 €: E(1) = (12 + 1) · (80 − 2) = 1014, d.h. 1014 €
2 €: E(2) = (12 + 2) · (80 − 4) = 1064, d.h. 1064 €
b) Anzahl der bezahlenden Besucher:
80 − 2x; E(x) = (12 + x) · (80 − 2x)
c) Es ist E(x) = −2x² + 56x + 960. Die Gleichung
−2x² + 56x + 960 = 1110 hat die Lösungen $x_1 = 3$; $x_2 = 25$.
Einnahmen von 1110 € werden bei einer Preiserhöhung um 3 € bzw. um 25 € erzielt.
d)

x	0	5	10	15	20	25	30	35	40
E(x)	960	1190	1320	1350	1280	1110	840	470	0

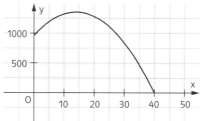

Scheitelkoordinaten: (14 | 1352)
Bei einer Erhöhung um 14 € betragen die maximalen Einnahmen 1352 €.

8 a) Anzahl der Preissenkungen in 10 ct: x
Einnahmen: E = Einzelpreis · Anzahl
E(x) = (1 − 0,1x) · (300 + 60x) = −6x² + 30x + 300
b) E(2) = 336
c) E(x) = −6x² + 30x + 300. Der Graph von E ist eine nach unten geöffnete Parabel. Den größten Wert nimmt E im Scheitel an. Dessen x-Wert ist $-\frac{30}{2\cdot(-6)} = 2,5$. E(2,5) = 337,5. Dies bedeutet, dass die Einnahmen genau dann maximal werden, wenn man 2,5-mal eine Preisreduktion von jeweils 10 ct vornimmt, also insgesamt den Preis um 25 ct reduziert.
Absolute Steigerung: 337,5 − 300 = 37,5
Prozentuale Steigerung: $\frac{100}{300} \cdot 37,5 = 12,5$
Die maximale Steigerung der Einnahmen um 12,5 % liegt also bei einer Preisreduktion von insgesamt 25 ct vor.

Potenzfunktionen, Seite 17

1 f(x) = x¹: 1, 3, 5, 7, 9, 11
f(x) = x²: 1, 2, 4, 6, 8, 10
f(x) = x³: 1, 3, 5, 7, 9, 11
f(x) = x⁴: 1, 2, 4, 6, 8, 10
f(x) = x⁵: 1, 3, 5, 7, 9, 11
f(x) = x⁶: 1, 2, 4, 6, 8, 10
f(x) = x⁷: 1, 3, 5, 7, 9, 11

2 A → Graph 3
B → Graph 4
C → Graph 1 und Graph 5
D → Graph 2

3 a)

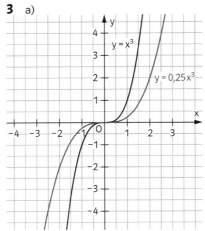

b)

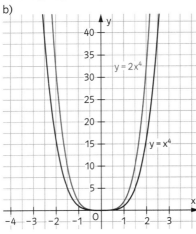

c)

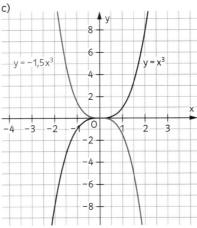

4 a) Für gerades n ist der Graph achsensymmetrisch zur y-Achse.
b) Ist n gerade und a < 0, dann kommt der Graph von links unten und geht nach rechts unten.
c) Kommt der Graph von links unten und geht nach rechts oben, dann ist a > 0 und n ist ungerade.
d) Kommt der Graph von links unten und geht nach rechts unten, dann ist a < 0 und n ist gerade.

5 A → 3; B → 1; C → 4; D → 2

6 a) $x_{1/2} = \pm\sqrt[4]{256} = \pm 4$
b) $x = \sqrt[3]{343} = 7$
c) Die Gleichung $x^n = -10$ hat dann keine Lösung, wenn n gerade ist.
d) Die Gleichung $x^n = -24$ hat dann eine Lösung, wenn n ungerade ist.

e) Die Gleichung $x^n = k$ hat dann keine Lösung, wenn n gerade ist und k negativ ist.

Einführung ganzrationaler Funktionen – Symmetrie, Seite 19

1 a) Grad: 3
b) Grad: 4; Koeffizienten: −5; 7; −0,5; 1; 0; Absolutglied: 0
c) $f(x) = x^2 - x - 6$; Grad: 2; Koeffizienten: 1; −1; −6; Absolutglied: −6

2 a) $f(x) = 3x^4 + x^3 + 2x^2 - 9$
b) $f(x) = -2x^5 - x^3 + x^2 + 3x$

3 a)

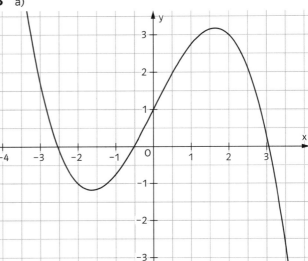

b)

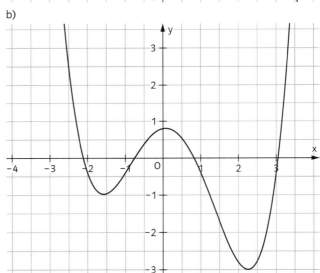

Das Absolutglied gibt jeweils die y-Koordinate des Punktes an, in dem der Graph die y-Achse schneidet.

4 Strategie: nicht vollständig, sondern nur teilweise ausmultiplizieren, um jeweils die höchste Potenz von x zu finden.
a) $f_1(x) = x \cdot 3x + \ldots$; Grad($f_1$) = 2
$f_2(x) = x^2 \cdot x \cdot x + \ldots$; Grad($f_2$) = 4
$f_3(x) = 5 \cdot x \cdot x^2 + \ldots$; Grad($f_3$) = 3
Reihenfolge: f_1; f_3; f_2

b) $g_1(x) = \frac{1}{2}x^2 \cdot x^3 + \ldots$; Grad($g_1$) = 5
$g_2(x) = 4x^3 + 12x^2 - 4x^3 = 12x^2$; Grad($g_2$) = 2
$g_3(x) = -3 \cdot x \cdot x^2 \cdot x + \ldots$; Grad($g_3$) = 4
Reihenfolge: g_2; g_3; g_1

5 a) $p(x) = 5x^3$; für $x \to -\infty$ gilt $f(x) \to -\infty$
Der Graph von f kommt von links unten und geht nach rechts oben.
b) $p(x) = -6x^4$; für $x \to -\infty$ gilt $f(x) \to -\infty$;
für $x \to -\infty$ gilt $f(x) \to -\infty$.
Der Graph von f kommt von links unten und geht nach rechts unten.

6 a) f ist gerade, da nur gerade Exponenten vorkommen.
b) f ist ungerade, da nur ungerade Exponenten vorkommen.
c) f ist weder gerade noch ungerade, da die Exponenten 3, 2 und 1 vorkommen.
d) f ist ungerade, da nur ungerade Exponenten vorkommen.
e) f ist weder gerade noch ungerade, da die Exponenten 3 und 0 vorkommen.

7 Entscheidungskriterien:
– Liegt eine Symmetrie vor?
– Verhalten für x gegen Unendlich
A und B sind weder gerade noch ungerade, die einzigen Graphen ohne Symmetrie zur y-Achse oder zum Ursprung sind (3) und (4). Der Graph A kommt von links unten, der von B von links oben, also gehört A zu (3) und B zu (5).
Unter den Funktionen C, D und E ist E die einzige gerade Funktion, folglich gehört (1) zu E. Da in (2) der Graph von links oben, in (4) der Graph von links unten kommt, gehören C und (2) sowie D und (4) zusammen.
Zusammenfassung:
A → 3; B → 5; C → 2; D → 4; E → 1

Nullstellen ganzrationaler Funktionen, Seite 21

1 a) $x_1 = -3$; $x_2 = 1$; $x_3 = 4{,}5$
b) $x_1 = -3$; $x_2 = 1{,}5$; $x_3 = 4$
c) $x_1 \approx -1{,}8$; $x_2 = 2$; $x_3 \approx 4{,}2$

2 a), b) und d) recht leicht durch Einsetzen zu bestätigen.
Zum Einsetzen bei c):
$f(-\sqrt{5}) = (-\sqrt{5})^3 - 5(-\sqrt{5}) = 5(-\sqrt{5}) - 5(-\sqrt{5}) = 0$
$f(0) = 0^3 - 5 \cdot 0 = 0 \qquad f(0) = 0$
$f(\sqrt{5}) = (\sqrt{5})^3 - 5(\sqrt{5}) = 5\sqrt{5} - 5\sqrt{5} = 0$

3 a)
(1) $(4x - 2)(x + 5) = 0$
$4x - 2 = 0$ oder $x + 5 = 0$
$x = 0{,}5$ oder $x = -5$
(2) $x = 3$ oder $x = -1{,}5$
(3) $x(x^2 - 7) = 0$
$x = 0$ oder $x^2 = 7$
$x = 0$ oder $x = \sqrt{7}$ oder $x = -\sqrt{7}$
(4) $x = -2{,}5$ oder $x = 0$
(5) $(x - 2)(x^4 + 6) = 0$; $x = 2$ oder $x^4 + 6 = 0$;
$x = 2$ ($x^2 + 6 = 0$ hat keine Lösung)
(6) keine Nullstelle

b)
(1) $x^2 - 5x = 0$; $x(x - 5) = 0$; $x = 0$ oder $x = 5$
(2) $2x^3 + 8x = 0$; Ausklammern $x(2x^2 + 8) = 0$; $x = 0$
(3) $x^2(x - 6)$; $x = 0$ oder $x = 6$

c)
(1) $x^4 - 25x^2 + 144 = 0$
Substitution $z = x^2$ ergibt die Gleichung $z^2 - 25z + 144 = 0$ mit den Lösungen $z_1 = 9$ und $z_2 = 16$.
Aus $x^2 = 9$ bzw. $x^2 = 16$ folgt $x = -4$ oder $x = -3$ oder $x = 3$ oder $x = 4$
(2) $x^4 - 4x^2 - 12 = 0$

Substitution $z = x^2$ ergibt die Gleichung $z^2 - 4z - 12 = 0$ mit den Lösungen $z_1 = -2$ und $z_2 = 6$.
$x^2 = -2$ hat keine Lösung,
$x^2 = 6$ hat die Lösungen $x_1 = -\sqrt{6}$ und $x_2 = \sqrt{6}$
(3) $x^4 + 8x^2 + 16 = 0$
Substitution $z = x^2$ ergibt die Gleichung $z^2 + 8z + 16 = 0$ mit der Lösung $z = -4$.
$x^2 = -4$ hat keine Lösung.
(4) $x^6 + 117x^3 - 1000 = 0$
Substitution $z = x^3$ ergibt die Gleichung $z^2 + 117z - 1000 = 0$ mit den Lösungen $z_1 = -125$ und $z_2 = 8$.
$x^3 = -125$ hat die Lösung $x = -\sqrt[3]{125} = -5$.
$x^3 = 8$ hat die Lösung $x = \sqrt[3]{8} = 2$.

d)
(1) $x^3 + x^2 - 20x = 0$
Ausklammern: $x(x^2 + x - 20) = 0$
Mit dem Satz vom Nullprodukt ergibt sich $x = 0$ oder $x^2 + x - 20 = 0$.
Lösungen: $x = 0$ oder $x = -5$ oder $x = 4$
(2) $x^5 - 13x^3 + 36x = 0$
Ausklammern führt auf $x(x^4 - 13x^2 + 36) = 0$. Mit dem Satz vom Nullprodukt ergibt sich $x = 0$ oder $x^4 - 13x^2 + 36 = 0$. Nach Lösen der biquadratischen Gleichung erhält man insgesamt die Lösungen $x = 0$ oder $x = \pm 2$ oder $x = \pm 3$.
(3) $2(x^3 - 3x)(x^4 + 1) = 0$. Nach dem Satz vom Nullprodukt und mit Ausklammern erhält man $x(x^2 - 3) = 0$ oder $x^4 + 1 = 0$
Lösungen: $x = 0$ oder $x = -\sqrt{3}$ oder $x = \sqrt{3}$

4 A → 2; B → 4; C → 1; D → 5; E → 3; F → 4

5 a)
$(x^3 - 9x^2 + 26x - 24) : (x - 2) = x^2 - 7x + 12$
$\underline{-(x^3 - 2x^2)}$
$\quad -7x^2 + 26x$
$\quad \underline{-(-7x^2 + 14x)}$
$\qquad\quad 12x - 24$
$\qquad\quad \underline{-(12x - 24)}$
$\qquad\qquad\quad 0$

b)
$(x^3 + 7x^2 + 0x - 36) : (x + 3) = x^2 + 4x - 12$
$\underline{-(x^3 + 3x^2)}$
$\quad 4x^2 + 0x$
$\quad \underline{-(4x^2 + 12x)}$
$\qquad\quad -12x - 36$
$\qquad\quad \underline{-(-12x - 36)}$
$\qquad\qquad\quad 0$

c)
$(x^3 + 0x^2 - 19x - 30) : (x + 2) = x^2 - 2x - 15$
$\underline{-(x^3 + 2x^2)}$
$\quad -2x^2 - 19x$
$\quad \underline{-(-2x^2 - 4x)}$
$\qquad\quad -15x - 30$
$\qquad\quad \underline{-(-15x - 30)}$
$\qquad\qquad\quad 0$

d)
$(x^4 + 8x^3 + 7x^2 - 36x - 36) : (x + 1) = x^3 + 7x^2 - 36$
$\underline{-(x^4 + \ x^3)}$
$\quad 7x^3 + 7x^2$
$\quad \underline{-(7x^3 + 7x^2)}$
$\qquad\quad 0x^2 - 36x$
$\qquad\quad \underline{-(0x^2 + \ 0x)}$
$\qquad\qquad\quad -36x - 36$
$\qquad\qquad\quad \underline{-(-36x - 36)}$
$\qquad\qquad\qquad\quad 0$

Lösungen Kapitel I 101

6 a) $(x^3 - 7x^2 - 6x + 72) : (x - 4) = x^2 - 3x - 18$
$x^2 - 3x - 18 = 0$ hat die Lösungen -3 und 6.
Nullstellen: $x_1 = 4$; $x_2 = -3$; $x_3 = 6$
b) $(x^3 - 19x + 30) : (x + 5) = x^2 - 5x + 6$
$x^2 - 5x + 6 = 0$ hat die Lösungen 2 und 3.
Nullstellen: $x_1 = -5$; $x_2 = 2$; $x_3 = 3$
c) $(x^3 - 3x^2 + 4x - 12) : (x - 3) = x^2 + 4$
$x^2 + 4 = 0$ hat keine Lösung.
Nullstellen: $x = 3$

7 b) $x = 0$ einfach; $x = -2$ dreifach; $x = 4$ zweifach
c) $x = 0$ dreifach; $x = 1$ fünffach

8 a) $f(x) = (x - 7)^2(x + 2)^3$
b) $f(x) = x^2(x + 5)(x - 8)^4$
c) $f(x) = x^4(x - 2)(x + 2)$

9 Links: h und i passen. Rechts: g passt.

10 a) Falsch. Eine Funktion vom Grad 3 hat höchstens drei Nullstellen, d.h. drei Schnittpunkte mit der x-Achse.
b) Falsch, z.B. $f(x) = (x - 1)(x - 2)(x - 7)$
c) Falsch, es ist $f(0) = -4$.
d) Richtig. Sofern diese Schnittpunkte existieren, ergeben sich beim Lösen der biquadratischen Gleichung $f(x) = 0$ bei der Resubstitution $x^2 = z$ die Lösungen $x = \pm\sqrt{z}$.
e) Richtig, da $x = 0$ eine Lösung ist und die quadratische Gleichung $x^2 + b \cdot x^2 + c = 0$ je nach Wahl von a und b keine, eine oder zwei Lösungen, die von Null verschieden sind, haben kann.
f) Falsch. Das hängt von der Vielfachheit der Nullstellen ab; z.B. $f(x) = x^2(x - 4)^3(x - 5)^4$ hat drei Nullstellen, aber den Grad 9.
g) Falsch, denn in der Linearfaktorzerlegung von f $f(x) = (x - 1)(x - 2)g(x)$ muss g den Grad 1 haben. Damit hat g eine Nullstelle, die nicht mit den einfachen Nullstellen 1 oder 2 übereinstimmen kann. f hätte dann also drei Nullstellen.
h) Richtig; z.B. $f(x) = (x + 1)^2(x - 3)^2$
i) Falsch, denn $x^2 - 4 = 0$ hat die Lösungen $x_1 = 2$ und $x_2 = -2$.

Schnittpunkte von Graphen, Seite 24

1 a) $f(-1) = 0$; $g(-1) = 0$; Schnittpunkt $S_1(-1|0)$
$f(3) = 8$; $g(3) = 8$; Schnittpunkt $S_2(3|8)$
b) $f(-3) = -17$; $g(-3) = -17$; Schnittpunkt $S_1(-3|-17)$
$f(-1) = -1$; $g(-1) = -1$; Schnittpunkt $S_2(-1|-1)$
$f(5) = 95$; $g(5) = 47$; kein Schnittpunkt

2 a) Abgelesen: $S_1(1|0)$; $S_2(3|2)$
$f(x) = g(x)$, d.h. $x^2 - 3x + 2 = x - 1$ d.h. $x^2 - 4x + 3 = 0$
Lösungen: $x_1 = 1$; $x_2 = 3$
$g(1) = 0$; $g(3) = 2$; damit sind die abgelesen Werte bestätigt.
b) Abgelesen: $S_1(0|-1)$; $S_2(2|-3)$
$f(x) = g(x)$, d.h. $0,5x^3 - 2x^2 + x - 1 = 1,5x^2 - 4x - 1$
d.h. $x^3 - 7x^2 + 10x = 0$
x ausklammern: $x(x^2 - 7x + 10) = 0$
Lösungen: $x_1 = 0$; $x_2 = 2$; $x_3 = 5$
$g(0) = -1$; $g(2) = -3$; $g(5) = 16,5$; damit sind S_1 und S_2 bestätigt.
Ein weiterer Schnittpunkt ist $S_3(5|16,5)$
c) Abgelesen: $S_1(-1|2)$
$f(x) = g(x)$, d.h. $x^3 - 3x = x^2 + 2x + 3$ d.h. $x^3 - x^2 - 5x - 3 = 0$
Abgelesene Lösung $x_1 = -1$ kann durch Einsetzen bestätigt werden.
Polynomdivision durch $(x + 1)$:
$(x^3 - x^2 - 5x - 3) : (x + 1) = x^2 - 2x - 3$
Die Gleichung $x^2 - 2x - 3 = 0$ hat die Lösungen $x_2 = -1$; $x_3 = 3$
$f(-1) = 2$; $f(3) = 18$;
damit ist $S_1(-1|2)$ bestätigt; weiterer Schnittpunkt: $S_2(3|18)$

3 a) $S_1(-2,5|8)$; $S_2(1,5|0)$
b) $S_1(-\sqrt{2}|-2\sqrt{2}+1)$; $S_2(\sqrt{2}|2\sqrt{2}+1)$
c) $S_1(0|1)$; $S_2(3|5,5)$
d) $S_1(-3,45|-1,72)$; $S_2(0|0)$; $S_3(1,45|0,72)$

4 a) Hinweis: Anstatt die Gleichung $x^2 - x - 6 = 0$ in die Gleichung $x^2 = x + 6$ umzuformen, wäre z.B. auch die Umformung die Gleichung $x^2 - 6 = x$ möglich gewesen, was auf die Funktionen $f(x) = x^2 - 6$ und $g(x) = x$ führt.
b) $(x - 1)(x - 4) = 0$, d.h. $x^2 - 5x + 4 = 0$.
Umformung z.B. zu $x^2 - 3x = 2x - 4$, d.h. $f(x) = x^2 - 3x$ und $g(x) = 2x - 4$
c) $(x + 2)(x - 4) = 0$, d.h. $x^2 - 2x - 8 = 0$
Umformung z.B. zu $x^2 - x - 4 = x + 4$, d.h. $f(x) = x^2 - x - 4$ und $g(x) = x + 4$
d) Die Gleichung $(x + 2)^2(x - 4) = 0$ wäre für die Teilaufgabe c) auch ein möglicher Ansatz, da diese Gleichung ebenfalls genau die Lösungen -2 und 4 hat. Bei diesem Ansatz wäre mindestens eine der beiden Funktionen vom Grad 3.

Bestimmung von Funktionstermen, Seite 25

1 a) Ansatz: $f(x) = ax^2 + bx + c$
Gleichungen aufstellen:
(1) $P(0|1)$: $f(0) = 1$, d.h. $c = 1$
(2) $Q(1|-3)$: $f(1) = -3$, d.h. $a + b + c = -3$
(3) $R(3|7)$: $f(3) = 7$, d.h. $9a + 3b + c = 7$
Es entsteht das angegebene Gleichungssystem.
b) Einsetzen der Werte für a, b und c ergibt:
$c = 1$ stimmt
$3 + (-7) + 1 = -3$ stimmt
$3 \cdot (3)^2 + (-7) \cdot 3 + 1 = 27 - 21 + 1 = 7$ stimmt
c) $f(x) = 3 \cdot x^2 - 7x + 1$
$f(0) = 3 \cdot 0^2 - 7 \cdot 0 + 1 = 1$ stimmt
$f(1) = 3 \cdot 1^2 - 7 \cdot 1 + 1 = -3$ stimmt
$f(3) = 3 \cdot 3^2 - 7 \cdot 3 + 1 = 7$ stimmt

2 a) Ansatz: $f(x) = ax^2 + bx + c$
Gleichungen aufstellen:
(1) $P(0|4)$: $f(0) = 4$, d.h. $c = 4$
(2) $Q(-3|19)$: $f(-3) = 19$, d.h. $9a - 3b + c = 19$
(3) $R(4|12)$: $f(4) = 12$, d.h. $16a + 4b + c = 12$
Gleichungssystem lösen:
(1) in (2) und (3) eingesetzt ergibt
(2') $9a - 3b + 4 = 19$,   d.h. $9a - 3b = 15$ oder $3a - b = 5$
(3') $16a + 4b + 4 = 12$,   d.h. $16a + 4b = 8$
(2') nach b aufgelöst ergibt $b = 3a - 5$, dies in (3') eingesetzt führt auf $16a + 4(3a - 5) = 8$ oder $a = 1$.
Daraus folgt $b = 3 \cdot 1 - 5 = -2$.
Der Funktionsterm lautet folglich: $f(x) = x^2 - 2x + 4$
b) Ansatz: $f(x) = ax^3 + bx^2 + c$
Gleichungen aufstellen:
(1) $P(0|4)$: $f(0) = 4$, d.h. $c = 4$
(2) $Q(-3|19)$: $f(-3) = 19$, d.h. $-27a + 9b + c = 19$
(3) $R(4|12)$: $f(4) = 12$, d.h. $64a + 16b + c = 12$
Gleichungssystem lösen:
(1) in (2) und (3) eingesetzt ergibt
(2') $-27a + 9b + 4 = 19$,   d.h. $-27a + 9b = 15$ oder $-9a + 3b = 5$
(3') $64a + 16b + 4 = 12$,   d.h. $64a + 16b = 8$ oder $8a + 2b = 1$
(3') nach b aufgelöst ergibt $b = -4a + 0,5$, dies in (2') eingesetzt führt auf $-9a + 3(-4a + 0,5) = 5$ oder $a = -\frac{1}{6}$.
Daraus folgt $b = -4 \cdot \left(-\frac{1}{6}\right) + 0,5 = \frac{7}{6}$.
Der Funktionsterm lautet folglich: $f(x) = -\frac{1}{6}x^3 + \frac{7}{6}x^2 + 4$

3 a)
(1) $(-2)^3 \cdot a + (-2) \cdot b = 0$, d.h. $-8a - 2b = 0$
(2) $3^3 \cdot a + 3 \cdot b = 15$, d.h. $27a + 3b = 15$
Aus (1) folgt $b = -4a$.
Dies in (2) eingesetzt ergibt $27a - 3 \cdot 4a = 15$, d.h. $a = 1$.
Daraus folgt $b = -4$
$f(x) = x^3 - 4x$

b) Die Punkte $P(-2|0)$ und $Q(3|15)$ liegen auf dem Graphen von f.

c) Es treten nur ungerade Exponenten auf. Folglich ist der Graph von f punktsymmetrisch zum Ursprung.

4 Ansatz: Wegen der Achsensymmetrie ist f eine gerade Funktion 4. Grades, d.h. $f(x) = ax^4 + bx^2 + c$.
Gleichungen aufstellen:
(1) $P(0|3)$: $f(0) = 3$, d.h. $c = 3$
(2) $Q(2|-1)$: $f(2) = -1$, d.h. $16a + 4b + c = -1$
(3) $R(3|5,25)$: $f(3) = 5,25$, d.h. $81a + 9b + c = 5,25$
Gleichungssystem lösen
(1) in (2) eingesetzt ergibt: $16a + 4b + 3 = -1$, d.h.
(2') $16a + 4b = -4$
(1) in (3) eingesetzt ergibt: $81a + 9b + 3 = 5,25$, d.h.
(3') $81a + 9b = 2,25$.
(2') nach b aufgelöst ergibt: $b = -1 - 4a$
Dies in (3') eingesetzt ergibt: $81a + 9(-1 - 4a) = 2,25$,
es folgt $a = 0,25$ und damit $b = -2$. Der Funktionsterm lautet:
$f(x) = 0,25x^4 - 2x^2 + 3$

5 Skizze

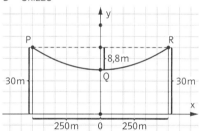

Wahl des Koordinatensystems: z.B. wie in der Skizze angegeben.
Ansatz: Parabel achsensymmetrisch zur y-Achse, d.h.
$f(x) = ax^2 + c$
Punkte: $Q(0|21,2)$, $R(250|30)$
Gleichungen aufstellen:
(1) $P(0|21,2)$: $f(0) = 21,2$, d.h. $c = 21,2$
(2) $R(250|30)$: $f(250) = 30$, d.h. $250^2 a + c = 30$
c in (2) eingesetzt ergibt $250^2 a + 21,2 = 30$ und damit
$a = 0,0001408$
$f(x) = 0,0001408 x^2 + 21,2$

Funktionen aus der Betriebswirtschaft, Seite 26

1 a) $K(x) = 0,02x^3 - 1,7x^2 + 64x + 300$
$E(x) = 50x$
b) $G(10) = E(10) - K(10) = -290 < 0$, d.h. es wird kein Gewinn erzielt.

2 a) $E(x) = 25x$
b) Nutzenschwelle: 2 ME, Nutzengrenze 6 ME

Abb. zu b) und c):

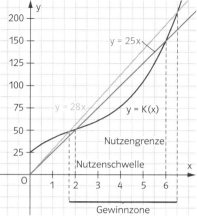

c) Nutzenschwelle: 1,7 ME, Nutzengrenze 6,5 ME

3 a) $K(x) = 0,15x^3 - 4x^2 + 55x + 250$; $E(x) = 70x$;
$G(x) = E(x) - K(x) = -0,15x^3 + 4x^2 + 15x - 250$
b)

x	0	5	10	15	20	25	30
K(x)	250,0	443,8	550,0	681,3	950,0	1468,8	2350,0
E(x)	0,0	350,0	700,0	1050,0	1400,0	1750,0	2100,0
G(x)	-250,0	-93,8	150,0	368,8	450,0	281,3	-250,0

Abb. für b) – e)

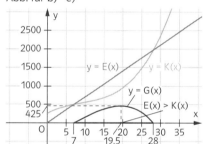

c) Nutzenschwelle: 7 ME; Nutzengrenze: 28 ME
d) s. Abb.
e) größter Gewinn von 425 GE bei einer Menge von etwa 19,5 ME

4 a)

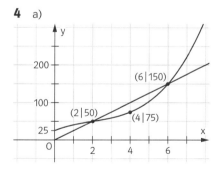

b) $E(x) = \frac{150 - 50}{6 - 2} x = 25x$

$K(x) = ax^3 + bx^2 + cx + d$
Da $K(0) = 25$ ist $d = 25$.
(1) $K(2) = 50$; d.h. $8a + 4b + 2c + 25 = 50$
(2) $K(4) = 75$; d.h. $64a + 16b + 4c + 25 = 75$
(3) $K(6) = 150$; d.h. $216a + 36b + 6c + 25 = 150$
Die Lösung des Gleichungssystems lautet:
$a = 1,04$; $b = -6,25$; $c = 20,83$;
Damit lautet der Funktionsterm der Kostenfunktion:
$K(x) = 1,04x^3 - 6,25x^2 + 20,83x + 25$

Lösungen Kapitel I   103

5 a) Ansatz: K(x) = ax² + bx + c
Gleichungen aufstellen:
(1) K(0) = 2,   d.h. c = 2
(2) K(10) = 16,   d.h. 100a + 10b + c = 16
(3) K(20) = 50,   d.h. 400a + 20b + c = 50
Gleichungssystem lösen:
(1) in (2) und (3) eingesetzt ergibt
(2') 100a + 10b + 2 = 16,   d.h. 100a + 10b = 14
(3') 400a + 20b + 2 = 50,   d.h. 400a + 20b = 48
(3') nach b aufgelöst ergibt b = 2,4 − 20a, dies in (2') eingesetzt führt auf 100a + 10 · (2,4 − 20a) = 14. Damit ist a = 0,1.
Daraus folgt b = 0,4.   K(x) = 0,1x² + 0,4x + 2
Abb. für b) − d):

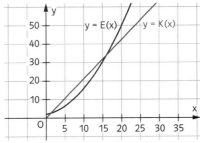

c) Da K(16) = 34, folgt E(x) = $\frac{34}{16}$x = 2,125x

d) K(x) = E(x),   d.h. 0,1x² + 0,4x + 2 = 2,125x
x_1 = 1,25; x_2 = 16 (x_2 ist die Nutzengrenze)
Die Nutzenschwelle (x_1) liegt bei 1,25 GE.

Test, Seite 28

1 Abb. zu a), b) und d)

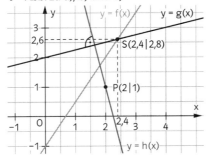

b) S(2,4 | 2,6)
f(x) = g(x) d.h. $\frac{3}{2}$x − 1 = $\frac{1}{4}$x + 2
Lösung: x = 2,4; y = 2,6
c) tan(φ_1) = $\frac{3}{2}$, d.h. φ_1 ≈ 56,31°
tan(φ_2) = $\frac{1}{4}$, d.h. φ_2 ≈ 14,04°
d) Punkt-Steigungsform: h(x) = −4(x − 2) + 1, d.h. h(x) = −4x + 9

2 a) y = −3(x − 4) + 2, d.h. y = −3x + 14
b) y = mx − 4, damit 5 = 2m − 4, d.h. m = 4,5, somit y = 4,5x − 4
c) Punkte P(3 | −2) und Q(6 | 0)
$m = \frac{y_Q - y_P}{x_Q - x_P} = \frac{0 - (-2)}{6 - 3} = \frac{2}{3}$
y = m(x − x_P) + y_P d.h. y = $\frac{2}{3}$(x − 3) − 2, also y = $\frac{2}{3}$x − 4
d) Aus den Koordinatenangaben folgt, dass die Gerade eine Parallele zur y-Achse ist, also lautet die Geradengleichung: x = 3.
e) m = $-\frac{1}{-3}$ = $\frac{1}{3}$ damit y = $\frac{1}{3}$(x − 6) + 2, d.h. y = $\frac{1}{3}$x

3 a) K_1 gehört zu g; K_2 gehört zu f.
b) K_1 gehört zu f; K_2 gehört zu g.
c) K_1 gehört zu f, K_2 gehört zu g.
d) K_1 gehört zu f, K_2 gehört zu g.

4 a) p-q-Formel: x = −10 oder x = 5
b) 3x² − 6x = 0, mit Ausklammern folgt: 3x(x − 2) = 0
Satz vom Nullprodukt: x = 0 oder x = 2
c) x³ + 5x² − 50x = 0, mit Ausklammern folgt: x(x² + 5x − 50) = 0
Mit dem Satz vom Nullprodukt und der p-q-Formel (vgl. Teilaufgabe a)) ergibt sich x = 0 oder x = −10 oder x = 5.
d) Die Substitution z = x² liefert schließlich x = 2 oder x = −2 oder x = 4 oder x = −4

5 a) nach dem Satz vom Nullprodukt:
einfache Nullstellen x_1 = 2; x_2 = −3; dreifache Nullstelle x_3 = 4
b) nach dem Satz vom Nullprodukt: x_1 = −√6; x_2 = √6; x_3 = 0.
Alle Nullstellen sind einfach.
c) x⁴ − 16x² = 0; d.h. x²(x² − 16) = 0;
nach dem Satz vom Nullprodukt folgt: x_1 = −4; x_2 = 4; x_3 = 0.
x_1 und x_2 sind einfache, x_3 ist eine doppelte Nullstelle.

6 a) x² − 5x + 6   b) x² − 3x − 54   c) x² − 4x − 60

7 a) Der Ansatz f(x) = g(x) führt auf die Gleichung
x³ − 5x² + 4x = 0 mit den Lösungen x_1 = 0; x_2 = 1; x_3 = 4.
Die Schnittpunkte sind folglich S_1(0 | 1), S_2(1 | −2) und S_3(4 | 1).
b) Der Ansatz f(x) = g(x) führt auf die Gleichung
x² − x − 2 = 0 mit den Lösungen x_1 = −1; x_2 = 2.
Die Schnittpunkte sind folglich S_1(−1 | 1) und S_2(2 | 3).

8 a) Ansatz wegen der Punktsymmetrie: f(x) = ax³ + bx
Gleichungen aufstellen:
(1) P(−1 | 4), d.h. f(−1) = 4:   −a − b = 4
(2) Q(3 | 36), d.h. f(3) = 36   27a + 3b = 36
Lösung des Gleichungssystems: a = 2; b = −6
Funktionsterm: f(x) = 2x³ − 6x
b) Ansatz wegen der Achsensymmetrie: f(x) = ax⁴ + bx² + c
Gleichungen aufstellen:
(1) P(2 | −6), d.h. f(2) = −6:   16a + 4b + c = −6
(2) Q(4 | 78), d.h. f(4) = 78:   256a + 16b + c = 78
(3) R(0 | −2), d.h. f(0) = −2:   c = −2
Lösung des Gleichungssystems: a = 0,5; b = −3; c = −2;
Funktionsterm: f(x) = 0,5x⁴ − 3x² − 2
c) Ansatz: f(x) = ax³ + bx − 1
Gleichungen aufstellen:
(1) P(−2 | 7), d.h. f(−2) = 7:   −8a − 2b − 1 = 7
(2) Q(4 | 23), d.h. f(4) = 23:   64a + 4b − 1 = 23
Lösung des Gleichungssystems: a = $\frac{5}{6}$; b = $-\frac{22}{3}$
Funktionsterm: f(x) = $\frac{5}{6}$x³ − $\frac{22}{3}$x − 1

9 Variablen festlegen: Seitenlängen x, y
Funktionsterm aufstellen: A = x · y
Bedingung formulieren: U = 2x + 2y = 10, damit y = 5 − x
A(x) = x · (5 − x), d.h. A(x) = −x² + 5x
Scheitel des Graphen von A: x = $-\frac{5}{2 \cdot (-1)}$ = 2,5
Damit ist auch y = 2,5.
Das Rechteck, bei dem beide Seitenlängen 2,5 cm lang sind (also ein Quadrat mit einer Seitenlänge von 2,5 cm), hat von allen Rechtecken mit dem Umfang 10 cm den größten Flächeninhalt.

II Einführung in die Differenzialrechnung

Änderungsrate und Steigung, Seite 29

1 a) $\frac{14-23}{-1-(-2)} = \frac{-9}{1} = -9$

b) $\frac{2,38-14}{0,5-(-1)} = \frac{-11,62}{1,5} = 7,75$

c) $\frac{11-2,38}{2-0,5} = \frac{8,62}{1,5} = 5,75$

d) $\frac{2,38-23}{0,5-(-2)} = \frac{-20,62}{2,5} = -8,248$

e) $\frac{21,88-11}{2,5-2} = \frac{10,88}{0,5} = 21,76$

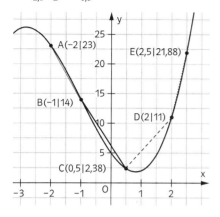

2 a) siehe Tabelle 1
b) Lokale Änderungsrate: 8
Begründung: Bei immer dichterer Annäherung von unten und von oben an den Punkt P(4|16) nähert sich die Änderungsrate immer näher dem Wert 8 an.

3 siehe Tabelle 2

4 a)

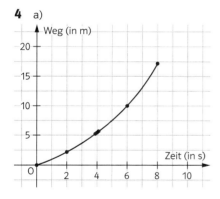

b) 0–2 Sekunden: $\frac{2-0\,m}{2-0\,s} = \frac{2\,m}{2\,s} = 1\,\frac{m}{s}$

2 bis 4 Sekunden: $\frac{5,5-2\,m}{4-2\,s} = \frac{3,5\,m}{2\,s} = 1,75\,\frac{m}{s}$

4 bis 6 Sekunden: $\frac{10-5,5\,m}{6-4\,s} = \frac{4,5\,m}{2\,s} = 2,25\,\frac{m}{s}$

6 bis 8 Sekunden: $\frac{17-10\,m}{8-6\,s} = \frac{7\,m}{2\,s} = 3,5\,\frac{m}{s}$

c) $\frac{5,5-5,3\,m}{4-3,9\,s} = \frac{0,2\,m}{0,1\,s} = 2\,\frac{m}{s}$

$\frac{5,75-5,5\,m}{4,1-4\,s} = \frac{0,25\,m}{0,1\,s} = 2,5\,\frac{m}{s}$

Beim Zeitpunkt von 4 Sekunden wird die Geschwindigkeit zwischen $2\,\frac{m}{s}$ und $2,5\,\frac{m}{s}$ liegen, also ca. bei $2,25\,\frac{m}{s}$.

5 a) $\frac{6988-1068}{20-0} = \frac{5920}{20} = 296$ Euro pro Stück

b) $\frac{6988-5894}{20-19} = \frac{1094}{1} = 1094$ Euro pro Stück

c) Nein, die weitere Produktion lohnt sich nicht, da die Kosten pro Stück an der jetzigen Grenze 1094 € betragen, also über dem Erlös von 950 € liegen.

6 a) Abgelesen: P(0|0) und Q(300|54);

$m = \frac{54-0}{300-0} = 0,18 = 18\,\%$

b) Abgelesen: steilste Stelle am Punkt P(150|27);

Punkt daneben Q(160|30); $m = \frac{30-27}{160-150} = 0,3 = 30\,\%$

c) Auf das Schild muss als Steigungsangabe 30%, da nicht der Durchschnitt des Anstiegs entscheidend ist. Viel wichtiger ist, dass das Fahrzeug die steilste Stelle bewältigen können muss.

7

Einheit y-Achse	Einheit x-Achse	Einheit Steigung	sachliche Bedeutung
m	s	$\frac{m}{s}$	Geschwindigkeit
€	kWh	$\frac{€}{kWh}$	Preis pro kWh
l	h	$\frac{l}{h}$	Liter pro Stunde; z. B. Verbrauch, Füllgeschwindigkeit, Abpumpgeschwindigkeit
m	m	1	Verhältnis, z. B. Steigung

8 a) Falsch, es werden immer zwei Punkte für die Berechnung einer Sekantensteigung benötigt.
b) Richtig
c) Richtig
d) Richtig

x	3	3,5	3,9	3,99	3,999	4	4,001	4,01	4,1	4,5	5	Tabelle 1
f(x)	9	12,25	15,21	15,9201	15,92001	16	16,008001	16,0801	16,81	20,25	25	
Änderungsrate zu P(4|16)	$\frac{9-16}{3-4}$ $=7$	$\frac{12,25-16}{3,5-4}$ $=7,5$	$\frac{15,21-16}{3,9-4}$ $=7,9$	$\frac{15,9201-16}{3,99-4}$ $=7,99$	$\frac{15,92001-16}{3,999-4}$ $=7,999$	–	$\frac{16,008001-16}{4,001-4}$ $=8,001$	$\frac{16,0801-16}{4,01-4}$ $=8,01$	$\frac{16,81-16}{4,1-4}$ $=8,1$	$\frac{20,25-16}{4,5-4}$ $=8,5$	$\frac{25-16}{5-4}$ $=9$	

Größe	Momentane Änderungsrate der Größe	Tabelle 2
Wasserstand V in einer Badewanne in [t_1; t_2]	Wasserzufluss zum Zeitpunkt x_0	
Kosten in [x_1; x_2]	Kosten pro Mengeneinheit für x_0 Mengeneinheiten	
Weltbevölkerung W in [t_1; t_2]	Bevölkerungswachstum zum Zeitpunkt t_0	
Höhe der Straße über dem Meeresspiegel in [x_1; x_2]	Steigung der Straße bei x_0 Metern	
Steuerzahlung auf Einkommen in [x_1; x_2]	Lohnsteuer für x_0 Einkommen	
Zählerstand des Stromzählers in [t_1; t_2]	Momentaner Stromverbrauch zum Zeitpunkt t_0	

Ableiten, Ableitungsfunktion, Seite 31

1

x_0	-3	-2	-1	0	1	2	3	4
$f(x_0)$	0,9	1,5	1	0	-1,25	-2,3	-2,7	-2,1
$m(x_0)$	1,2	0	-0,8	-1,2	-1,2	-0,8	0	1,2

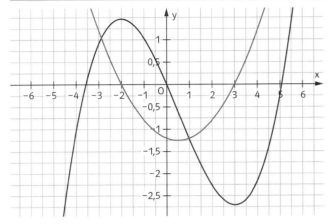

2 A → 3; B → 4; C → 2; D → 5; E → 1

3 a) Richtig
b) Falsch, denn es ist deutlich zu erkennen, dass der Graph an der Stelle x = 0 eine negative Steigung hat.
c) Richtig
d) Falsch, denn es ist deutlich zu erkennen, dass der Graph an der Stelle x = 0 eine erheblich negativere Steigung hat, als dies an der Stelle x = 1 der Fall ist.
e) Richtig
f) Richtig
g) Richtig
h) Richtig

4 siehe Tabelle 1

5 a) $f'(x) = x^3 + 2x^2 - 5x - 6$

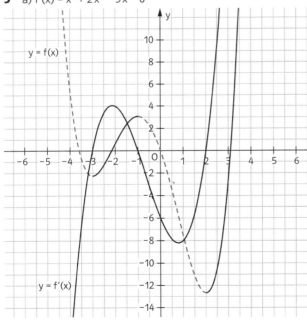

x	-4	-3	-2	-1	0	1	2	3
$f'(x)$	-18	0	4	0	-6	-8	0	24

b) $g'(x) = -x^3 + 3x^2 + 10x$

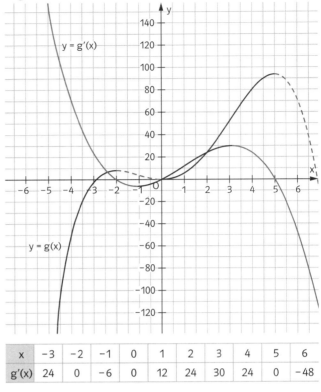

x	-3	-2	-1	0	1	2	3	4	5	6
$g'(x)$	24	0	-6	0	12	24	30	24	0	-48

6 a) Fehler: konstanter Summand fällt weg. Richtig: $f'(x) = 6x$
b) Fehler: bei $3x^2$ muss nach der Potenzregel der Exponent als Faktor vor den Ausdruck und x fällt beim Ableiten nicht weg. Richtig: $f'(x) = 18x^2 + 6x + 1$

7 a) Falsch, $f'(x) = 2x$.
b) Falsch, $f'(x) = 3 \cdot 3x^2 = 9x^2$.
c) Richtig
d) Falsch, $f(x) = x^2$ und $g(x) = x^2 + 2$ haben die gleiche Ableitungsfunktion.
e) Falsch, $f(x) = x^2 + 2$ ist überall positiv, $f'(x) = 2x$ ist aber für $x < 0$ negativ.
f) Falsch, er fällt weg.
g) Richtig

8 A → 3; B → 1; C → 2; D → 5; E → 4 mit 4) $f'(x) = -x$

9 a) P(-3|-159); $f'(x) = 15 \cdot x^2 - 4 \cdot x + 1$; $f'(-3) = 148$
b) P(4|61); $g'(x) = 3 \cdot x^2 - 2$; $g'(4) = 46$
c) P(1|-1); $h'(x) = -16 \cdot x^3 + 6 \cdot x^2 + 1$; $h'(1) = -9$

10 a) $f'(x) = 2x$; $2x = 6$, also $x = 3$; P(3|9)
b) $g'(x) = 6x^2 + 4$; $6x^2 + 4 = 2$; $x^2 = 4$, also $x = -2$ oder $x = 2$; $P_1(-2|-34)$; $P_2(2|14)$
c) $h'(x) = 12x^2 - 6x + 5$; $12x^2 - 6x + 5 = 65$; $x^2 - 0,5x - 5 = 0$, also $x = -2$ oder $x = 2,5$; $P_1(-2|-61)$; $P_2(2,5|49,25)$

Tabelle 1

f(x)	x^7	$\frac{1}{x} = x^{-1}$	$5x^4$	$2x^3$	$5x$	3	$3x^4 + 4x^2$	$6x^3 - x$	$5x^4 + 4$	$x^4 + 2x^2$
f'(x)	$7x^6$	$-1x^{-2} = -\frac{1}{x^2}$	$20x^3$	$6x^2$	5	0	$12x^3 + 8x$	$18x^2 - 1$	$20x^3$	$4x^3 + 4x$

11 a) $f'(x) = 4x^3 - 6x^2 - 22x + 12$
b) $f'(0,5) = 0$ und $f'(3) = 0$
c) Graphisch bedeutet die Steigung 0, dass die Tangente in dem zugehörigen Punkt waagerecht ist.

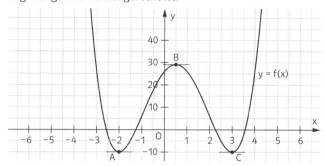

d) $f'(x) = 0$; $4x^3 - 6x^2 - 22x + 12 = 0$
Eine Nullstelle ist $x = 3$.
Weitere Nullstellen mithilfe einer Polynomdivision:
$(4x^3 - 6x^2 - 22x + 12) : (x - 3) = 4x^2 + 6x - 4$
$4x^2 + 6x - 4 = 0 \quad | :4$
$x^2 + 1,5x - 1 = 0 \quad |$ p-q-Formel
$x = -2$ oder $x = 0,5$
Zu $x = -2$ gehört der Punkt $A(-2|-10)$.
e) $f'(2) = -24$
Es sieht so aus, als wäre es z.B. bei $x = -3$ steiler.
$f'(-3) = -84$. Im Punkt $Q(-3|26)$ geht es also tatsächlich noch steiler abwärts.

12 a) $K'(x) = 0,6x^2 - 12x + 110$; $K'(2) = 88,4$;
Bedeutung: Kostenzuwachs pro ME bei 2 ME (Grenzkosten).
b) $K'(10) = 50$ €/100 Stück
c) $K'(0) = 110$ €/100 Stück
$K'(23) = 151,40$ €/100 Stück
d) Der Betriebsleiter hat recht, da der Kostenzuwachs für 100 zusätzlich produzierte Stücke bei 1000 produzierten Stücken nur bei 50 € liegt, zu Beginn des Bereichs bei 110 € und am Ende sogar bei 151,40 €.
e) Es müssen mindestens 151,40 € pro 100 Stück erlöst werden, damit sich eine Produktion an der oberen Produktionsgrenze lohnt.

13 a) Änderungsrate: $\frac{100 - 0}{100 - 0} = 1$
b) Abgelesener Hochpunkt: $H(16,7|13,9)$.
Damit gilt für die Änderungsrate: $\frac{13,9 - 0}{16,7 - 0} \approx 0,83 < 1$.
Das SUV schafft die durchschnittliche Steigung.
c) Suche nach Stellen, an denen der Graph die Steigung 1 hat:
$f'(x) = -0,018x^2 + 0,3x$
$\quad -0,018x^2 + 0,3x = 1 \quad | -1$
$-0,018x^2 + 0,3x - 1 = 0 \quad | :(-0,018)$
$\quad x^2 - 16,\overline{6}x + 55,\overline{5} = 0 \quad |$ p-q-Formel
$x \approx 4,6$ oder $x \approx 12,1$
Aus dem Graphen ergibt sich, dass etwa zwischen 4,60 m und 12,10 m horizontaler Strecke die Steigung größer als 1 und damit für das SUV zu groß ist.
d) $f'(3) = 0,738$ ist die Steigung bei $x = 3$ m.

Tangente und Normale, Seite 35

1 a) $f'(x) = 1,5x^2$; $f'(2) = 6$; $t: y = 6(x - 2) + 4 = 6x - 8$;
Normale: $m_n = -\frac{1}{6}$; $n: y = -\frac{1}{6}(x - 2) + 4 = -\frac{1}{6}x + \frac{13}{3}$
b) $g'(x) = -4x^3$; $g'(-3) = 108$; $t: y = 108(x + 3) - 81 = 108x + 243$;
Normale: $m_n = -\frac{1}{108}$; $n: y = -\frac{1}{108}(x + 3) - 81 = -\frac{1}{108}x - 81,02\overline{7}$

c) $h'(x) = 6x^2 - 6x$; $h'(1) = 0$; $t: y = 0 \cdot (x + 3) - 1 = -1$;
Normale: m_n existiert nicht; $n: x = 1$ (also eine Parallele zur y-Achse)

2 a)

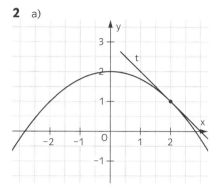

b) $t: y = 1 - (x - 2) = -x + 3$

3 Tangente: $f'(x) = 3x^2 - 12x - 13$; $f'(2) = m_t = -25$;
$t(x) = -25(x - 2) + 15$; $t(x) = -25x + 65$
Normale: $m_n = -\frac{1}{-25} = 0,04$; $n(x) = 0,04(x - 2) + 15$;
$n(x) = 0,04x + 14,92$

4 $P(1|0,5) \to t(x) = x - 0,5 \to f'(1) = 1$
$P(1|-0,5) \to t(x) = -x + 0,5 \to f'(1) = -1$
$P(0|2) \to t(x) = 2 \to f'(0) = 0$
$P(0|0) \to t(x) = 2x \to f'(0) = 2$

5 a) $f'(x) = -\frac{1}{2}x + 1$; Tangente: $y = -\frac{1}{4}u^2 + u + \left(-\frac{1}{2}u + 1\right) \cdot (x - u)$
Einsetzen der Koordinaten von R: $1 = -\frac{1}{4}u^2 + u + \left(-\frac{1}{2}u + 1\right) \cdot (-u)$
Gleichung vereinfachen: $1 = -\frac{1}{4}u^2 + u + \frac{1}{2}u^2 - u$; $u^2 = 4$;
Lösungen: $u_1 = -2$; $u_2 = 2$
Berührpunkte: $B_1(-2|-3)$; $B_2(2|1)$; Tangentensteigungen:
$f'(u_1) = 2$; $f'(u_2) = 0$
Tangentengleichungen: $t_1: y = -3 + 2(x + 2) = 2x + 1$; $t_2: y = 1$
b) $B_1(0|0)$; $t_1: y = x$; $B_2(4|0)$; $t_2: y = -x + 4$

6 $f'(x) = x^2 - 7x + 10$; $f'(1,5) = 1,75$;
Einsetzen des Punktes $P(1,5|8,25)$: $8,25 = 1,75 \cdot 1,5 + c$;
$c = 5,625$, also $t: y = 1,75x + 5,625$
Überprüfen, ob die Tangente ober- oder unterhalb von $Q(7,5|18,75)$ den Graphen wieder schneidet durch Einsetzen von 7,5 in die Tangentengleichung: $1,75 \cdot 7,5 + 5,625 = 18,75$.
Da auch $f(7,5) = 18,75$ ist, kann man den Punkt Q gerade noch sehen.

Monotonie – Höhere Ableitungen, Seite 37

1 a) monoton steigend für $x \in (-\infty; -2]$; monoton fallend für $x \in [-2; 3]$ und monoton steigend für $x \in [3; \infty)$
b) monoton fallend für $x \in (-\infty; -3]$; monoton steigend für $x \in [-3; 2]$, monoton fallend für $x \in [2; 5]$ und monoton steigend für $x \in [5; \infty)$
c) monoton fallend für $x \in (-\infty; -6]$; monoton steigend für $x \in [-6; -3]$, monoton fallend für $x \in [-3; \infty)$

2 a) $f'(x) = 15x^2 - 4x + 1$; $f''(x) = 30x - 4$; $f'''(x) = 30$; $f^{(IV)} = 0$
b) $f'(x) = -2x^{-3}$; $f''(x) = 6x^{-4}$; $f'''(x) = -24x^{-5}$; $f^{(IV)} = 120x^{-6}$
c) $f'(x) = x^4 + 12x^3 - 4x$; $f''(x) = 4x^3 + 36x^2 - 4$; $f'''(x) = 12x^2 + 72x$;
$f^{(IV)} = 24x + 72$
d) $f'(x) = nx^{n-1}$; $f''(x) = n(n-1)x^{n-2}$; $f'''(x) = n(n-1)(n-2)x^{n-3}$;
$f^{(IV)} = n(n-1)(n-2)(n-3)x^{n-4}$

3 a) Richtig
b) Richtig
c) Falsch, denn f'''(x) = 6
d) Falsch, denn der gesamte Funktionsterm muss abgeleitet werden.

4 a)
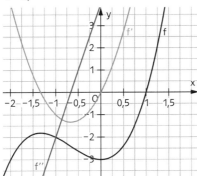

b)
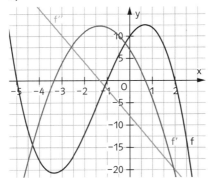

c)
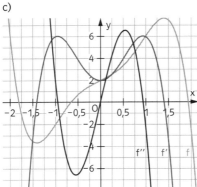

Extremwerte, Seite 38

1 a) lokaler Hochpunkt H(−1,5|8); lokaler Tiefpunkt T(0,5|4); globales Minimum ist 4; globales Maximum ist 14.
b) lokaler Hochpunkt H(4|7); lokale Tiefpunkte T$_1$(2|−9) und T$_2$(6|−9); globales Minimum ist −9; globales Maximum ist 16.
c) lokale Hochpunkte H$_1$(2|0,5), H$_2$(4|1,5) und H$_3$(6|2,5); lokale Tiefpunkte: T$_1$(1|−1), T$_2$(3|−2), T$_3$(5|−3) und T$_4$(7|−4); globales Maximum ist 3,3; globales Minimum ist −4.

2 f'(x) = 3x^2 + 6x; f''(x) = 6x + 6
Nullstellen von f': 3x(x + 2) = 0; x$_1$ = −2; x$_2$ = 0
f''(x$_1$) = −6 < 0; also liegt bei x$_1$ ein lokales Maximum vor.
f''(x$_2$) = 6 > 0; also liegt bei x$_2$ ein lokales Minimum vor.

3 a) f'(x) = −x; lokale Maximalstelle: x$_1$ = 0; H(0|1)
b) f'(x) = 4x − 6; lokale Minimalstelle: x$_1$ = 1,5; T(1,5|−1,5)
c) f'(x) = −3x^2 + 2x + 1; lokale Minimalstelle: x$_1$ = −$\frac{1}{3}$; T$\left(-\frac{1}{3}\big|-0{,}19\right)$; lokale Maximalstelle: x$_2$ = 1; H(1|1)
d) f'(x) = −3x^2 + 2x − 1; keine lokalen Extremstellen
e) f'(x) = x^3 − 4x; lokale Minimalstellen: x$_1$ = −2; x$_2$ = 2; T$_1$(−2|−4), T$_2$(2|−4); lokale Maximalstelle: x$_3$ = 0; H(0|0)

4 a) Negative Produktionsmengen ergeben keinen Sinn.
b) G'(x) = −3x^2 + 12x + 36; H(6|128);
[T(−2|−128) in dieser Anwendung bedeutungslos]
c)
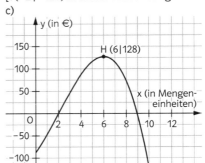

5 a) Richtig
b) Falsch, denn z. B. f(x) = −x^2 hat bei x = 0 ein lokales Maximum, aber f''(x) = −2 wechselt das Vorzeichen dort nicht.
c) Falsch. Es kann gar kein Extremum vorliegen, denn der Graph fällt hier.
d) Richtig

6 A → 6; B → 1; C → 3; D → 6

Wendepunkte von Graphen, Seite 40

1 a) x = −1   b) x = −1; x = 2   c) keine Wendestelle

2 a) f'(x) = −3x^2; f''(x) = −6x;
Nullstellen von f''(x): −6x = 0; x = 0; f'''(x) = −6; f'''(0) = −6 ≠ 0, also Wendepunkt bei x = 0 mit W(0|1)
b) f'(x) = 1,5x^2 + 6x − 3; f''(x) = 3x + 6;
Nullstellen von f''(x): 3x + 6 = 0; x = −2; f'''(x) = 3; f'''(−2) = 3 ≠ 0, also Wendepunkt bei x = −2 mit W(−2|6)
c) f'(x) = 5x^4 − 10x^2; f''(x) = 20x^3 − 20x;
Nullstellen von f''(x): 20x^3 − 20x = 0; x = 0 oder x^2 − 1 = 0; x = 1; x = −1; f'''(x) = 60x − 20; f'''(−1) = −80 ≠ 0, also Wendepunkt bei x = −1 mit W$_1\left(-1\big|\frac{7}{3}\right)$; f'''(0) = −20 ≠ 0, also Wendepunkt bei x = 0 mit W$_2$(0|0); f'''(1) = 40 ≠ 0, also Wendepunkt bei x = 1 mit W$_3\left(1\big|\frac{-7}{3}\right)$
d) f(x) = x^4 − x; f'(x) = 4x^3 − 1; f''(x) = 12x^2;
Nullstellen von f''(x): 12x^2 = 0; x = 0; f'''(x) = 24x; f'''(0) = 0;
also Untersuchung auf Vorzeichenwechsel von f''(x) bei x = 0:
f''(−1) = 12; f''(1) = 12; also kein Wendepunkt vorhanden.
e) f'(x) = 4x^3 + 6x^2; f''(x) = 12x^2 + 12x;
Nullstellen von f''(x): 12x^2 + 12x = 0; x = 0 oder 12x + 12 = 0, also x = −1; f'''(x) = 24x + 12; f'''(−1) = −12 ≠ 0, also Wendepunkt bei x = −1 mit W$_1$(−1|−3); f'''(0) = 12 ≠ 0, also Wendepunkt bei x = 0 mit W$_2$(0|−2)
f) f'(x) = 5x^4 − 40x; f''(x) = 20x^3 − 40;
Nullstellen von f''(x): 20x^3 − 40 = 0; x = $\sqrt[3]{2}$ ≈ 1,26; f'''(x) = 60x^2;
f'''(1,26) = 95,26 ≠ 0; also Wendepunkt bei x ≈ 1,26 mit W(1,26|−28,57).

3 a) nach 15 s
b) nach ca. 28 s
c) nach ca. 15 s
d) nach ca. 38 s

Extremwertaufgaben, Seite 41

1 $V = 4 \cdot 12^2 = 576$
$a = 20 - 2 \cdot 3 = 14$; $V = 3 \cdot 14^2 = 588$
a) $V = a^2 h$; Nebenbedingung: $a = 20 - 2h$;
Zielfunktion: $V(h) = (20 - 2h)^2 h = 4h^3 - 80h^2 + 400h$; $h \in [0; 10]$
$V'(h) = 12h^2 - 160h + 400$; $V''(h) = 24h - 160$;
Extrema: $V'(h) = 0$: $12h^2 - 160h + 400 = 0$, also $h = \frac{10}{3} \approx 3{,}33$;
$h = 10$; $V''\left(\frac{10}{3}\right) = -80 < 0$, also Hochpunkt von V(h) bei $h = \frac{10}{3}$ mit
$H\left(\frac{10}{3} \mid \approx 592{,}6\right)$; $V''(10) = 80 > 0$, also Tiefpunkt von V(h) bei $h = 10$
mit $T(10 \mid 0)$.
Randwerte: $V(0) = 0$; $V(10) = 0$
Damit hat die Schachtel für $h = \frac{10}{3} \approx 3{,}33$ cm und damit $a = \frac{40}{3}$
das maximale Volumen mit $V \approx 592{,}6$ cm³.
b) $V = a^2 h$; Nebenbedingung: $h = 10 - 0{,}5a$;
Zielfunktion: $V(a) = a^2(10 - 0{,}5a) = -0{,}5a^3 + 10a^2$; $a \in [0; 20]$
$V'(a) = -1{,}5a^2 + 20a$; $V''(a) = -3a + 20$;
Extrema: $V'(a) = 0$: $-1{,}5a^2 + 20a = 0$, also $a = \frac{40}{3} \approx 13{,}33$;
$a = 0$; $V''\left(\frac{40}{3}\right) = -20 < 0$, also Hochpunkt von V(a) bei $a = \frac{40}{3}$ mit
$H\left(\frac{40}{3} \mid \approx 592{,}6\right)$; $V''(0) = 20 > 0$, also Tiefpunkt von V(a) bei $a = 0$
mit $T(0 \mid 0)$.
Randwerte: $V(0) = 0$; $V(20) = 0$
Damit hat die Schachtel für $a = \frac{40}{3} \approx 13{,}33$ cm und damit $h = \frac{10}{3}$
das maximale Volumen mit $V \approx 592{,}6$ cm³.

2 a) Gesuchte Größe:
$O = 2a^2 + 4ah$
(ohne Klebekanten und
Überlappungen);
Nebenbedingung:
$V = a^2 h = 1000$; $h = \frac{1000}{a^2}$;
$a \in (0; \infty)$
Einsetzen in O:
$O(a) = 2a^2 + 4a\frac{1000}{a^2} = 2a^2 + \frac{4000}{a}$

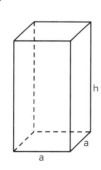

b) Gesuchte Größe:
$O = 2\pi r^2 + 2\pi r h$
(ohne Falzränder und
Überlappungen);
Nebenbedingung:
$V = \pi r^2 h = 525$; $h = \frac{525}{\pi r^2}$;
$r \in (0; \infty)$
Einsetzen in O:
$O(r) = 2\pi r^2 + 2\pi r\frac{525}{\pi r^2} = 2\pi r^2 + \frac{1050}{r}$

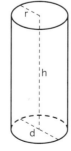

c) Gesuchte Größe:
$A = ab$;
Nebenbedingung:
$a + 2b = 30$;
$a = 30 - 2b$; $b \in [0; 15]$
Einsetzen in A:
$A(b) = (30 - 2b)b = 30b - 2b^2$

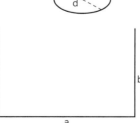

3 a) Gesuchte Größe: $A = ab$;
Nebenbedingung: $a = x$; $b = f(x)$; $x \in [0; 4]$
Einsetzen in A: $A(x) = x \cdot f(x) = x(-0{,}25x^2 + 4) = -0{,}25x^3 + 4x$
Extrema: $A'(x) = 0$; $A'(x) = -0{,}75x^2 + 4$; $-0{,}75x^2 + 4 = 0$;
$x \approx -2{,}31$ (in dieser Anwendung sinnlos) oder $x \approx 2{,}31$
Einsetzen in A'': $A''(x) = -1{,}5x$; $A''(2{,}31) = -3{,}46 < 0$;
Maximum von A bei $x \approx 2{,}31$. $H(\approx 2{,}31 \mid \approx 6{,}16)$
$b \approx f(2{,}31) \approx 2{,}67$
Für $a \approx 2{,}31$ und $b \approx 2{,}67$ hat das Rechteck den maximalen
Flächeninhalt mit $\approx 6{,}16$ FE.
b) Gesuchte Größe: $U = 2a + 2b$;
Nebenbedingung: $a = x$; $b = f(x)$; $x \in [0; 4]$
Einsetzen in U: $U(x) = 2x + 2(-0{,}25x^2 + 4) = -0{,}5x^2 + 2x + 8$
Extrema: $U'(x) = 0$: $U'(x) = -x + 2$; $-x + 2 = 0$; $x = 2$
(Hochpunkt bei $x = 2$, da der Graph von U eine nach unten
geöffnete Parabel ist); $H(2 \mid 10)$
$b = f(2) = 3$
Für $a = 2$ und $b = 3$ ist der Umfang mit 10 LE minimal.

4 Gesuchte Größe: $A = 0{,}5ah$;
Nebenbedingungen: $a = 2x$; $h = f(x)$; $x \in [0; \sqrt{30} \approx 5{,}48]$
Einsetzen von a und h: $A(x) = 0{,}5 \cdot 2x(-0{,}2x^2 + 6) = -0{,}2x^3 + 6x$
Extrema von A: $A'(x) = 0$; $A'(x) = -0{,}6x^2 + 6$;
$-0{,}6x^2 + 6 = 0$ $x^2 = 10$ $x = \sqrt{10}$ oder $x = -\sqrt{10}$
Einsetzen in A'': $A''(X) = -1{,}2x$; $A''(\sqrt{10}) = -1{,}2 \cdot \sqrt{10} < 0$;
Hochpunkt von A(x) bei $x = \sqrt{10}$; $H(\sqrt{10} \mid \approx 12{,}65)$
Randwerte. $A(0) = 0$ und $A(\sqrt{30}) = 0$
Für $x = \sqrt{10} \approx 3{,}16$ ist der Flächeninhalt des Dreiecks maximal
und beträgt $\approx 12{,}65$ FE. Die Eckpunkte sind dann $A(0 \mid 0)$,
$B(\sqrt{10} \mid 4)$ und $C(-\sqrt{10} \mid 4)$.

5 Nullstellen von f: $-0{,}1x^2 + 8{,}1 = 0$; $x_1 = -9$ oder $x_2 = 9$
Gesuchte Größe: $A = 0{,}5 \cdot \overline{AB} \cdot h$;
Nebenbedingungen: $\overline{AB} = 9$; $h = f(x)$; $x \in [0, 9]$
Einsetzen in A: $A(x) = 0{,}5 \cdot 9 \cdot (-0{,}1x^2 + 8{,}1) = -0{,}45x^2 + 3{,}645$
Extrema: Da der Graph von A eine Parabel ist, muss nur der
Scheitelpunkt bestimmt werden. $S(0 \mid 3{,}645)$.
Also ist mit $A(0 \mid 0)$, $B(0 \mid 8{,}1)$ und $C(-9 \mid 0)$ (Alternativ auch:
$C(9 \mid 0)$) der Flächeninhalt des Dreiecks mit 3,645 FE maximal.

6 $P = x \cdot y$; $x - y = 1$, also $x = 1 + y$
Einsetzen: $P(y) = y(1 + y) = y + y^2$
$P'(y) = 1 + 2y$; $0 = 1 + 2y$, also $y = -0{,}5$;
$P''(y) = 2 > 0$, also $TP(-0{,}5 \mid -0{,}25)$
Die Zahlen sind $-0{,}5$ und $0{,}5$. Das minimale Produkt ist $-0{,}25$.

7 $O = 2\pi r h + 2\pi r^2$; $V = 54\,000 = \pi r^2 h \Rightarrow h = \frac{54\,000}{\pi r^2}$; $r \in [0; \infty)$
Einsetzen:
$O(r) = 2\pi r \frac{54\,000}{\pi r^2} + 2\pi r^2 = \frac{108\,000}{r} + 2\pi r^2 = 108\,000\,r^{-1} + 2\pi r^2$
Extrema von O: $O'(r) = 0$; $O'(r) = -108\,000\,r^{-2} + 4\pi r$;
$-\frac{108\,000}{r^2} + 4\pi r = 0 \quad \mid \cdot r^2$
$-108\,000 + 4\pi r^3 = 0 \quad \mid + 108\,000 \quad \mid :(4\pi)$
$r^3 = 8594{,}37$, also $r \approx 20{,}48$
Untersuchung von $O''(r) = 216\,000\,r^{-3} + 4\pi$; $O''(20{,}48) \approx 37{,}7 > 0$;
also Minimum von O bei $r \approx 20{,}48$.
$O(20{,}48) \approx 7908{,}8$ (cm²)
Randwerte: $O(0) = 0$; $\lim_{r \to \infty}(O(r)) = 0$.

Für $r \approx 20{,}48$ cm und $h \approx 41$ cm ist die Oberfläche minimal.

8 a) r = 9 cm, also 1700 = πr²h = 81πh, also h ≈ 6,7;
damit O(9) = πr² + 2πrh = 9²π + 2π · 9 · 6,7 ≈ 633;
r = 13 cm, also 1700 = πr²h = 169πh, also h ≈ 3,2;
damit O(13) = πr² + 2πrh = 13²π + 2π · 13 · 3,2 ≈ 792;
r = 15 cm, also 1700 = πr²h = 225πh, also h ≈ 2,4;
damit O(15) = πr² + 2πrh = 15²π + 2π · 15 · 2,4 ≈ 933

b) O = 2πrh + πr²; V = 1700 = πr²h, also h = $\frac{1700}{\pi r^2}$; r ∈ [0; ∞)
Einsetzen: O(r) = 2πr $\frac{1700}{\pi r^2}$ + πr² = $\frac{3400}{r}$ + πr² = 3400 r⁻¹ + πr²
Extrema: O'(r) = 0: O'(r) = −3400 r⁻² + 2πr = −$\frac{3400}{r^2}$ + 2πr;
−$\frac{3400}{r^2}$ + 2πr = 0 | · r²
−3400 + 2πr³ = 0 | +3400 | : (2π)
r³ ≈ 541,13, also r ≈ 8,15.
Untersuchung von O''(r) = 6800 r⁻³ + 2π; O''(8,15) ≈ 18,84 > 0,
also Minimum von O bei r = 8,15.
O(8,15) ≈ 625,85 cm².
Randwerte: O(0) = 0; $\lim_{r \to \infty}$ (O(r)) = 0.

Für r ≈ 8,15 cm und h ≈ 8,15 cm ist die Oberfläche minimal.
Eine solche Kanne nimmt aufgrund ihres Durchmessers zu viel
Platz weg. Durch die geringe Höhe sieht sie merkwürdig aus.
Wegen des ungünstigen Verhältnisses von Radius und Höhe
kühlt der Kaffee schneller aus.

9 a)

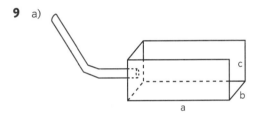

b) Bei quadratischer Schaufelbodenfläche gilt: a = b.
Deshalb gilt für die Formel des Oberflächeninhalts:
O = a² + 3ac; V = a² · c = 10 000 cm³; c = $\frac{10\,000}{a^2}$; a ∈ [0; ∞)
Einsetzen: O(a) = a² + 3a $\frac{10\,000}{a^2}$ = a² + $\frac{30\,000}{a}$ = a² + 30 000 a⁻¹
Extrema: O'(a) = 0; O'(a) = 2a − 30 000 a⁻² = 2a − $\frac{30\,000}{a^2}$
2a − $\frac{30\,000}{a^2}$ = 0 | · a²
2a³ − 30 000 = 0 | +30 000 | : 2
a³ = 15 000; a ≈ 24,66.
Untersuchung von O''(a) = 2 + 60 000 a⁻³; O''(24,66) ≈ 6 > 0;
Tiefpunkt bei a ≈ 24,66
O(24,66) = 1824,66 cm²
Randwerte: O(0) = 0; $\lim_{a \to \infty}$ (O(a)) = 0

Für a ≈ 24,66 cm und c ≈ 16,43 cm ist die Oberfläche minimal
und beträgt 1824,66 cm².

10 a) U = m · p;
Nebenbedingungen: x = Preissenkung (in €); m = 10 000 + 700 x
und p = 20 − x; x ∈ [−14,28; 20]
Einsetzen:
U(x) = (10 000 + 700 x)(20 − x) = 200 000 + 4000 x − 700 x²
Extrema: U'(x) = 0: U'(x) = −1400 x + 4000;
−1400 x + 4000 = 0; x = 2,86
Untersuchung von U''(x) = −1400: U''(2,86) = −1400 < 0;
Hochpunkt von U bei x = 2,86; U(2,86) = 205 714 (€)
Randwerte: U(−14,28) = 0; U(20) = 0
Bei 2,86 Preissenkungen von je einem Euro, also bei einem Preis
von 17,14 € pro Stück und einem Absatz von etwa 12 000 Stück
wäre der Umsatz maximal mit 205 714 €.

b) G = m · g; Nebenbedingung:
m = 10 000 + 700 x und g = 8 − x; x ∈ [−14,28; 8]
Einsetzen: G(x) = (10 000 + 700 x)(8 − x) = 80 000 − 4400 x − 700 x²
Extremwertsuche: G'(x) = −1400 x − 4400;
−1400 x − 4400 = 0; x = −3,14
Untersuchung von G''(x) = −1400; G''(−3,14) = −1400 < 0;
Hochpunkt von G(x) bei x = −3,14
G(−3,14) = 86 914 (€)
Randwerte: G(−14,28) = 0; G(8) = 0
Bei 3,14 Preiserhöhungen von je einem Euro, also bei einem
Preis von 23,14 € (und damit einem Gewinn von 11,14 €) pro
Stück und einem Absatz von etwa 7800 Stück wäre der Umsatz
maximal mit 86 914 €.

c) Der Firma ist zu empfehlen, den Preis um 3,14 € pro Stück zu
erhöhen, um den Gewinn zu maximieren.

11 a) G = −0,5 x$_a$² + 6 x$_a$ − 10 − 0,8 x$_b$² + 5,6 x$_b$ − 4,8
b) Nebenbedingung: 7 = x$_a$ + x$_b$; x$_b$ = 7 − x$_a$; x$_a$ ∈ [0; 7]
Einsetzen in G:
G(x$_a$) = −0,5 x$_a$² + 6 x$_a$ − 10 − 0,8(7 − x$_a$)² + 5,6(7 − x$_a$) − 4,8
= −0,5 x$_a$² + 6 x$_a$ − 10 − 0,8(49 − 14 x$_a$ + x$_a$²) + 39,2 − 5,6 x$_a$ − 4,8
= −0,5 x$_a$² + 6 x$_a$ − 10 − 39,2 + 11,2 x$_a$ − 0,8 x$_a$² + 39,2 − 5,6 x$_a$ − 4,8
= −1,3 x$_a$² + 11,6 x$_a$ − 14,8
Extrema: G'(x$_a$) = −2,6 x$_a$ + 11,6; −2,6 x$_a$ + 11,6 = 0; x$_a$ ≈ 4,46
Einsetzen in G''(x$_a$) = −2,6: G''(4,46) = −2,6 < 0;
Hochpunkt bei x$_a$ ≈ 4,46; H(≈ 4,46 | ≈ 11,08)
Randwerte: G(0) = −14,8; G(7) = 2,7
Für 4,46 Mengeneinheiten von Produkt A und 2,54 Mengeneinheiten von Produkt B ist der Gewinn maximal und beträgt
11,08 Geldeinheiten.

Extremwerte in der Betriebswirtschaft, Seite 44

1 Stückkostenfunktion → k
Grenzkostenfunktion → K'
x-Koordinate des Tiefpunkts von k$_v$ → Betriebsminimum
y-Wert des Tiefpunkts von k → langfristige Preisuntergrenze
Gewinnfunktion → G(x) = E(x) − K(x)

2 a) k(x) = 0,2 x² − 0,8 x + 3 + $\frac{30}{x}$; k'(x) = 0,4 x − 0,8 − $\frac{30}{x^2}$;
Überprüfen, ob bei x = 5 Minimum ist: k'(5) = 0;
k''(x) = 0,8 + $\frac{60}{x^3}$; k''(5) = 0,88 > 0, also Minimum von k bei x = 5

b) k$_v$(x) = 0,2 x² − 0,8 x + 3;
Extrema: k$_v$'(x) = 0; 0,4 x − 0,8 = 0, also x = 2;
k''(2) = 0,4 > 0, also Minimum bei x = 2.
Damit ist die Produktion von 2000 Stück das Betriebsminimum.

c) G(x) = E(x) − K(x) = −0,2 x³ + 0,8 x² + 10 x − 30;
Extrema: G'(x) = 0; −0,6 x² + 1,6 x + 10 = 0, also x ≈ −2,96
(in dieser Anwendung sinnlos) oder x ≈ 5,63;
Einsetzen in G''(x) = −1,2 x + 1,6; G''(5,63) ≈ −5,16 < 0, also
Minimum bei x ≈ 5,63 mit G(5,63) = 15,97.
Die gewinnmaximale Produktionsmenge ist etwa 5630 Stück,
der Gewinn ist dann 15 970 €.

d) K'(x) = 0,6 x² − 1,6 x + 3; K'(5,63) = 13 = E'(x).
Die Steigung von E ist im Gewinnmaximum so groß wie die von
K, also E'(x) = K'(x), also E'(x) − K'(x) = 0, also G'(x) = 0, für die
Nullstelle x$_E$ von G'(x) liegt ein Maximum von G(x) vor, da E(x)
über K(x) verläuft und der Gewinn bis dahin zunimmt und
danach abnimmt, also G'(x) > 0 für x < x$_E$ und G'(x) < 0 für x > x$_E$.
Anders gesagt: Die Stelle x$_0$, für die E'(x$_0$) = K'(x$_0$) gilt, ist die
gewinnmaximale Produktionsmenge, wenn E(x$_0$) dort größer ist
als K(x$_0$).

3 a) $E(x) = x \cdot p(x) = -0,5x^2 + 200x$;
$G(x) = E(x) - K(x) = -\frac{1}{3}x^3 + 7,5x^2 + 100x - 750$;
Extrema: $G'(x) = 0$: $-x^2 + 15x + 100 = 0$ also $x = -5$
(in dieser Anwendung sinnlos) oder $x = 20$;
Einsetzen in $G''(x) = -2x + 15$: $G''(20) = -40 + 15 = -25 < 0$ also
Maximum von G bei $x = 20$. $G(20) = 1583\frac{1}{3}$.
Der maximale Gewinn wird bei einer Produktion von 2000 Stück erzielt und beträgt dann 158 333,33 €.
b) $K'(x) = x^2 - 16x + 100$; $K'(20) = 180$. Die Grenzkosten bei der gewinnmaximalen Produktionsmenge betragen 180 € pro Stück.
c) Nein, es lohnt sich nicht, da die Grenzkosten bei 2000 Stück bereits 180 € pro Stück betragen (siehe b)).

Bestimmung einer ganzrationalen Funktion, Seite 45

1 $f(x) = ax^3 + bx^2 + cx + d$; $f'(x) = 3ax^2 + 2bx + c$;
$f''(x) = 6ax + 2b$
a) $P(0|0)$: $f(0) = 0$:   (1) $d = 0$
$f(-2) = 4$:   (2) $-8a + 2b - 2c = 4$
Tiefpunkt $T(-2|4)$: $f'(-2) = 0$: (3) $12a - 4b + c = 0$
Das Gleichungssystem ist nicht eindeutig lösbar, da f vom Grad 3 ist, aber nur 3 Gleichungen vorliegen.
b) $W(1|-3)$: $f(1) = 3$:   (1) $a + b + c + d = -3$
Wendep. $W(1|-3)$: $f''(1) = 0$: (2) $6a + 2b = 0$
Steigung 2 bei $x = 1$: $f'(1) = 2$: (3) $3a + 2b + c = 2$
Das Gleichungssystem ist nicht eindeutig lösbar, da f vom Grad 3 ist, aber nur 3 Gleichungen vorliegen.
c) $P(0|5)$: $f(0) = 5$:   (1) $d = 5$
Waag. Tang. bei 0: $f'(0) = 0$:   (2) $c = 0$
$Q(4|-27)$: $f(4) = -27$:   (3) $64a + 16b + 4c + d = -27$
Waag. Tang. bei 4: $f'(4) = 0$:   (4) $48a + 8b + c = 0$
Das Gleichungssystem kann eindeutig lösbar sein, da f vom Grad 3 ist und 4 Gleichungen vorliegen. Wenn man $d = 5$ und $c = 0$ in die Gleichungen (3) und (4) einsetzt, erhält man das Gleichungssystem:
(3') $64a + 16b = -32$
(4') $48a + 8b = 0$
mit der Lösung $a = 1$ und $b = -6$. Damit ist $f(x) = x^3 - 6x^2 + 5$.
d) Steigung 4 bei 1: $f'(1) = 4$: (1) $3a + 2b + c = 4$
$N(5|0)$: $f(5) = 0$:   (2) $125a + 25b + 5c + d = 0$
Steigung 0 bei 5: $f'(5) = 0$:   (3) $75a + 10b + c = 0$
Das Gleichungssystem ist nicht eindeutig lösbar, da f vom Grad 3 ist, aber nur 3 Gleichungen vorliegen.
e) $W(3|0)$: $f(3) = 0$:   (1) $27a + 9b + 3c + d = 0$
$W(3|0)$ Sattelpunkt: $f'(3) = 0$: (2) $27a + 6b + c = 0$
$W(3|0)$ Wendepunkt: $f''(3) = 0$: (3) $18a + 2b = 0$
Das Gleichungssystem ist nicht eindeutig lösbar, da f vom Grad 3 ist, aber nur 3 Gleichungen vorliegen.
f) $P(-1|2)$: $f(-1) = 2$:   (1) $-a + b - c + d = 2$
Steigung 4 bei -1: $f'(-1) = 4$: (2) $3a - 2b + c = 0$
$Q(2|5)$: $f(2) = 5$:   (3) $8a + 4b + 2c + d = 5$
Das Gleichungssystem ist nicht eindeutig lösbar, da f vom Grad 3 ist, aber nur 3 Gleichungen vorliegen.

2 $f(x) = ax^3 + bx^2 + cx + d$; $f'(x) = 3ax^2 + 2bx + c$
$P(-1|141)$, also $f(-1) = 141$: (1) $-a + b - c + d = 141$
$m = -120$ bei -1: $f'(-1) = -120$: (2) $3a - 2b + c = -120$
$T(4|-284)$: $f(4) = -284$:   (3) $64a + 16b + 4c + d = -284$
Tiefpunkt $T(4|-284)$: $f'(4) = 0$: (4) $48a + 8b + c = 0$
Aus (4) folgt: $c = -48a - 8b$. Schrittweises Einsetzen ergibt:
c in (2): $3a - 2b - 48a - 8b = -120$, also $b = -4,5a + 12$
c, b in (1): $-a - 4,5a + 12 + 48a + 8(-4,5a + 12) + d = 141$, also $d = -6,5a + 33$

c, b, d in (3): $64a + 16(-4,5a + 12) + 4(-48a - 8(-4,5a + 12))$
$-6,5a + 33 = -284$, also $-62,5a = -125$, also $a = 2$
Einsetzen von $a = 2$ ergibt schrittweise: $d = 20$; $b = 3$; $c = -120$.
Also lautet der gesuchte Funktionsterm
$f(x) = 2x^3 + 3x^2 - 120x + 20$.
Kontrolle: $f'(x) = 6x^2 + 6x - 120$; $f''(x) = 12x + 6$; $f''(4) = 54 < 0$;
Tiefpunkt bei $x = 4$

3 $f(x) = ax^4 + bx^3 + cx^2 + dx + e$; $f'(x) = 4ax^3 + 3bx^2 + 2cx + d$;
$P(0|0)$: $f(0) = 0$:   (1) $e = 0$
Hochpunkt in $P(0|0)$: $f'(0) = 0$: (2) $d = 0$
$T(-2|-4)$: $f(-2) = -4$:   (3) $16a - 8b + 4c = -4$
Tiefpunkt $T(-2|4)$: $f'(-2) = 0$: (4) $-32a + 12b - 4c = 0$
$P(2|-4)$: $f(2) = -4$:   (5) $16a + 8b + 4c = -4$
Aus (5) folgt: $c = -4a - 2b - 1$.
c in (2): $-32a + 12b + 16a + 8b + 4 = 0$, also $b = 0,8a - 0,2$.
b, c in (1): $16a - 6,4a + 1,6 - 16a - 8(0,8a - 0,2) - 4 = -4$,
also $-12,8a = -3,2$, also $a = 0,25$.
Einsetzen von $a = 0,25$ ergibt schrittweise: $b = 0$; $c = -2$
Also lautet der gesuchte Funktionsterm $f(x) = 0,25x^4 - 2x^2$.
Kontrolle: $f'(x) = x^3 - 4x$; $f''(x) = 3x^2 - 4$; $f''(0) = -4 < 0$, also
Hochpunkt bei $x = 0$; $f''(-2) = 8 > 0$, also Tiefpunkt bei $x = -2$

4 $f(x) = ax^3 + bx^2 + cx + d$; $f'(x) = 3ax^2 + 2bx + c$
$H(9|1000)$: $f(9) = 10^3$:   (1) $a(9)^3 + b(9)^2 + 9c + d = 10^3$
Hochp. $H(9|1000)$: $f'(9) = 0$: (2) $3a(9)^2 + 18b + c = 0$
$P(5|656)$: $f(5) = 656$:   (3) $a(5)^3 + b(5)^2 + 5c + d = 656$
kein Verkauf: $f(0) = -336,5$:   (4) $d = -336,5$
Aus (2) folgt: $c = -243a - 18b$.
c, d in (1): $729a + 81b - 2187a - 162b - 336,5 = 1000$,
also $-81b = 1458a + 1336,5$ und damit $b = -18a - 16,5$.
c, d, b in (3): $125a - 450a - 412,5 + 5(-243a - 18(-18a - 16,5))$
$- 336,5 = 656$ und damit $80a = -80$, also $a = -1$.
Einsetzen von $a = -1$ ergibt schrittweise: $b = 1,5$; $c = 216$
Also lautet der gesuchte Funktionsterm
$G(x) = -x^3 + 1,5x^2 + 216x - 336,5$
Kontrolle: $G'(x) = -3x^2 + 3x + 216$; $G''(x) = -6x + 3$;
$G''(9) = -51 < 0$, also Hochpunkt bei $x = 9$

5 $f(x) = ax^3 + bx^2 + cx + d$; $f'(x) = 3ax^2 + 2bx + c$;
$f''(x) = 6ax + 2b$
$H(0|25,6)$: $f(0) = 25,6$:   (1) $d = 25,6$
Hochp. $H(0|25,6)$: $f'(0) = 0$: (2) $c = 0$
$P(8|0)$: $f(8) = 0$:   (3) $a(8)^3 + b(8)^2 + 8c + d = 0$
Größtes Gefälle in der Mitte:
$f''(4) = 0$:   (4) $24a + 2b = 0$
Aus (4) folgt: $b = -12a$.
b, c, d in (3): $512a - 768a + 25,6 = 0$, also $a = -0,1$
Einsetzen von $a = -0,1$ ergibt: $b = 1,2$.
Also lautet der gesuchte Funktionsterm
$f(x) = -0,1x^3 + 1,2x^2 + 25,6$.

Test, Seite 46

1 a) $f'(x) = 4x^3 + 6x + 2$; $f''(x) = 12x^2 + 6$
b) $g'(x) = -12x^2 + 10x - 6$; $g''(x) = -24x + 10$
c) $h'(x) = -x^{-2}$; $h''(x) = 2x^{-3}$
d) $i'(x) = 6x + 2$; $i''(x) = 6$

2 a) $f'(x) = -3x^2 + 6x$; $f''(x) = -6x + 6$; $f'''(x) = -6$;
Extrema: $f'(x) = 0$: $-3x^2 + 6x = 0$, also $x = 0$ oder $x = 2$;
$f''(0) = 6 > 0$, also Tiefpunkt von f(x) bei $x = 0$: $T(0|0)$;
$f''(2) = -6 < 0$, also Hochpunkt von f(x) bei $x = 2$: $H(2|4)$;
Wendepunkte: $f''(x) = 0$: $-6x + 6 = 0$, also $x = 1$; $f'''(1) = -6$,

also Wendepunkt von f(x) bei x = 1: W(1|2)

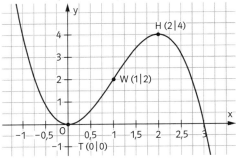

b) $f(x) = 2x^3 - 9x^2 + 12x + 4$; $f'(x) = 6x^2 - 18x + 12$;
$f''(x) = 12x - 18$; $f'''(x) = 12$;
Extrema: $f'(x) = 0$: $6x^2 - 18x + 12 = 0$, also $x^2 - 3x + 2 = 0$,
also x = 1 oder x = 2;
$f''(1) = -12 < 0$, also Hochpunkt von f(x) bei x = 1: H(1|9);
$f''(2) = 6 > 0$, also Tiefpunkt von f(x) bei x = 2: T(2|8);
Wendepunkt: $f''(x) = 0$: $12x - 18 = 0$, also x = 1,5; $f'''(1,5) = 12 > 0$,
also Wendepunkt bei x = 1,5; W(1,5|8,5)

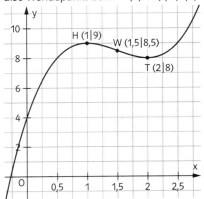

c) $f'(x) = 4x^3 - 4x$; $f''(x) = 12x^2 - 4$; $f'''(x) = 24x$;
Extrema: $f'(x) = 0$: $4x^3 - 4x = 0$, also $x(4x^2 - 4) = 0$, also x = 0
oder x = 1 oder x = -1;
$f''(0) = -4 < 0$, also Hochpunkt von f(x) bei x = 0: H(0|0);
$f''(-1) = 8 > 0$, also Tiefpunkt von f(x) bei x = -1: $T_1(-1|-1)$;
$f''(1) = 8$, also Tiefpunkt von f(x) bei x = 1: $T_2(1|-1)$;
Wendepunkte:
$f''(x) = 0$: $12x^2 - 4 = 0$, also $x = \sqrt{\frac{1}{3}} \approx 0{,}58$ oder $x = -\sqrt{\frac{1}{3}} \approx -0{,}58$;
$f'''\left(-\sqrt{\frac{1}{3}}\right) = -24 \cdot \sqrt{\frac{1}{3}} \neq 0$, also Wendepunkt von f(x) bei $x = -\sqrt{\frac{1}{3}}$:
$W_1\left(-\sqrt{\frac{1}{3}} \approx 0{,}58 \Big| -\frac{5}{9} \approx -0{,}56\right)$;
$f'''\left(\sqrt{\frac{1}{3}}\right) = 24 \cdot \sqrt{\frac{1}{3}} \neq 0$, also Wendepunkt bei $x = \sqrt{\frac{1}{3}}$:
$W_2\left(\sqrt{\frac{1}{3}} \approx 0{,}58 \Big| -\frac{5}{9} \approx -0{,}56\right)$

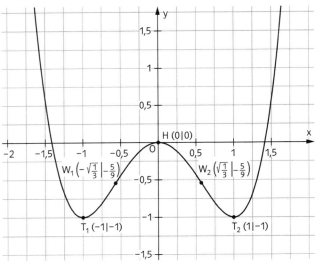

3 a) t: y = 2x - 1
b) $B_1(1|0)$; t_1: y = 4x - 4; $B_2(5|0)$; t_2: y = -4x + 20

4 a) Richtig
b) Richtig
c) Falsch, denn z.B. der Graph der Funktion aus der obigen Testaufgabe 2 c) hat eine waagerechte Tangente y = -1 im Tiefpunkt T_1, die aber den Graphen ein weiteres Mal im Tiefpunkt T_2 schneidet.
d) Richtig

5 a) f(0) = 1,5   b) f'(0) = -1,5
c) f''(0) ist kleiner als null   d) I = [-1; 2]
e) I = [0,5; 4]   f) $x_0 = 2$
g) (2|-1)   h) $x_1 = -1$
i) (-1|2,4)   j) $x_2 = 0{,}5$

6 $V = l \cdot b \cdot h$; Nebenbedingungen: l = 2b; l + b + h = 90.
Aus diesen Nebenbedingungen folgt: 3b + h = 90, also
h = 90 - 3b; 0 ≤ b ≤ 30.
Einsetzen in V: $V(b) = 2b \cdot b(90 - 3b) = 180b^2 - 6b^3$
Suche nach Extrema: V'(b) = 0: $-18b^2 + 360b = 0$, also b = 0
oder b = 20; V''(b) = -36b + 360;
V''(0) = 360 > 0, also lokaler Tiefpunkt bei b = 0;
V''(20) = -360 < 0, also lokaler Hochpunkt bei b = 20:
H(20|24000).
Randwerte: V(0) = 0; V(30) = 0.
Also ist für b = 20, l = 40 und h = 30 das Volumen mit 24000 cm³ maximal.

7 $f(x) = ax^3 + bx^2 + cx + d$; $f'(x) = 3ax^2 + 2bx + c$
T(0|0): f(0) = 0:   (1)   d = 0
Tiefpunkt T(0|0): f'(0) = 0: (2)   c = 0
H(3|15): f(3) = 15:   (3)   27a + 9b = 15
Hochp. H(3|15): f'(3) = 0: (4)   27a + 6b = 0
Aus (4) folgt: b = -4,5a.
b in (3): 27a - 40,5a = 15, also $a = -\frac{10}{9}$
Einsetzen von $a = -\frac{10}{9}$ ergibt: b = 5.
Also lautet der gesuchte Funktionsterm $f(x) = -\frac{10}{9}x^3 + 5x^2$.
Kontrolle: f(0) = 0; f'(0) = 0; f(3) = 15; f'(3) = 0
f''(0) = 10 > 0, also Tiefpunkt; f''(3) = -10 < 0, also Hochpunkt

8

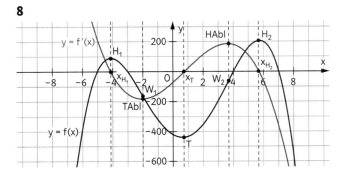

112 Lösungen Kapitel II

III Integralrechnung

Deutung von Flächeninhalten und Berechnungen, Seite 47

1 Über Kästchen: 1 Kästchen $\triangleq$ 12,5 g, 4 Kästchen $\triangleq$ 50 g, usw.
Oder über Flächen:

a) Dreieck: $\frac{1}{2} \cdot 2\,\text{km} \cdot 150\,\frac{g}{km} = 150\,g$

b) Rechteck: $5\,\text{km} \cdot 150\,\frac{g}{km} = 750\,g$

c) von 0 bis 2 km, Dreieck: 150 g
von 2 bis 7 km, Rechteck: 750 g
von 7 bis 10 km, Dreieck: 225 g
Insgesamt von 0 bis 10 km: 1125 g

2 a) Dreieck: $\frac{1}{2} \cdot 200\,\text{Jahre} \cdot 1\frac{mm}{100\,\text{Jahre}} = 1\,\text{mm}$

b) siebtes Jahrhundert: von 600 bis 700

Rechteck: $100\,\text{Jahre} \cdot 5\,\frac{mm}{100\,\text{Jahre}} = 5\,\text{mm}$

c) von 0 bis 200 Jahre, Dreieck: 1 mm
von 200 bis 600 Jahre, Trapez: 12 mm
von 600 bis 700 Jahre, Rechteck: 5 mm
von 700 bis 1000 Jahre, Trapez: 12,75 mm
Insgesamt von 0 bis 1000 Jahre:
1 mm + 12 mm + 5 mm + 12,75 mm = 30,75 mm

3 1 Kästchen $\triangleq$ 0,25 Liter,
bis 50 km: 23 Kästchen, also 5,75 Liter
gesamte Fahrstrecke: 68 Kästchen, also 17 Liter

4 2 Liter + 0,75 Liter + 0,5 Liter + 2 Liter = 5,25 Liter.
Der Eimer muss mindestens 5,25 Liter fassen.

5 Ausgelaufen sind 1,5 Liter + 2 Liter = 3,5 Liter.
Also sind nach 20 Stunden noch 8,5 Liter im Eimer.

6 a) Zug 1: 1,5 km; Zug 2: 3 km
b) 19 km
c) Zug 1: 31 km; 0,28 Stunden; 0,58 Stunden
Zug 2: 47 km; 0,39 Stunden; 0,44 Stunden
d) Die Züge begegnen sich zwischen Göppingen und Stuttgart.

Integral und Integralfunktion, Seite 49

1 a) $J_0(x) = \int_0^x 2\,dt = 2x$; mit $x = 4$: $A = 2 \cdot 4 = 8$

b) $J_0(x) = \int_0^x \frac{1}{2}t\,dt = \frac{1}{4}x^2$; mit $x = 3$: $A = \frac{1}{4} \cdot 3^2 = 2,25$

c) $J_0(x) = \int_0^x \left(-\frac{1}{4}t + 1\right)dt = -\frac{1}{8}x^2 + x$; mit $x = 2$: $A = -\frac{1}{8} \cdot 2^2 + 2 = 1,5$

2 a) $J_0(3) = \int_0^3 (t + 2)\,dt$, Trapez oberhalb der x-Achse:
$A = \frac{2+5}{2} \cdot 3 = 10,5$

b) $J_{-2}(3) = \int_{-2}^3 -3\,dt$, Rechteck unterhalb der x-Achse:
$A = -3 \cdot 5 = -15$

c) $J_{-1}(5) = \int_{-1}^5 \left(\frac{1}{2}t - 1\right)dt$, Dreieck unterhalb der x-Achse + Dreieck
oberhalb der x-Achse: $A = -\frac{1}{2} \cdot 3 \cdot 1,5 + \frac{1}{2} \cdot 3 \cdot 1,5 = 0$

3 Fläche (1): Integral B; Wert c)
Fläche (2): Integral C; Wert d)
Fläche (3): Integral D; Wert b)
Fläche (4): Integral A; Wert a)

4 Das Integral $\int_3^5 f(x)\,dx$ hat den größten Flächeninhalt unterhalb der x-Achse und ist damit das kleinste Integral. Im Gegensatz dazu hat das Integral $\int_1^3 f(x)\,dx$ den größten Flächeninhalt oberhalb der x-Achse und ist damit das größte Integral. Die anderen Integrale ordnen sich entsprechend ein.
$\int_3^5 f(x)\,dx < \int_3^4 f(x)\,dx < \int_1^5 f(x)\,dx < \int_2^3 f(x)\,dx < \int_1^3 f(x)\,dx$

5 Aussage (1): Falsch
Aussage (2): Wahr
Aussage (3): Falsch
Aussage (4): Wahr

Integral und Stammfunktion – Hauptsatz, Seite 51

1 a) (a) → (B) und (E)
(b) → (C) und (F)
(c) → keine der gegebenen Funktionen
(d) → (G)
b) $F(x) = \frac{1}{3}x^8 \to f(x) = \frac{8}{3}x^7$
$F(x) = x \to f(x) = 1$
$F(x) = -2x^2 + 3 \to f(x) = -4x$

2 a) $F(x) = x^2 + \frac{1}{4}x^4$ b) $F(x) = -x^3 + \frac{1}{8}x^4$

c) $F(x) = x^2 + x$ d) $F(x) = x^4 + 2x^3 - x^2 + x$

e) $F(x) = \frac{1}{8}x^8 + \frac{1}{2}x^2$ f) $F(x) = \frac{1}{2}x^4 + \frac{1}{4}x^2 - 4x$

3 a) $F_1(x) = \frac{1}{3}x^3 + \frac{3}{2}x^2 - x$; $F_2(x) = \frac{1}{3}x^3 + \frac{3}{2}x^2 - x + 1$;
$F_3(x) = \frac{1}{3}x^3 + \frac{3}{2}x^2 - x + 2$

b) $F_1(x) = \frac{1}{20}x^5 - \frac{1}{3}x^2 + 5x$; $F_2(x) = \frac{1}{20}x^5 - \frac{1}{3}x^2 + 5x + 1$;
$F_3(x) = \frac{1}{20}x^5 - \frac{1}{3}x^2 + 5x + 2$

c) $F_1(x) = x^4 + x^3 - x^2 + x$; $F_2(x) = x^4 + x^3 - x^2 + x + 1$;
$F_3(x) = x^4 + x^3 - x^2 + x + 2$

4 a) $\int_1^3 2\,dx = [2x]_1^3 = 6 - 2 = 4$

b) $\int_3^5 x^5\,dx = \left[\frac{1}{6}x^6\right]_3^5 = \frac{15\,625}{6} - \frac{729}{6} = \frac{7448}{3} \approx 2482,7$

c) $\int_{-1}^3 x^5\,dx = \left[\frac{1}{6}x^6\right]_{-1}^3 = \frac{729}{6} - \frac{1}{6} = \frac{364}{3} \approx 121,3$

d) $\int_2^5 0,7x^4\,dx = \left[\frac{7}{50}x^5\right]_2^5 = \frac{21875}{50} - \frac{224}{50} = \frac{21651}{50} \approx 433,02$

e) $\int_{-2}^{-1} \frac{2}{5}x^3\,dx = \left[\frac{1}{10}x^4\right]_{-2}^{-1} = \frac{1}{10} - \frac{16}{10} = -1,5$

f) $\int_{-2}^2 x\,dx = \left[\frac{1}{2}x^2\right]_{-2}^2 = 2 - 2 = 0$

g) $\int_1^5 (-2x + 1)\,dx = [-x^2 + x]_1^5 = -20 - 0 = -20$

h) $\int_0^2 \left(\frac{1}{4}x^2 - 4x\right)dx = \left[\frac{1}{12}x^3 - 2x^2\right]_0^2 = -\frac{22}{3} - 0 = -\frac{22}{3} \approx -7,3$

i) $\int_{-1}^3 (4x^3 + 3x^2 + 5x - 1)\,dx = \left[x^4 + x^3 + \frac{5}{2}x^2 - x\right]_{-1}^3 = \frac{255}{2} - \frac{7}{2} = 124$

5 a) $F(x) = \frac{1}{4}x^2 + x$
$\int_1^3 (0,5x + 1)\,dx = \left[\frac{1}{4}x^2 + x\right]_1^3 = \frac{9}{4} + 3 - \left(\frac{1}{4} + 1\right) = 4$
Der Integralwert stimmt mit der Trapezfläche überein.

b) $F(x) = -\frac{1}{6}x^3 + 4x$
$\int_{-2}^1 \left(-\frac{1}{2}x^2 + 4\right)dx = \left[-\frac{1}{6} + 4x\right]_{-2}^1 = -\frac{1}{6} + 4 - \left(\frac{8}{6} - 8\right) = 10,5$
Die Integralwert stimmt schätzungsweise mit der Fläche überein.

c) $F(x) = \frac{1}{4}x^4$
$\int_{-1}^1 x^3\,dx = \left[\frac{1}{4}x^4\right]_{-1}^1 = \frac{1}{4} - \frac{1}{4} = 0$
Der Integralwert stimmt mit der Fläche nicht überein.

6 a) $\int_1^3 x\,dx = \left[\frac{1}{2}x^2\right]_1^3 = \frac{9}{2} - \frac{1}{2} = 4$
(es wurde eine falsche bzw. keine Stammfunktion verwendet)

b) $\int_1^3 \frac{1}{2}x^2\,dx = \left[\frac{1}{6}x^3\right]_1^3 = \frac{1}{6} \cdot 3^3 - \frac{1}{6} \cdot 1^3 = \frac{27}{6} - \frac{1}{6} = \frac{13}{3}$
(falsche Reihenfolge beim Einsetzen der Grenzen in die Stammfunktion)

c) $\int_1^4 (-x + 5)\,dx = \left[-\frac{1}{2}x^2 + 5x\right]_1^4 = 12 - 4,5 = 7,5$
(Es wurde eine falsche Stammfunktion verwendet und die Grenzen wurden addiert anstatt subtrahiert.)

d) $\int_0^1 (4x^3 + 3x^2)\,dx = \left[x^4 + x^3\right]_0^1 = 2 - 0 = 2$
(Es wurde eine falsche Stammfunktion verwendet und die Grenzen wurden falsch eingesetzt.)

7 a) $\int_1^4 x^7\,dx = \left[\frac{1}{8}x^8\right]_1^4 = \frac{1}{8}4^8 - \frac{1}{8} \cdot 1^8 = 8192 - \frac{1}{8} = 8191,875$

b) $\int_0^2 -3x^2\,dx = \left[-x^3\right]_0^2 = -2^3 - (-0^3) = -8$

c) $\int_1^2 3 \cdot x\,dx = \left[\frac{3}{2}x^2\right]_1^2 = \frac{3}{2} \cdot 2^2 - \frac{3}{2} \cdot 1^2 = 4,5$

d) $\int_{-8}^0 \frac{1}{4}\,dx = \left[\frac{1}{4}x\right]_{-8}^0 = \frac{1}{4} \cdot 0 - \frac{1}{4}(-8) = 2$

Flächen zwischen Graph und x-Achse, Seite 54

1 a) $\int_1^3 (2x - 1)\,dx = [x^2 - x]_1^3 = 6 - 0 = 6,\ A = 6$

b) $\int_{-2}^0 (x^2 + 2x - 3)\,dx = \left[\frac{1}{3}x^3 + x^2 - 3x\right]_{-2}^0 = 0 - \frac{22}{3} = -\frac{22}{3},\ A = \frac{22}{3}$

c) $\int_0^1 \left(-\frac{1}{2}x^3 + \frac{7}{4}x^2 + \frac{1}{2}x - \frac{7}{4}\right)dx = \left[-\frac{1}{8}x^4 + \frac{7}{12}x^3 + \frac{1}{4}x^2 - \frac{7}{4}x\right]_0^1$
$= -\frac{25}{24} - 0 = -\frac{25}{24}$

$\int_1^3 \left(-\frac{1}{2}x^3 + \frac{7}{4}x^2 + \frac{1}{2}x - \frac{7}{4}\right)dx = \left[-\frac{1}{8}x^4 + \frac{7}{12}x^3 + \frac{1}{4}x^2 - \frac{7}{4}x\right]_1^3$
$= \frac{21}{8} - \left(-\frac{25}{24}\right) = \frac{11}{3}$

Damit gilt für die Gesamtfläche A: $A = A_1 + A_2 = \frac{25}{24} + \frac{11}{3} = \frac{113}{24}$

d) $\int_{-1}^0 (x^4 - 2,5x^3)\,dx = \left[\frac{1}{5}x^5 - \frac{5}{6}x^3\right]_{-1}^0 = 0 - \left(-\frac{31}{30}\right) = \frac{31}{30}$

$\int_0^2 (x^4 - 2,5x^3)\,dx = \left[\frac{1}{5}x^5 - \frac{5}{6}x^3\right]_0^2 = -\frac{104}{15} - 0 = -\frac{104}{15}$

Damit gilt für die Gesamtfläche A: $A = A_1 + A_2 = \frac{31}{30} + \frac{104}{15} = \frac{239}{30}$

e) $\int_0^1 \left(\frac{1}{2}x^4 - 2x^3 + \frac{3}{2}x^2 + 2x - 2\right)dx = \left[\frac{1}{10}x^5 - \frac{1}{2}x^4 + \frac{1}{2}x^3 + x^2 - 2x\right]_0^1$
$= -\frac{9}{10} - 0 = -\frac{9}{10}$

$\int_1^2 \left(\frac{1}{2}x^4 - 2x^3 + \frac{3}{2}x^2 + 2x - 2\right)dx = \left[\frac{1}{10}x^5 - \frac{1}{2}x^4 + \frac{1}{2}x^3 + x^2 - 2x\right]_1^2$
$= -\frac{4}{5} - \left(-\frac{9}{10}\right) = \frac{1}{10}$

$\int_2^3 \left(\frac{1}{2}x^4 - 2x^3 + \frac{3}{2}x^2 + 2x - 2\right)dx = \left[\frac{1}{10}x^5 - \frac{1}{2}x^4 + \frac{1}{2}x^3 + x^2 - 2x\right]_2^3$
$= \frac{3}{10} - \left(-\frac{4}{5}\right) = \frac{11}{10}$

Damit gilt für die Gesamtfläche A:
$A = A_1 + A_2 + A_3 = \frac{9}{10} + \frac{1}{10} + \frac{11}{10} = \frac{21}{10}$

f) $\int_{-1,5}^0 (x^5 - 3x^3)\,dx = \left[\frac{1}{6}x^6 - \frac{3}{4}x^4\right]_{-1,5}^0 = 0 - \left(-\frac{243}{128}\right) = \frac{243}{128}$

$\int_0^{1,5} (x^5 - 3x^3)\,dx = \left[\frac{1}{6}x^6 - \frac{3}{4}x^4\right]_0^{1,5} = -\frac{243}{128} - 0 = -\frac{243}{128}$

Damit gilt für die Gesamtfläche A: $A = A_1 + A_2 = \frac{243}{128} + \frac{243}{128} = \frac{243}{64}$

Oder mithilfe der Punktsymmetrie: $A = 2 \cdot A_1 = 2 \cdot \frac{243}{128} = \frac{243}{64}$

2 a) Nullstellen: $x_1 = -3$ und $x_2 = 1$
$\int_{-3}^1 (-x^2 - 2x + 3)\,dx = \left[-\frac{1}{3}x^3 - x^2 + 3x\right]_{-3}^1 = \frac{5}{3} - (-9) = \frac{32}{3},\ A = \frac{32}{3}$

b) Nullstellen: $x_1 = -2$ und $x_2 = 3$
$\int_{-2}^3 \left(\frac{1}{2}x^2 - \frac{1}{2}x - 3\right)dx = \left[\frac{1}{6}x^3 - \frac{1}{4}x^2 - 3x\right]_{-2}^3 = -\frac{27}{4} - \frac{11}{3} = -\frac{125}{12},\ A = \frac{125}{12}$

c) Nullstellen: $x_1 = 0$ und $x_2 = 3$
$\int_0^3 (x^3 - 6x^2 + 9x)\,dx = \left[\frac{1}{4}x^4 - 2x^3 + \frac{9}{2}x^2\right]_0^3 = \frac{27}{4} - 0 = \frac{27}{4},\ A = \frac{27}{4}$

d) Nullstellen: $x_1 = 0$ und $x_2 = 1$ und $x_3 = 3$
$\int_0^1 (-x^3 + 4x^2 - 3x)\,dx = \left[-\frac{1}{4}x^4 + \frac{4}{3}x^3 - \frac{3}{2}x^2\right]_0^1 = -\frac{5}{12} - 0 = -\frac{5}{12}$

$\int_1^3 (-x^3 + 4x^2 - 3x)\,dx = \left[-\frac{1}{4}x^4 + \frac{4}{3}x^3 - \frac{3}{2}x^2\right]_1^3 = \frac{9}{4} - \left(-\frac{5}{12}\right) = \frac{8}{3}$
$A = A_1 + A_2 = \frac{5}{12} + \frac{8}{3} = \frac{37}{12}$

e) Nullstellen: $x_1 = -2$ und $x_2 = 0$ und $x_3 = 2$
$\int_{-2}^0 (x^4 - 4x^2)\,dx = \left[\frac{1}{5}x^5 - \frac{4}{3}x^3\right]_{-2}^0 = 0 - \left(\frac{64}{15}\right) = -\frac{64}{15}$

$\int_0^2 (x^4 - 4x^2)\,dx = \left[\frac{1}{5}x^5 - \frac{4}{3}x^3\right]_0^2 = -\frac{64}{15} - 0 = -\frac{64}{15}$,
$A = A_1 + A_2 = \frac{64}{15} + \frac{64}{15} = \frac{128}{15}$

oder mithilfe der Achsensymmetrie: $A = 2 \cdot A_1 = 2 \cdot \frac{64}{15} = \frac{128}{15}$

f) Nullstellen: $x_1 = -2$ und $x_2 = 0$ und $x_3 = 2$
$\int_{-2}^0 (x^5 - 4x^3)\,dx = \left[\frac{1}{6}x^6 - x^4\right]_{-2}^0 = 0 - \left(-\frac{16}{3}\right) = \frac{16}{3}$

$\int_0^2 (x^5 - 4x^3)\,dx = \left[\frac{1}{6}x^6 - x^4\right]_0^2 = -\frac{16}{3} - 0 = -\frac{16}{3}$,
$A = A_1 + A_2 = \frac{16}{3} + \frac{16}{3} = \frac{32}{3}$

oder mithilfe der Punktsymmetrie: $A = 2 \cdot A_1 = 2 \cdot \frac{16}{3} = \frac{32}{3}$

3 a) Nullstellen: $2x^2 - 2x - 24 = 0$; $x_1 = -3$ und $x_2 = 4$

$\int_{-3}^{4}(2x^2 - 2x - 24)\,dx = \left[\frac{2}{3}x^3 - x^2 - 24x\right]_{-3}^{4} = -\frac{208}{3} - 45 = -\frac{343}{3}$, $A = \frac{343}{3}$

b) Nullstellen: $-x^2 - 3x + 4 = 0$; $x_1 = -4$ und $x_2 = 1$

$\int_{-4}^{1}(-x^2 - 3x + 4)\,dx = \left[-\frac{1}{3}x^3 - \frac{3}{2}x^2 + 4x\right]_{-4}^{1} = \frac{13}{6} - \left(-\frac{56}{3}\right) = \frac{125}{6}$, $A = \frac{125}{12}$

c) Nullstellen: $x^3 + x^2 - 6x = 0$; $x_1 = -3$ und $x_2 = 0$ und $x_3 = 2$

$\int_{-3}^{0}(x^3 + x^2 - 6x)\,dx = \left[\frac{1}{4}x^4 + \frac{1}{3}x^3 - 3x^2\right]_{-3}^{0} = 0 - \left(-\frac{63}{4}\right) = \frac{63}{4}$

$\int_{0}^{2}(x^3 + x^2 - 6x)\,dx = \left[\frac{1}{4}x^4 + \frac{1}{3}x^3 - 3x^2\right]_{0}^{2} = -\frac{16}{3} - 0 = -\frac{16}{3}$

$A = A_1 + A_2 = \frac{63}{4} + \frac{16}{3} = \frac{253}{12}$

d) Nullstellen: $x^3 + 5x^2 + 7x + 3 = 0$; $x_1 = -3$ und $x_2 = -1$

$\int_{-3}^{-1}(x^3 + 5x^2 + 7x + 3)\,dx = \left[\frac{1}{4}x^4 + \frac{5}{3}x^3 + \frac{7}{2}x^2 + 3x\right]_{-3}^{-1} = -\frac{11}{12} - \left(-\frac{9}{4}\right) = \frac{4}{3}$,

$A = \frac{4}{3}$

e) Nullstellen: $-x^4 + 9x^2 = 0$; $x_1 = -3$ und $x_2 = 0$ und $x_3 = 3$

$\int_{-3}^{0}(-x^4 + 9x^2)\,dx = \left[-\frac{1}{5}x^5 + 3x^3\right]_{-3}^{0} = 0 - \left(-\frac{162}{5}\right) = \frac{162}{5}$

$\int_{0}^{3}(-x^4 + 9x^2)\,dx = \left[-\frac{1}{5}x^5 + 3x^3\right]_{0}^{3} = \frac{162}{5} - 0 = \frac{162}{5}$

$A = A_1 + A_2 = \frac{162}{5} + \frac{162}{5} = \frac{324}{5}$

oder mithilfe der Achsensymmetrie: $A = 2 \cdot A_1 = 2 \cdot \frac{162}{5} = \frac{324}{5}$

f) Nullstellen: $x^4 - 10x^2 + 9 = 0$; $x_1 = -3$ und $x_2 = -1$ und $x_3 = 1$ und $x_3 = 3$

$\int_{-3}^{-1}(x^4 - 10x^2 + 9)\,dx = \left[\frac{1}{5}x^5 - \frac{10}{3}x^3 + 9x\right]_{-3}^{-1} = -\frac{88}{15} - \frac{72}{5} = -\frac{304}{15}$

$\int_{-1}^{1}(x^4 - 10x^2 + 9)\,dx = \left[\frac{1}{5}x^5 - \frac{10}{3}x^3 + 9x\right]_{-1}^{1} = \frac{88}{15} - \left(-\frac{88}{15}\right) = \frac{176}{15}$

$\int_{1}^{3}(x^4 - 10x^2 + 9)\,dx = \left[\frac{1}{5}x^5 - \frac{10}{3}x^3 + 9x\right]_{1}^{3} = -\frac{72}{5} - \frac{88}{15} = -\frac{304}{15}$

$A = A_1 + A_2 + A_3 = \frac{304}{15} + \frac{176}{15} + \frac{304}{15} = \frac{784}{15}$

oder mithilfe der Achsensymmetrie mit den Intervallen $I = [0; 1]$ und $I = [1; 3]$.

4 a) Nullstellen: $-x + 1 = 0$; $x = 1$

$\int_{-2}^{1}(-x + 1)\,dx = \left[-\frac{1}{2}x^2 + x\right]_{-2}^{1} = \frac{1}{2} - (-4) = 4{,}5$

$\int_{1}^{2}(-x + 1)\,dx = \left[-\frac{1}{2}x^2 + x\right]_{1}^{2} = 0 - \left(\frac{1}{2}\right) = -0{,}5$

$A = A_1 + A_2 = 4{,}5 + 0{,}5 = 5$

b) Nullstellen: $x^2 - 2x + 1 = 0$; $x = 1$

$\int_{1}^{3}(x^2 - 4x + 1)\,dx = \left[\frac{1}{3}x^3 - 2x^2 + x\right]_{1}^{3} = -6 - \left(-\frac{2}{3}\right) = -\frac{16}{3}$ $A = \frac{16}{3}$

c) Nullstellen: $x^3 - x = 0$; $x_1 = -1$ und $x_2 = 0$ und $x_3 = 1$

$\int_{0}^{1}(x^3 - x)\,dx = \left[\frac{1}{4}x^4 - \frac{1}{2}x^2\right]_{0}^{1} = -\frac{1}{4} - 0 = -\frac{1}{4}$

$\int_{1}^{4}(x^3 - x)\,dx = \left[\frac{1}{4}x^4 - \frac{1}{2}x^2\right]_{1}^{4} = 56 - \left(-\frac{1}{4}\right) = \frac{225}{4}$

$A = A_1 + A_2 = \frac{1}{4} + \frac{225}{4} = 56{,}5$

d) Nullstellen: $x^4 - 4x^2 = 0$; $x_1 = -2$ und $x_2 = 0$ und $x_3 = 2$

$\int_{-1}^{0}(x^4 - 4x^2)\,dx = \left[\frac{1}{5}x^5 - \frac{4}{3}x^3\right]_{-1}^{0} = 0 - \left(\frac{17}{15}\right) = -\frac{17}{15}$

$\int_{0}^{1}(x^4 - 4x^2)\,dx = \left[\frac{1}{5}x^5 - \frac{4}{3}x^3\right]_{0}^{1} = -\frac{17}{15} - 0 = -\frac{17}{15}$

$A = A_1 + A_2 = \frac{17}{15} + \frac{17}{15} = \frac{34}{15}$

oder mithilfe der Achsensymmetrie: $A = 2 \cdot A_1 = 2 \cdot \frac{17}{15} = \frac{34}{15}$

e) Nullstellen: $-x^4 - 2x^2 + 3x = 0$; $x_1 = 0$ und $x_2 = 1$

$\int_{-1}^{0}(-x^4 - 2x^2 + 3x)\,dx = \left[-\frac{1}{5}x^5 - \frac{2}{3}x^3 + \frac{3}{2}x^2\right]_{-1}^{0} = 0 - \left(\frac{71}{30}\right) = -\frac{71}{30}$

$\int_{0}^{1}(-x^4 - 2x^2 + 3x)\,dx = \left[-\frac{1}{5}x^5 - \frac{2}{3}x^3 + \frac{3}{2}x^2\right]_{0}^{1} = \frac{19}{30} - 0 = \frac{19}{30}$

$\int_{1}^{2}(-x^4 - 2x^2 + 3x)\,dx = \left[-\frac{1}{5}x^5 - \frac{2}{3}x^3 + \frac{3}{2}x^2\right]_{1}^{2} = -\frac{86}{15} - \frac{19}{30} = -\frac{191}{30}$

$A = A_1 + A_2 + A_3 = \frac{71}{30} + \frac{19}{30} + \frac{191}{30} = \frac{281}{30}$

f) Nullstellen: $x^5 - 3x^3 = 0$; $x_1 = -\sqrt{3}$ und $x_2 = 0$ und $x_3 = \sqrt{3}$

$\int_{0}^{\sqrt{3}}(x^5 - 3x^3)\,dx = \left[\frac{1}{6}x^6 - \frac{3}{4}x^4\right]_{0}^{\sqrt{3}} = -\frac{9}{4} - 0 = -\frac{9}{4}$

$\int_{\sqrt{3}}^{3}(x^5 - 3x^3)\,dx = \left[\frac{1}{6}x^6 - \frac{3}{4}x^4\right]_{\sqrt{3}}^{3} = \frac{243}{4} - \left(-\frac{9}{4}\right) = 63$

$A = A_1 + A_2 = \frac{9}{4} + 63 = \frac{261}{4}$

Flächen zwischen zwei Graphen, Seite 56

1 a) $\int_{a}^{b}(f(x) - g(x))\,dx = \int_{-1}^{2}5\,dx = [5x]_{-1}^{2} = 10 - (-5) = 15$

$A = 15$

b) $\int_{a}^{b}(f(x) - g(x))\,dx = \int_{-1}^{1}\left(\frac{1}{2}x^2 + x + 2\right)dx = \left[\frac{1}{6}x^3 + \frac{1}{2}x^2 + 2x\right]_{-1}^{1}$

$= \frac{8}{3} - \left(-\frac{5}{3}\right) = \frac{13}{3}$ $A = \frac{13}{3}$

c) $\int_{a}^{b}(f(x) - g(x))\,dx = \int_{0}^{2}(-x^2 + 2x - 2)\,dx = \left[-\frac{1}{3}x^3 + x^2 - 2x\right]_{0}^{2}$

$= -\frac{8}{3} - 0 = -\frac{8}{3}$ $A = \frac{8}{3}$

2 a) Schnittstellen: $x_1 = -2$ und $x_2 = 3$

$\int_{a}^{b}(f(x) - g(x))\,dx = \int_{-2}^{3}(-x^2 + x + 6)\,dx = \left[-\frac{1}{3}x^3 + \frac{1}{2}x^2 + 6x\right]_{-2}^{3}$

$= \frac{27}{2} - \left(-\frac{22}{3}\right) = \frac{125}{6}$ $A = \frac{125}{6}$

b) Schnittstellen: $x_1 = -1$ und $x_2 = 0$ und $x_3 = 2$

$\int_{a}^{b}(f(x) - g(x))\,dx = \int_{-1}^{0}(x^3 - x^2 - 2x)\,dx = \left[\frac{1}{4}x^4 - \frac{1}{3}x^3 - x^2\right]_{-1}^{0}$

$= 0 - \left(-\frac{5}{12}\right) = \frac{5}{12}$

$\int_{a}^{b}(f(x) - g(x))\,dx = \int_{0}^{2}(x^3 - x^2 - 2x)\,dx = \left[\frac{1}{4}x^4 - \frac{1}{3}x^3 - x^2\right]_{0}^{2}$

$= -\frac{8}{3} - 0 = -\frac{8}{3}$ $A = A_1 + A_2 = \frac{5}{12} + \frac{8}{3} = \frac{37}{12}$

c) Schnittstellen: $x_1 = -2$ und $x_2 = 0$ und $x_3 = 2$

$\int_{a}^{b}(f(x) - g(x))\,dx = \int_{-2}^{0}(-x^4 + 4x^2)\,dx = \left[-\frac{1}{5}x^5 + \frac{4}{3}x^3\right]_{-2}^{0}$

$= 0 - \left(-\frac{64}{15}\right) = \frac{64}{15}$

$\int_{a}^{b}(f(x) - g(x))\,dx = \int_{0}^{2}(-x^4 + 4x^2)\,dx = \left[-\frac{1}{5}x^5 + \frac{4}{3}x^3\right]_{0}^{2} = \frac{64}{15} - 0 = \frac{64}{15}$

$A = A_1 + A_2 = \frac{64}{15} + \frac{64}{15} = \frac{128}{15}$

oder mithilfe der Achsensymmetrie: $A = 2 \cdot A_1 = 2 \cdot \frac{64}{15} = \frac{128}{15}$

3 a) Schnittstellen: $x^3 - x = 3x$; $x^3 - 4x = 0$; $x_1 = -2$ und $x_2 = 0$ und $x_3 = 2$

$\int_a^b (f(x) - g(x)) \, dx = \int_{-2}^0 (x^3 - 4x) \, dx = \left[\frac{1}{4}x^4 - 2x^2\right]_{-2}^0 = 0 - (-4) = 4$

$\int_a^b (f(x) - g(x)) \, dx = \int_0^2 (x^3 - 4x) \, dx = \left[\frac{1}{4}x^4 - 2x^2\right]_0^2 = -4 - 0 = -4$

$A = A_1 + A_2 = 4 + 4 = 8$

b) Schnittstellen: $x^2 = -x^3 + 3x^2$; $x^3 - 2x^2 = 0$; $x_1 = 0$ und $x_2 = 2$

$\int_a^b (f(x) - g(x)) \, dx = \int_0^2 (x^3 - 2x^2) \, dx = \left[\frac{1}{4}x^4 - \frac{2}{3}x^3\right]_0^2 = -\frac{4}{3} - 0 = -\frac{4}{3}$

$A = \frac{4}{3}$

c) Schnittstellen: $x^3 = 2x^2 + 11x - 12$; $x^3 - 2x^2 - 11x + 12 = 0$; $x_1 = -3$ und $x_2 = 1$ und $x_3 = 4$

$\int_a^b (f(x) - g(x)) \, dx = \int_{-3}^1 (x^3 - 2x^2 - 11x + 12) \, dx$

$= \left[\frac{1}{4}x^4 - \frac{2}{3}x^3 - \frac{11}{2}x^2 + 12x\right]_{-3}^1 = \frac{73}{12} - \left(-\frac{189}{4}\right) = \frac{160}{3}$

$\int_a^b (f(x) - g(x)) \, dx = \int_1^4 (x^3 - 2x^2 - 11x + 12) \, dx$

$= \left[\frac{1}{4}x^4 - \frac{2}{3}x^3 - \frac{11}{2}x^2 + 12x\right]_1^4 = -\frac{56}{3} - \frac{73}{12} = -\frac{74}{3}$

$A = A_1 + A_2 = \frac{160}{3} + \frac{74}{3} = 78$

d) Schnittstellen: $x^4 - 5x^2 = -4$; $x^4 - 5x^2 + 4 = 0$; $x_1 = -2$ und $x_2 = -1$ und $x_3 = 1$ und $x_4 = 2$

$\int_a^b (f(x) - g(x)) \, dx = \int_{-2}^{-1} (x^4 - 5x^2 + 4) \, dx = \left[\frac{1}{5}x^5 - \frac{5}{3}x^3 + 4x\right]_{-2}^{-1}$

$= -\frac{38}{15} - \left(-\frac{16}{15}\right) = -\frac{22}{15}$

$\int_a^b (f(x) - g(x)) \, dx = \int_{-1}^1 (x^4 - 5x^2 + 4) \, dx = \left[\frac{1}{5}x^5 - \frac{5}{3}x^3 + 4x\right]_{-1}^1$

$= \frac{38}{15} - \left(-\frac{38}{15}\right) = \frac{76}{15}$

$\int_a^b (f(x) - g(x)) \, dx = \int_1^2 (x^4 - 5x^2 + 4) \, dx = \left[\frac{1}{5}x^5 - \frac{5}{3}x^3 + 4x\right]_1^2$

$= \frac{16}{15} - \frac{38}{15} = -\frac{22}{15}$

$A = A_1 + A_2 + A_3 = \frac{22}{15} + \frac{76}{15} + \frac{22}{15} = 8$

Anwendungen, Seite 58

1 a) kW · h = kWh; Bedeutung: Energie (z.B. Strom)
b) Einheit der Fläche: $\frac{l}{min} \cdot min$; Bedeutung: Volumen in Liter (z.B. Tankinhalt)
c) Einheit der Fläche: $\frac{km}{h} \cdot h = km$; Bedeutung: Strecke in km
d) Einheit der Fläche: $m^2 \cdot m = m^3$; Bedeutung: Volumen in m^3
e) Einheit der Fläche: $\frac{€}{d} \cdot d = €$; Bedeutung: Geld (z.B. Lohn)

2 a) Die Einheit der Fläche ist $\frac{Hasen}{Monat} \cdot Monat = Hasen$.

Die Fläche gibt also die Zahl der (neu) geborenen Hasen an.

b) Dann sterben mehr Hasen als geboren werden.

c) $10 + \int_0^4 (x^3 - 10x^2 + 24x) \, dx = 10 + \left[\frac{1}{4}x^4 - \frac{10}{3}x^3 + 12x^2\right]_0^4$

$= 10 + (42,\overline{6} - 0) = 52,\overline{6}$; es gibt 52 Hasen.

d) $10 + \int_0^6 (x^3 - 10x^2 + 24x) \, dx = 10 + \left[\frac{1}{4}x^4 - \frac{10}{3}x^3 + 12x^2\right]_0^6$

$= 10 + (36 - 0) = 46$; es gibt 46 Hasen.

e) Zunächst sind die Vermehrungsbedingungen, z.B. aufgrund von Nahrungsmittelüberfluss, günstig. Ab ca. 1,5 Monaten nimmt die Geburtenrate ab, was auf zwischenzeitlichen Nahrungsmangel oder Raubtiere zurückzuführen sein könnte. Von Monat 4 bis Monat 6 sterben mehr Hasen als geboren werden, es könnte also Winter geworden sein und kaum Nahrung zur Verfügung stehen.

3 a) Bestimmung der Fläche der Wand:
$A = 4,5 \, m \cdot 2,5 \, m = 11,25 \, m^2$
Bestimmung der Fläche zwischen Kurve und x-Achse:
$\int_0^{4,5} (5x^3 - 30x^2 + 40x + 130) \, dx = \left[\frac{5}{4}x^4 - 10x^3 + 20x^2 + 130x\right]_0^{4,5}$
$= 591,\overline{3} \, FE$
$591,\overline{3} \, cm \cdot m = 5,91\overline{3} \, m^2$
Für die orangene Fläche gilt: $A_o = 5,913 \, m^2$
Damit gilt für die graue Fläche: $A_g = 11,25 \, m^2 - 5,913 \, m^2 = 5,337 \, m^2$.
Es werden knapp 1,2 Liter orangene und knapp 1,1 Liter graue Farbe gebraucht.

b) $\frac{5,913 \, m^2}{4,5 \, m} = 1,314 \, m$. Der waagerechte Strich müsste bei 1,314 m gezogen werden.

4 $\int_0^6 (-29,6x^4 + 322,25x^3 - 1264,4x^2 + 1755x + 250) \, dx$

$= [-5,38x^5 + 80,5625x^4 - 421,47x^3 + 877,5x^2 + 250x]_0^6 \approx 4627 \, FE$,
also 4627 km.

5 a) $\int_0^5 f(x) \, dx = \left[\frac{1}{4}x^4 - 4x^3 + 17,5x\right]_0^5 = 93,75 \, FE$, also befindet sich dann 93,75 Liter Wasser in der Wanne.

b) Nullstellen des Graphen: $x^3 - 12x^2 + 35x = 0$, also $x_1 = 0$; $x_2 = 5$; $x_3 = 7$. Das bedeutet: Am Anfang, zum Zeitpunkt 5 Minuten und zum Zeitpunkt 7 Minuten fließt kein Wasser in die Wanne bzw. aus der Wanne.

c) $\int_0^7 f(x) \, dx = \left[\frac{1}{4}x^4 - 4x^3 + 17,5x\right]_0^7 = 85,75 \, FE$

d) Die Wanne ist zu diesem Zeitpunkt mit 85,75 Litern gefüllt.

6 a) Bestimmung der Schnittstellen:
$f(x) = g(x)$, also $x^3 - 3x^2 - 18x + 40 = x^2 + 13x - 30$,
also $x^3 - 4x^2 - 31x + 70 = 0$; eine Schnittstelle ist $x = 2$;
Polynomdivision:
$(x^3 - 4x^2 - 31x + 70) : (x - 2) = x^2 - 2x - 35$;
$x^2 - 2x - 35 = 0$ für $x = -5$ oder $x = 7$

$\int_{-5}^2 (x^3 - 4x^2 - 31x + 70) \, dx = \left[\frac{1}{4}x^4 - \frac{4}{3}x^3 - \frac{31}{2}x^2 + 70x\right]_{-5}^2$

$\approx 71,33 - (-414,58) = 485,91$;

$\int_2^7 (x^3 - 4x^2 - 31x + 70) \, dx = \left[\frac{1}{4}x^4 - \frac{4}{3}x^3 - \frac{31}{2}x^2 + 70x\right]_2^7$

$\approx -126,58 - (71,33) = -197,91$.
Fläche: $A \approx 485,91 + 197,91 = 683,82$
Die Fläche ist also $683,82 \cdot 10 \, m \cdot m = 6838,2 \, m^2$ groß und kostet $6838,2 \, m^2 \cdot 5 \, €/m^2 = 34191 \, €$.

b) Der Verkäufer hat vermutlich gerechnet:

$\int_{-5}^7 (x^3 - 4x^2 - 31x + 70) \, dx = \left[\frac{1}{4}x^4 - \frac{4}{3}x^3 - \frac{31}{2}x^2 + 70x\right]_{-5}^7$

$\approx -126,58 - (-414,58) = 288$. Er hat also die Flächenbilanz gezogen, statt abschnittsweise zu integrieren.

7 a) Schnittpunkte der Kurven: f(x) = g(x);
$30x^2 - 60x + 100 = x^3 - 34,5x^2 + 212x - 20$,
also $x^3 - 64,5x^2 + 272x - 120 = 0$;
abgelesen: x = 4, durch Probieren überprüft; keine weiteren Schnittstellen im Definitionsbereich vorhanden.
Fläche: $\int_1^4 (g(x) - f(x))\,dx = [\frac{1}{4}x^4 - 21,5x^3 + 136x^2 - 120x]_1^4 = 389,25$ FE,
also 389 250 m²

b) Wasservolumen: 389 250 m² · 15 m = 5 838 750 m³
Also würde der Vorrat für $\frac{5\,838\,750\,m^3}{46\,000\,m^3/\text{Tag}} \approx 127$ Tage reichen.

8 $\int_0^6 (3x^2 - 16x + 40)\,dx = [x^3 - 8x^2 + 40x]_0^6 = 168 - 0 = 168$.
Die Gesamtkosten bei 600 Stück betragen 168 000 €.

9 a) Nullstellen von G': $-0,5x^3 + 0,5x^2 + 10x = 0$; abgelesen und durch Einsetzen überprüft: x = 0; x = 5
Weitere Nullstellen liegen außerhalb des Definitionsbereichs.
Das heißt, bei Produktionsmengen von 0 bzw. 50 000 Stück ist der Gewinn pro 10 000 Stück 0 €.
b) Pro produziertem Stück wird im Bereich von x = 5 bis x = 6 Verlust gemacht.
c) $\int_0^6 (-0,5x^3 + 0,5x^2 + 10x)\,dx = [-\frac{1}{8}x^4 - \frac{1}{6}x^3 + 5x^2]_0^6 \approx 54$,
also 54 000 € Gewinn.
d) $\int_0^5 (-0,5x^3 + 0,5x^2 + 10x)\,dx = [-\frac{1}{8}x^4 - \frac{1}{6}x^3 + 5x^2]_0^5 = 67,71$,
also 67 710 € Gewinn.

Test, Seite 60

1 a) $F(x) = x^2$ b) $F(x) = \frac{1}{4}x^2 + x$
c) $F(x) = \frac{1}{3}x^3 + 3x^2 - 3x$ d) $F(x) = 6x$
e) $F(x) = \frac{1}{10}x^5 + \frac{1}{20}x^4 + \frac{1}{30}x^3$ f) $F(x) = \frac{1}{12}x^4 + \frac{1}{2}x^3 + \frac{1}{8}x^2 - \frac{5}{6}x$

2 (a) (B); (b) (C); (c) (E); (d) (F)

3 a) Nullstellen: $-0,5x^2 + 2 = 0$; $x_1 = -2$ und $x_2 = 2$
$\int_{-2}^2 (-0,5x^2 + 2)\,dx = [-\frac{1}{6}x^3 + 2x]_{-2}^2 = \frac{8}{3} - (-\frac{8}{3}) = \frac{16}{3}$
$\int_2^4 (-0,5x^2 + 2)\,dx = [-\frac{1}{6}x^3 + 2x]_2^4 = -\frac{8}{3} - \frac{8}{3} = -\frac{16}{3}$
$A = A_1 + A_2 = \frac{16}{3} + \frac{16}{3} = \frac{32}{3}$

b) Nullstellen: $x^3 + x^2 - 2x = 0$; $x_1 = -2$ und $x_2 = 0$ und $x_3 = 1$
$\int_{-1}^0 (x^3 + x^2 - 2x)\,dx = [\frac{1}{4}x^4 + \frac{1}{3}x^3 - x^2]_{-1}^0 = 0 - (-\frac{13}{12}) = \frac{13}{12}$
$\int_0^1 (x^3 + x^2 - 2x)\,dx = [\frac{1}{4}x^4 + \frac{1}{3}x^3 - x^2]_0^1 = -\frac{5}{12} - 0 = -\frac{5}{12}$
$\int_1^2 (x^3 + x^2 - 2x)\,dx = [\frac{1}{4}x^4 + \frac{1}{3}x^3 - x^2]_1^2 = \frac{8}{3} - (-\frac{5}{12}) = \frac{37}{12}$
$A = A_1 + A_2 + A_3 = \frac{13}{12} + \frac{5}{12} + \frac{37}{12} = \frac{55}{12}$

4 a) Nullstellen: $2x^4 - 2x^2 = 0$; $x_1 = -1$ und $x_2 = 0$ und $x_3 = 1$
$\int_{-1}^0 (2x^4 - 2x^2)\,dx = [\frac{2}{5}x^5 - \frac{2}{3}x^3]_{-1}^0 = 0 - \frac{4}{15} = -\frac{4}{15}$
$\int_0^1 (2x^4 - 2x^2)\,dx = [\frac{2}{5}x^5 - \frac{2}{3}x^3]_0^1 = -\frac{4}{15} - 0 = -\frac{4}{15}$

$A = A_1 + A_2 = \frac{4}{15} + \frac{4}{15} = \frac{8}{15}$
oder mithilfe der Achsensymmetrie: $A = 2 \cdot A_1 = 2 \cdot \frac{4}{15} = \frac{8}{15}$

b) Nullstellen: $x^3 - 5x^2 - 2x + 24 = 0$; $x_1 = -2$ und $x_2 = 3$ und $x_3 = 4$
$\int_{-2}^3 (x^3 - 5x^2 - 2x + 24)\,dx = [\frac{1}{4}x^4 - \frac{5}{3}x^3 - x^2 + 24x]_{-2}^3$
$= \frac{153}{4} - (-\frac{104}{3}) = \frac{875}{12}$
$\int_3^4 (x^3 - 5x^2 - 2x + 24)\,dx = [\frac{1}{4}x^4 - \frac{5}{3}x^3 - x^2 + 24x]_3^4$
$= \frac{112}{3} - \frac{153}{4} = -\frac{11}{12}$
$A = A_1 + A_2 = \frac{875}{12} + \frac{11}{12} = \frac{443}{6}$

5 $\int_a^b f(x)\,dx = \int_0^{24} (-x^2 + 20x + 100)\,dx = [-\frac{1}{3}x^3 + 10x^2 + 100x]_0^{24}$
$= 3552 - 0 = 3552$
An diesem Tag werden insgesamt 3552 m³ Abgase ausgestoßen.

6 a) $\int_{-2}^0 (x^3 - 4x)\,dx = [\frac{1}{4}x^4 - 2x^2]_{-2}^0 = -4 - (-4) = 0$

b) Ja, die Bestimmung des Integralwertes ist auch ohne Rechnung möglich. Die Funktion ist punktsymmetrisch und die Intervalle rechts und links von der y-Achse sind gleich groß. Somit muss der Integralwert von −2 bis 2 null ergeben.

c) Nullstellen: x = 0;
$\int_{-2}^0 (x^3 - 4x)\,dx = [\frac{1}{4}x^4 - 2x^2]_{-2}^0 = 0 - (-4) = 4$
$\int_0^2 (x^3 - 4x)\,dx = [\frac{1}{4}x^4 - 2x^2]_0^2 = -4 - 0 = -4$
$A = A_1 + A_2 = 4 + 4 = 8$

7 a) Graph:

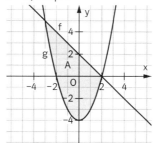

b) Schnittstellen: $-x + 2 = x^2 - 4$; $-x^2 - x + 6 = 0$;
$x_1 = -3$ und $x_2 = 2$

$\int_a^b (f(x) - g(x))\,dx = \int_{-3}^2 (-x^2 - x + 6)\,dx = [-\frac{1}{3}x^3 - \frac{1}{2}x^2 + 6x]_{-3}^2$
$= \frac{22}{3} - (-\frac{27}{2}) = \frac{125}{6}$ $A = \frac{125}{6}$ FE

8 Schnittstellen: $x^3 + 2x^2 = x + 2$; $x^3 + 2x^2 - x - 2 = 0$;
$x_1 = -2$ und $x_2 = -1$ und $x_3 = 1$
$\int_a^b (f(x) - g(x))\,dx = \int_{-2}^{-1} (x^3 + 2x^2 - x - 2)\,dx = [\frac{1}{4}x^4 + \frac{2}{3}x^3 - \frac{1}{2}x^2 - 2x]_{-2}^{-1}$
$= \frac{13}{12} - \frac{2}{3} = \frac{5}{12}$
$\int_a^b (f(x) - g(x))\,dx = \int_{-1}^1 (x^3 + 2x^2 - x - 2)\,dx = [\frac{1}{4}x^4 + \frac{2}{3}x^3 - \frac{1}{2}x^2 - 2x]_{-1}^1$
$= -\frac{19}{12} - \frac{13}{12} = -\frac{8}{3}$
$A = A_1 + A_2 = \frac{5}{12} + \frac{8}{3} = \frac{37}{12}$

IV Exponentialfunktionen

Die Funktion mit f(x) = c · aˣ, Seite 61

1 a) h(x); b) g(x); c) f(x)

2 a)
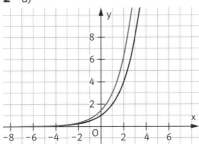

b)
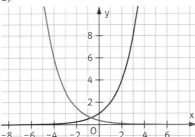

c)
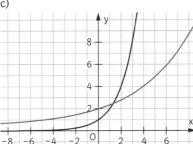

3 a) a = 100 % + 20 % = 1 + 0,2 = 1,2
b) a = 100 % − 10 % = 1 − 0,1 = 0,9
c) a = 100 % + 3 % = 1 + 0,03 = 1,03

4 a) f(x) = 250 · 1,3ˣ
b) f(30) ≈ 654 999

5 g(x) = 645 000 · 0,7ˣ; g(30) ≈ 15

6 f(x) = 1200 · 1,05ˣ; c = 1200; 5 % Wachstum
g(x) = 400 · 0,95ˣ; c = 400; 5 % Abnahme
h(x) = 30 · 1,4ˣ; c = 30; 40 % Wachstum
i(x) = 125 · 0,6ˣ; c = 125; 40 % Abnahme

7 a) f(x) = 256 · 0,5ˣ; f(8) = 1.
Nach acht Tagen ist die Aktie nur noch 1 € wert.
b) Wenn die Aktie zunächst täglich um 50 % fällt, muss sie sich anschließend täglich verdoppeln, um in der gleichen Zeit wieder auf den Ausgangswert zu kommen. Deshalb gilt: a = 2 und damit g(x) = 1 · 2ˣ; g(8) = 256.

8 a) a = 3; f(x) = 3ˣ
b) a = $\frac{1}{3}$; f(x) = 3⁻ˣ
c) f(3) = 3,375; a³ = 3,375; a = 1,5; f(x) = 1,5ˣ
d) c · a¹⁷ = 1947,9; a = 1,04; c = 1000; f(x) = 1000 · 1,04ˣ

e) f(3) = 125; c · a³ = 125; c = $\frac{125}{a^3}$; f(5) = 31,25; c · a⁵ = 31,25;
$\frac{125}{a^3}$ · a⁵ = 31,25; a = 0,5; c = 1000; f(x) = 1000 · 0,5ˣ
f) f(1) = 4,2; c · a¹ = 4,2; c = $\frac{4,2}{a}$; f(4) = 11,5248; c · a⁴ = 11,5248;
$\frac{4,2}{a}$ · a⁴ = 11,5248; a = 1,4; c = 3; f(x) = 3 · 1,4ˣ

9 P(4|12 155,06), Q(7|14 071), f(x) = caˣ, also 12 155,06 = ca⁴,
also c = $\frac{12\,155,06}{a^4}$
(1) 14 071 = ca⁷
Einsetzen von c in (1): 14 071 = $\frac{12\,155,06}{a^4}$ · a⁷ = 12 155,06 a³, also
a = 1,05 und damit c = 10 000; f(x) = 10 000 · 1,05ˣ
Ursprünglicher Schuldenstand: 10 000 €; Verzinsung: 5 %

Die e-Funktion – Ableiten und Integrieren der Exponentialfunktion, Seite 63

1 a) e⁵   b) e⁻³⁺⁵ = e²
c) (4 · 5 · e)² = 400 e²   d) e⁴ · e⁻¹ = e⁴⁻¹ = e³
e) 0,3 e⁴⁺² = 0,3 e⁶   f) e³·² = e⁶

2 a) 2x = 2, also x = 1   b) eˣ = e¹, also x = 1
c) e⁻¹ = eˣ, also x = −1   d) −3x = 2x + 5, also x = −1
e) 2x + 2 = 4, also x = 1   f) 4 = x², also x = 2 oder x = −2

3 a) f′(x) = 3eˣ; F(x) = 3eˣ
b) f′(x) = eˣ⁻⁹; F(x) = eˣ⁻⁹
c) f′(x) = −1,5 e⁰·⁵ˣ⁻⁶; F(x) = −6 e⁰·⁵ˣ⁻⁶
d) f′(x) = −8 e⁻²ˣ⁺³; F(x) = −2 e⁻²ˣ⁺³
e) f′(x) = 2 e²ˣ⁺⁵; F(x) = 0,5 e²ˣ⁺⁵

4 f′(x) = 1,5 eˣ
a) Tangente in P: m = f′(0,5) = 1,5 e⁰·⁵ ≈ 2,473;
t: y = 2,473(x − 0,5) + 2,473, also y = 2,473x + 1,237
b) Tangente in Q: m = f′(−1) = 1,5 e⁻¹ ≈ 0,552;
t: y = 0,552(x + 1) + 0,552, also y = 0,552x + 1,104
Skizze

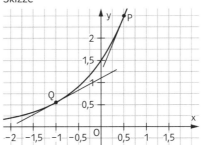

5 a) A = $\int_{-1}^{1}$ eˣ dx = [eˣ]₋₁¹ = e¹ − e⁻¹ ≈ 2,35 FE
b) A = $\int_{-4}^{1}$ e⁰·⁵ˣ⁺¹ dx = [2 e⁰·⁵ˣ⁺¹]₋₄¹ = (2 e¹·⁵ − 2 e⁻¹) ≈ 8,23 FE

6 a) f′(x) = eˣ + 1; f″(x) = eˣ
b) f′(1) = e + 1 ≈ 3,72; f′(0) = e⁰ + 1 = 1 + 1 = 2;
f′(−1) = e⁻¹ + 1 ≈ 1,37
c) Tangente in P: m = f′(1) ≈ 3,72; t: y = 3,72(x − 1) + 3,72,
also y = 3,72 x;
Tangente in Q: m = f′(0) = 2; t: y = 2(x − 0) + 1, also y = 2x + 1
d) Da die Ableitung f′(x) für alle x größer als null ist, kann der Graph keine Extrempunkte besitzen.

7 a) f(x) = eˣ − 1;   b) f(x) = eˣ⁻³;
c) f(x) = 0,5 eˣ;   d) f(x) = 2 eˣ⁺⁰·⁵

8 a) Durch eine Verschiebung in x-Richtung um 5.
b) Durch eine Verschiebung in y-Richtung um −3.
c) Durch eine Streckung in y-Richtung mit dem Streckfaktor 2 und eine anschließende Verschiebung in x-Richtung um −5.
d) Durch eine Verschiebung in x-Richtung um −3 und eine anschließende Spiegelung an der x-Achse.
e) Durch eine Spiegelung an der x-Achse und eine anschließende Verschiebung in y-Richtung um 2.
f) Durch eine Spiegelung an der y-Achse und eine anschließende Verschiebung in y-Richtung um −2.

Natürlicher Logarithmus – Exponentialgleichungen, Seite 65

1 $\ln(e^{2x} \cdot 3^x) = 2x + x \cdot \ln(3) = x \cdot (2 + \ln(3))$

$\ln\left(\frac{e^{2x}}{e^x}\right) = 2x \cdot \ln(e) − x \cdot \ln(e) = x$

$\ln(e^x \cdot e^{2x}) = x \cdot \ln(e) + 2x \cdot \ln(e) = 3x$

$\ln\left(\frac{4^x}{e^x}\right) = x \cdot \ln(4) − x = x \cdot (\ln(4) − 1)$

$\ln(6^x) = x \cdot \ln(6)$

$\ln(3^{2x} \cdot e^x) = 2x \cdot \ln(3) + x = x \cdot (2 \cdot \ln(3) + 1)$

2 a) $e^x = 3^{2x}$, also $\ln(e^x) = \ln(3^{2x})$, damit $x = 2x \cdot \ln(3)$, also $x = 0$ oder $1 = 2 \cdot \ln(3)$ (keine Lösung); Schnittpunkt: $(0 | 1)$
b) $f'(x) = 2e^x$; $2e^x = e$, also $\ln(2) + x \cdot \ln(e) = \ln(e)$, also $x = 1 − \ln(2) \approx 0{,}3069$

3 a) $x = 5$; b) $c = 87$; c) $a = 5$

4 a) $x = \ln(5) \approx 1{,}6094$
b) $\ln(4^x) = x\ln(4) = \ln(32)$, also $x = \frac{\ln(32)}{\ln(4)} = 2{,}5$
c) $e^x = 2$, also $x = \ln(2) \approx 0{,}6931$
d) $x = 2x − 2$, also $x = 2$
e) $\ln(e^{2x-5}) = \ln(2 \cdot e^{4x})$, also $2x − 5 = \ln(2) + 4x$ und damit $x = \frac{-5 - \ln(2)}{2} \approx -2{,}8466$

5 a) $a = 1{,}0025$; Zinssatz: $0{,}25\%$; $f(x) = 7000 \cdot 1{,}0025^x$
b) $g(x) = 7000 \cdot 1{,}025^x$; $f(8) = 8528{,}82$ (€)

6 a) 8,227 Mrd.
b) $f(x) = 4{,}033 \cdot \sqrt[36]{\frac{7}{4{,}033}}^x = 4{,}033 \cdot 1{,}0155^x$
c) 2050: 12,73 Mrd; 2100: 27,4 Mrd. Die Grenze ist durch den verfügbaren Platz und die verfügbaren Ressourcen gegeben. Das (exponentielle) Wachstum kann nicht über diese natürlichen Schranken hinaus gehen.

7 a) $a = \sqrt[8]{\frac{369}{250}} \approx 1{,}05$; $f(x) = 250 \cdot 1{,}05^x$; $x \in [0, 17]$
b) $f(17) = 573$; $573 \cdot a^2 = 173$, $a = \sqrt{\frac{173}{573}} \approx 0{,}55$;
$g(x) = 573 \cdot 0{,}55^{(x-17)}$; $x \in (17, 19]$
Der Bestand sinkt um 45% pro Stunde.
c)

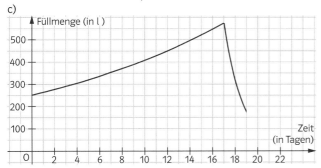

8 a) $f(x) = e^{\ln(5) \cdot x}$; $f'(x) = \ln(5) \cdot e^{\ln(5) \cdot x} = \ln(5) \cdot 5^x$;
$F(x) = \frac{1}{\ln(5)} e^{\ln(5) \cdot x} = \frac{1}{\ln(5)} \cdot 5^x$
b) $f(x) = e^{\ln(0{,}95) \cdot x}$; $f'(x) = \ln(0{,}95) \cdot e^{\ln(0{,}95) \cdot x} = \ln(0{,}95) \cdot 0{,}95^x$;
$F(x) = \frac{1}{\ln(0{,}95)} e^{\ln(0{,}95) \cdot x} = \frac{1}{\ln(0{,}95)} \cdot 0{,}95^x$
c) $f(x) = e^{2 \cdot \ln(1{,}05) \cdot x}$;
$f'(x) = 2 \cdot \ln(1{,}05) \cdot e^{2 \cdot \ln(1{,}05) \cdot x} = 2 \cdot \ln(1{,}05) \cdot 1{,}05^{2x}$;
$F(x) = \frac{1}{2 \cdot \ln(1{,}05)} e^{2 \cdot \ln(1{,}05) \cdot x} = \frac{1}{2 \cdot \ln(1{,}05)} \cdot 1{,}05^{2x}$
d) $f(x) = e^{\ln(a) \cdot x}$; $f'(x) = \ln(a) \cdot e^{\ln(a) \cdot x} = \ln(a) \cdot a^x$;
$F(x) = \frac{1}{\ln(a)} e^{\ln(a) \cdot x} = \frac{1}{\ln(a)} \cdot a^x$

9 a) $2 = c$ und $e^4 = 2 \cdot e^{4m}$, also $4 = \ln(2) + 4m$, also $m = \frac{4 - \ln(2)}{4}$, also $f(x) = 2 \cdot e^{\frac{4 - \ln(2)}{4}x}$
b) $f'(x) = mc \cdot e^{mx}$; $5 = c$ und $5m \cdot e^{0 \cdot m} = 8$, also $5m = 8$, also $m = 1{,}6$, also $f(x) = 5 \cdot e^{1{,}6x}$
c) $c = 3$ und $3m \cdot e^{0 \cdot m} = 3 \cdot \ln(2)$, also $m = \ln(2)$, also $f(x) = 3 \cdot e^{\ln(2) \cdot x} = 3 \cdot 2^x$

10 a) $2^x = e^{\ln(2)x}$; $3^{-x} = e^{-\ln(3)x}$
Exponentenvergleich: $\ln(2)x = -\ln(3)x$, also $x = 0$; $S(0|1)$
b) $3^{x-4} = e^{\ln(3)(x-4)}$; $0{,}5^x = e^{\ln(0{,}5)x}$;
Exponentenvergleich: $\ln(3)(x − 4) = \ln(0{,}5)x$, also $x(\ln(3) − \ln(0{,}5)) = 4\ln(3)$, also $x \approx 2{,}45$; $S(2{,}45 | 0{,}18)$
c) $5^{-0{,}2x} = e^{-0{,}2\ln(5)x}$; $1{,}5^{(x+3)} = e^{\ln(1{,}5)(x+3)}$;
Exponentenvergleich: $-0{,}2\ln(5)x = \ln(1{,}5)(x + 3)$, also $x(-0{,}2\ln(5) - \ln(1{,}5)) = 3\ln(1{,}5)$, also $x = -1{,}67$; $S(-1{,}67 | 1{,}71)$
Mit den Funktionstermen zur Basis e kann die Suche nach den Schnittstellen direkt durch Exponentenvergleich erfolgen.

Berühren – Untersuchungen mit Exponentialfunktionen, Seite 67

1 a) → 2) Begründung: f hat Tiefpunkt bei $x \approx 1{,}5$, also hat f' dort eine Nullstelle mit VZW von − nach +; Steigung von f zunächst negativ, ab $x \approx 1{,}5$ positiv
b) → 3) Begründung: Steigung zunächst nahe 0, dann negativ und immer steiler abfallend;
c) → 1) Begründung: f hat Hochpunkt bei $x \approx 1$, also hat f' dort eine Nullstelle mit VZW von + nach −; Steigung von f zunächst positiv, ab $x \approx 1$ dann negativ
d) → 4) Begründung: Steigung zunächst stark negativ, dann nahe 0 gehend

2 a) $f(0) = -4$; $e^x - 5 = 0$, also $x = \ln(5)$;
$f(x) \to \infty$ für $x \to \infty$; $f(x) \to -5$ für $x \to \infty$

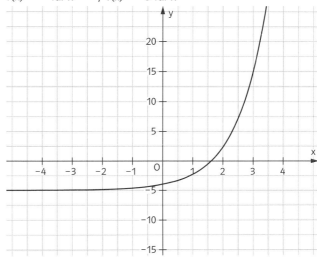

Lösungen Kapitel IV 119

b) f(0) = 2,5; 0,5e⁻ˣ + 2 = 0 hat keine Lösungen;
f(x) → 2 für x → ∞; f(x) → ∞ für x → −∞

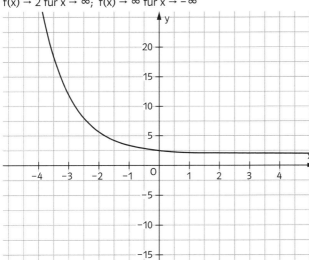

c) f(0) = e − 1 ≈ 1,71828; −e^{2x} + e = 0, also 2x = 1, also x = 0,5;
f(x) → −∞ für x → ∞; f(x) → e für x → −∞

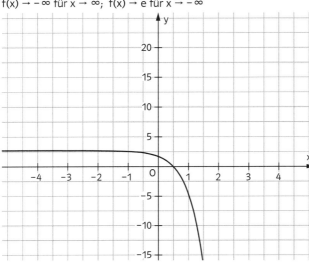

d) f(0) = 6; 5 + 3ˣ = 0 hat keine Lösungen;
f(x) → ∞ für x → ∞; f(x) → 5 für x → −∞

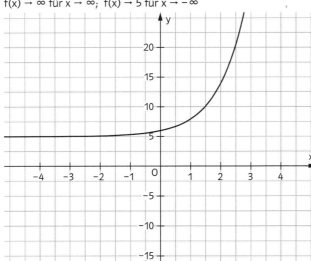

3 a) f'(x) = eˣ − e; f''(x) = eˣ; f'''(x) = eˣ
Extrema: f'(x) = 0: eˣ − e = 0, also x = 1;
f''(1) = e > 0, daher Tiefpunkt von f(x) bei x = 1; T(1 | 0);
Wendepunkte: f''(x) = 0: eˣ = 0, also keine Nullstellen, da eˣ > 0 für alle x, also keine Wendepunkte
b) f'(x) = 1 − e⁻ˣ; f''(x) = e⁻ˣ; f'''(x) = −e⁻ˣ
Extrema: f'(x) = 0: 1 − e⁻ˣ = 0, also x = 0;
f''(0) = 1 > 0, daher Tiefpunkt von f(x) bei x = 0; T(0 | 1);
Wendepunkte: f''(x) = 0: e⁻ˣ = 0, also keine Nullstellen, da e⁻ˣ > 0 für alle x, also keine Wendepunkte
c) f'(x) = 2eˣ + e⁻ˣ; f''(x) = 2eˣ − e⁻ˣ; f'''(x) = 2eˣ + e⁻ˣ
Extrema: f'(x) = 0: 2eˣ + e⁻ˣ = 0, also ln(2) + x − x = 0 keine Lösung, also keine Extrema;
Wendepunkte: f''(x) = 0: 2eˣ − e⁻ˣ = 0, also ln(2) + x + x = 0,
also x = $\frac{-\ln(2)}{2}$ ≈ −0,35;
f'''(−0,35) ≈ 2,83 > 0, daher Wendepunkt von f(x) bei x = $\frac{-\ln(2)}{2}$;
W(≈ −0,35 | 0)
d) f'(x) = −2 + 0,2eˣ; f''(x) = 0,2eˣ; f'''(x) = 0,2eˣ
Extrema: f'(x) = 0: −2 + 0,2eˣ = 0, also x = ln(10);
f''(ln(10)) = 2 > 0, daher Tiefpunkt von f(x) bei x = ln(10);
T(ln(10) ≈ 2,3 | ln(10) + 2 ≈ 4,3);
Wendepunkte: f''(x) = 0: 0,2eˣ = 0, also keine Nullstellen, da eˣ > 0 für alle x, also keine Wendepunkte

4 a) f(0) = e³ ≈ 401,7; f'(x) = 10 − 20e^{3−x};
f''(x) = 20e^{3−x}; f'''(x) = −20e^{3−x};
Extrema: f'(x) = 0: 10 − 20e^{3−x} = 0, also x = 3 − ln(0,5) ≈ 3,69;
f''(3,69) = 10 > 0, daher Tiefpunkt von f(x) bei x ≈ 3,69;
T(3,69 | 46,9).
Wendepunkte: f''(x) = 0: 20e^{3−x} = 0, also keine Lösung, da e^{3−x} > 0 für alle x und daher keine Wendepunkte.
Unendlichkeitsverhalten: $\lim_{x \to \infty}$ f(x) = ∞; $\lim_{x \to -\infty}$ f(x) = ∞
Skizze:

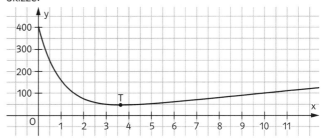

b) Tangente: f'(3) = −10.
Einsetzen von P(3 | 50) in Punkt-Steigungsform:
50 = −10 · 3 + b, also b = 80: y_t = −10x + 80;
Normale: Steigung $m_n = \frac{-1}{m_t}$, also m_n = 0,1.
Einsetzen von P in Punkt-Steigungsform:
50 = 0,1 · 3 + b, also b = 49,7; y_n = 0,1x + 49,7

Exponentielle Wachstums- und Zerfallsprozesse, Seite 68

1 a) Wachstumsfaktor a = 1 + 0,03 = 1,03
b) Wachstumsfaktor a = 1 − 0,2 = 0,8
c) Wachstumsfaktor a = 1 − 0,04 = 0,96
d) Wachstumsfaktor a = 1 + 0,1 = 1,1

2 a) c = 45; a = 3; f(t) = 45 · 3^t = 45 · e^{ln(3)t} = 45 · e^{1,0986 t};
f(6) = 32 803
b) c = 180; a = 0,5; f(t) = 180 · 0,5^t = 180 · e^{−0,6931t}; f(6) = 2,81
c) c = 1,5; a = 1,15; f(t) = 1,5 · 1,15^t = 1,5 · e^{0,1398t}; f(6) = 3,47
d) c = 500; a = $\frac{5}{6}$; f(t) = 500 · $\left(\frac{5}{6}\right)^t$ = 500 · e^{−0,1823t}; f(6) = 167,5

3 a) China: c(x) = 1972 · 1,096^x = 1972 · e$^{\ln(1,096) \cdot x}$;
Deutschland: d(x) = 36646 · 1,013^x = 36646 · e$^{\ln(1,013) \cdot x}$

b) 1972 · 1,096^x = 36646 · 1,013^x, also $\frac{1,096^x}{1,013^x} = \frac{36646}{1972}$, also

x · ln(1,096) − x · ln(1,013) = x(ln(1,096) − ln(1,013)) ≈ 2,922 und damit x ≈ 37,1 Jahre.
Bei gleichbleibendem Wachstum wäre Chinas BIP pro Einwohner nach ca. 37 Jahren so groß wie das deutsche.

4 a) f(x) = 400 · 0,5^x f(t) = 400 · $0,5^{\frac{t}{28}}$ = 400 · $\sqrt[28]{0,5^t}$
≈ 400 · 0,9755^t ≈ 400 · e$^{-0,0248\,t}$

b) 400 · $0,5^{\frac{t}{28}}$ = 35, also $\frac{t}{28}$ · ln(0,5) = ln$\left(\frac{35}{400}\right)$, also t ≈ 98,4 Jahre

5 a)

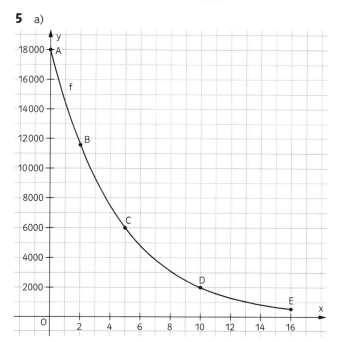

Funktionstyp: Exponentieller Zerfall

b) Wachstumsfaktor a = $\sqrt[16]{\frac{535}{18000}}$ ≈ 0,803;
19,7% jährlicher Rückgang; f(x) = 18000 · 0,803^x

c) 9320 = 18000 · 0,803^x, also x = $\frac{\ln\left(\frac{9320}{18000}\right)}{\ln(0,803)}$ ≈ 3. Also waren nach etwa 3 Jahren nur noch 9320 Rentiere vorhanden.

d) 18000 · 0,803^x = 9000, also 0,803^x = 0,5;
x = $\frac{\ln(0,5)}{\ln(0,803)}$ ≈ 3,16 Jahre. Alle 3,16 Jahre halbiert sich der Bestand.

6 a) Wachstumsfaktor: $\sqrt[10]{\frac{6400,41}{5000}}$ = 1,025;
Funktion: f(t) = 5000 · 1,025^t; Zinssatz: 2,5%

b) a = $\sqrt[10]{\frac{859,73}{1000}}$ = 0,985; f(t) = 1000 · 0,985^t

c) Mit Anfangswert 6400,41 € und dem Wachstumsfaktor aus b) gilt: f(10) = 6400,41 · 0,985^{10} ≈ 5502,63. Der Vergleichswert beträgt etwa 5502,63 €.

7 a) 8500 m³; b) 10460 m³; c) 8,31; d) 7823 m³
e) f' mit f'(x) = 352,75 · e^{0,0415x}; 352,75 m³/Jahr; 471,66 m³/Jahr

8 f(t) = 3000 · 1,045^t; f'(t) = 3000 · ln(1,045) · 1,045^t;
f'(5) = 164,56 (€/Jahr)

9 f'(t) = 400 · (−0,0248) · e$^{-0,0248t}$ ≈ −9,9 · e$^{-0,0248t}$;
f'(0) = −9,9 (g/Jahr); f'(28) = −4,95 (g/Jahr);
f'(56) = −2,475 (g/Jahr).
Die momentane Zerfallsgeschwindigkeit halbiert sich alle 28 Jahre.

Test, Seite 70

1 a) f(x) = 3 · 1,2^x b) f(x) = 2 · 0,2^x c) f(x) = 0,2 · 3^x

2 a) −2 = c; −2e³ = −2 · e^{2m}, also m = 1,5; f(x) = −2e^{1,5x}

b) e = ce^m, also c = $\frac{1}{e^{m-1}}$ = e^{-m+1}; f'(x) = mc · e^{mx}: 8 = mc · e^m;
Einsetzen von c: 8 = m · e^{-m+1} · e^m = m · e, also m = $\frac{8}{e}$;
f(x) = e$^{-\frac{8}{e}+1}$ · e$^{\frac{8}{e}x}$ ≈ 0,1433 · e^{2,943x}

c) 4 = c; f'(x) = 4m · e^{mx}: 4 · ln(3) = 4m, also m = ln(3), also f(x) = 4e$^{\ln(3) \cdot x}$ = 4 · 3^x

3 a) f'(x) = 2 − e^{-x}; f''(x) = e^{-x}; f'''(x) = −e^{-x}
Extrema: f'(x) = 0: 2 − e^{-x} = 0, also x = −ln(2);
f''(−ln(2)) = 2 > 0, also Tiefpunkt von f(x) bei x = −ln(2);
T(−ln(2) | −2ln(2) + 2); Wendepunkte: f''(x) = 0: −e^{-x} = 0 hat keine Lösung, da e^x > 0 für alle x, also kein Wendepunkt vorhanden.

b) f'(x) = e^{x-2} − 2e; f''(x) = e^{x-2}; f'''(x) = e^{x-2};
Extrema: f'(x) = 0: e^{x-2} − 2e = 0, also x = ln(2) + 3;
f''(ln(2) + 3) = 2e > 0, also Tiefpunkt von f(x) bei
x = ln(2) + 3 ≈ 3,69; T(3,69 | −14,64); Wendepunkte: f''(x) = 0;
e^{x-2} = 0 hat keine Lösung, da e^x > 0 für alle x, also kein Wendepunkt vorhanden.

c) f'(x) = e^x + 2e^{-x}; f''(x) = e^x − 2e^{-x}; f'''(x) = e^x + 2e^{-x};
Extrema: f'(x) = 0: e^x + 2e^{-x} = 0 keine Lösung, da e^x > 0 und 2e^{-x} > 0, also wird die Summe nie 0;
Wendepunkte: f''(x) = 0: e^x − 2e^{-x} = 0, also x = ln$\sqrt{2}$;
f'''(ln$\sqrt{2}$) = 2$\sqrt{2}$ > 0, also Wendepunkt von f(x) bei x = ln$\sqrt{2}$;
W(ln$\sqrt{2}$ | 0).

4 a) A = $\int_0^1 e^{x+2}\,dx$ = [e^{x+2}]$_0^1$ = e³ − e² ≈ 12,7 FE

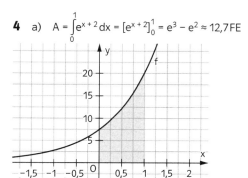

b) $\int_0^1 -5e^{0,4x-2}\,dx$ = [−12,5 e$^{0,4x-2}$]$_0^1$ = −12,5 e$^{-1,6}$ − (−12,5 e^{-2})
≈ −0,83; A ≈ 0,83 FE

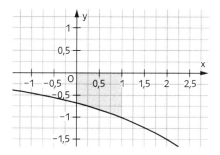

c) $A = \int_0^1 0{,}64^x \, dx = \int_0^1 e^{\ln(0{,}64)x} \, dx = \left[\frac{1}{\ln(0{,}64)} e^{\ln(0{,}64)x}\right]_0^1$

$= \frac{1}{\ln(0{,}64)} e^{\ln(0{,}64)} - \frac{1}{\ln(0{,}64)} \approx 0{,}81 \, FE$

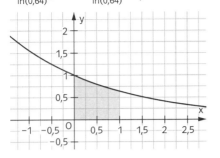

5 a) $f(t) = 100 \cdot 1{,}08^t$
b) $f(65) = 14\,877{,}99$ (€ am 1. Januar 2014);
$f(101) = 237\,574{,}22$ (€ am 1. Januar 2050)
c) $1\,000\,000 = 100 \cdot 1{,}08^t$, also $t = 119{,}7$ Jahre

6 a) exponentielles Wachstum
b) $f(5) = 583$ (Tiere)
c) $e^{0{,}0753} = 1{,}078$, also 7,8 % Wachstum
d) $e^{0{,}0753x} = 2$, also $x = 9{,}2$, also $T_V \approx 9{,}2$ Jahre
e) $f'(x) = 400 \cdot 0{,}0753 \, e^{0{,}0753x}$; $f'(3) \approx 37{,}8$ (Tiere pro Jahr)

7 a) $f(x) = 3000 \cdot 1{,}3^x = 3000 \cdot e^{\ln(1{,}3) \cdot x}$
b) $f(20) \approx 570\,149$ (Raupen)
c) $g(x) = 570\,149 \cdot 0{,}8^x$; $g(20) \approx 6573$ (Raupen)
d) $570\,149 \cdot 0{,}8^x = 3000$, also $x = \frac{\ln\left(\frac{3000}{570\,149}\right)}{\ln(0{,}8)} \approx 23{,}5$.

23,5 Monate nach Beginn der Lebensmittelknappheit sind wieder so viele Raupen vorhanden wie zu Beginn der Beobachtung.

8 a) $a = \sqrt[6]{\frac{12500}{25000}} \approx 0{,}891$; $f(x) = 25\,000 \cdot 0{,}891^x$
b) $f(-6) = 25\,000 \cdot 0{,}891^{-6} = 49\,966$.
An der Oberfläche ist die Lichtintensität ca. 50 000 Lux.
c) $25\,000 \cdot 0{,}891^x = 0{,}25$; $x \cdot \ln(0{,}891) = \ln(0{,}00001)$, also $x = 99{,}76 \, m$. Von der Wasseroberfläche gerechnet müsste man also 99,76 m + 6 m = 105,76 m tief tauchen.
d) $25\,000 \cdot 0{,}891^x = 12500$; $x = \frac{\ln(0{,}5)}{\ln(0{,}891)} = 6$;
Die Lichtintensität halbiert sich alle 6 Meter.

V Trigonometrische Funktionen

Die Funktionen sin und cos, Seite 71

1 siehe Tabelle 1

2 siehe Figur 1

3 a) $f(x) = \sin(x)$; Hoch- und Tiefpunkte: $H_1(1{,}6 | 1)$; $T_1(4{,}7 | -1)$; $H_2(7{,}9 | 1)$; $T_2(11 | -1)$; $H_3(14{,}1 | 1)$; $T_3(17{,}3 | -1)$;
Schnittpunkte mit der x-Achse: $N_1(0 | 0)$; $N_2(3{,}1 | 0)$; $N_3(6{,}3 | 0)$; $N_4(9{,}4 | 0)$; $N_5(12{,}6 | 0)$; $N_6(15{,}7 | 0)$;
alle y-Werte liegen zwischen −1 und 1, also Wertemenge $W = \{y \in \mathbb{R} \,|\, -1 \leq y \leq 1\}$
b) $g(x) = \cos(x)$; Hoch- und Tiefpunkte: $H_1(0 | 1)$; $T_1(3{,}1 | -1)$; $H_2(6{,}3 | 1)$; $T_2(9{,}4 | -1)$; $H_3(12{,}6 | 1)$; $T_3(15{,}7 | -1)$;
Schnittpunkte mit der x-Achse: $N_1(-1{,}6 | 0)$; $N_2(1{,}6 | 0)$; $N_3(4{,}7 | 0)$; $N_4(7{,}9 | 0)$; $N_5(11 | 0)$; $N_6(14{,}1 | 0)$; $N_7(17{,}3 | 0)$;
alle y-Werte liegen zwischen −1 und 1, also Wertemenge $W = \{y \in \mathbb{R} \,|\, -1 \leq y \leq 1\}$

4 Achtung: Taschenrechner auf Winkel im Bogenmaß stellen!
a) 0,9975 b) 0,8660 c) 0,8776 d) 0,8660

5 Mit den Taschenrechner-Befehlen $\sin^{-1}$ und $\cos^{-1}$ ergibt sich:
a) 1,57; b) 0,25; c) 0,52; d) 1,42

Amplituden und Perioden von Sinusfunktionen, Seite 72

1 a)
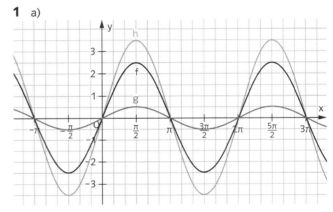

b) $f(x) = 2{,}5\sin(x)$; $N_1(-\pi | 0)$; $N_2(0 | 0)$; $N_3(\pi | 0)$; $N_4(2\pi | 0)$; $N_5(3\pi | 0)$;
$T_1\left(-\frac{\pi}{2} \big| -2{,}5\right)$; $H_1\left(\frac{\pi}{2} \big| 2{,}5\right)$; $T_2\left(\frac{3\pi}{2} \big| -2{,}5\right)$; $H_2\left(\frac{5\pi}{2} \big| 2{,}5\right)$;

Winkel α	360°	180°	90°	30°	10°	60°	30°	270°	15°	45°	25°	315°
Bogenmaß x	2π	π	$\frac{\pi}{2}$	$\frac{\pi}{6}$	$\frac{\pi}{18}$	$\frac{\pi}{3}$	$\frac{\pi}{6}$	$\frac{3\pi}{2}$	$\frac{\pi}{12}$	$\frac{\pi}{4}$	$\frac{25\pi}{180}$	$\frac{7\pi}{4}$

Tabelle 1

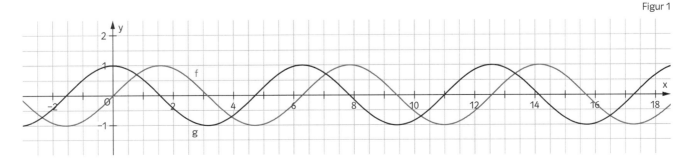

Figur 1

g(x) = 0,5 sin(x); $N_1(-\pi|0)$; $N_2(0|0)$; $N_3(\pi|0)$; $N_4(2\pi|0)$; $N_5(3\pi|0)$;
$T_1(-\frac{\pi}{2}|-0,5)$; $H_1(\frac{\pi}{2}|0,5)$; $T_2(\frac{3\pi}{2}|-0,5)$; $H_2(\frac{5\pi}{2}|0,5)$;
h(x) = 3,5 sin(x); $N_1(-\pi|0)$; $N_2(0|0)$; $N_3(\pi|0)$; $N_4(2\pi|0)$; $N_5(3\pi|0)$;
$T_1(-\frac{\pi}{2}|-3,5)$; $H_1(\frac{\pi}{2}|3,5)$; $T_2(\frac{3\pi}{2}|-3,5)$; $H_2(\frac{5\pi}{2}|3,5)$

2 f(x) = 0,7 sin(x); Amplitude: 0,7;
kleinster Funktionswert: –0,7; größter Funktionswert: 0,7
f(x) = –1,8 sin(x); Amplitude: 1,8;
kleinster Funktionswert: –1,8; größter Funktionswert: –1,8;
Die Streckung in y-Richtung bewirkt bei den Hochpunkten eine Veränderung der y-Werte, der größte Wert ist jeweils |a|.
Die Schnittpunkte mit den Achsen bleiben gleich, d.h. die x-Werte ändern sich nicht.

3 a) f(x) = 2 sin(x)
b) f(x) = 0,4 sin(x)
c) f(x) = 20 sin(x)

4
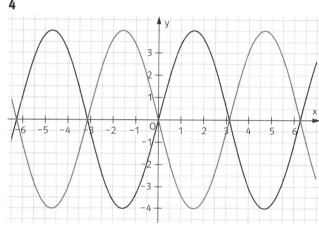
Spiegelt man einen der beiden Graphen an der x-Achse, dann erhält man den anderen Graphen.

5 siehe Tabelle 1

6 Graph 1 (links) hat eine Amplitude von 2 und eine Periode von 6, gehört also zu f_2.
Graph 2 (Mitte) hat eine Amplitude von 2 und eine Periode von 1, gehört also zu f_3.
Graph 3 (rechts) hat eine Amplitude von 2 und eine Periode von π, gehört also zu f_1.

7 a) Falsch, denn die Amplitude beträgt 5 und damit nehmen die Funktionswerte alle Werte zwischen –5 und 5 an.
b) Wahr, denn b = 8 und damit wird der Graph entlang der x-Achse mit dem Faktor $\frac{1}{8}$ gestreckt.
c) Wahr, denn die Amplitude beträgt 3 und damit nehmen die Funktionswerte alle Werte zwischen –3 und 3 an.
d) Falsch, denn b ist 2 und p = $\frac{2\pi}{2}$ = π und nicht $\frac{\pi}{2}$.
e) Wahr, denn das Minus vor der 4 bewirkt eine Spiegelung des Graphen an der x-Achse.

8 a) f(x) = 13 sin$(\frac{2}{9}x)$ b) f(x) = 3,5 sin$(\frac{\pi}{2}x)$
c) f(x) = 1,7 sin$(\frac{1}{2}x)$ d) f(x) = 5 sin(6x)

Verschieben von Graphen von Funktionen, Seite 74

1
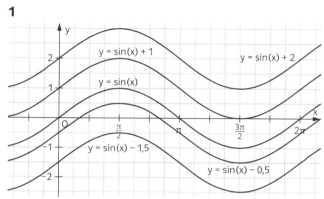

a) Funktionswerte von 0 bis 2
b) Funktionswerte von 1 bis 3
c) Funktionswerte von –1,5 bis 0,5
d) Funktionswerte von –2,5 bis –0,5

2 a) Wertebereich von –0,5 bis 1,5; ja, es gibt Schnittpunkte mit der x-Achse.
b) Wertebereich von 2 bis 4; nein, es gibt keine Schnittpunkte mit der x-Achse.
c) Wertebereich von –1,8 bis 0,2; ja, es gibt Schnittpunkte mit der x-Achse.
d) Wertebereich von –3,2 bis –1,2; nein, es gibt keine Schnittpunkte mit der x-Achse.

3 b) $-\frac{\pi}{8}$ c) $+\frac{\pi}{4}$ d) $-\frac{3\pi}{4}$
e) $+\frac{\pi}{8}$ f) $+\frac{3\pi}{4}$ g) –1   h) +0,5

4 Der erste Graph ist die um $\frac{3\pi}{4}$ nach rechts verschobene Sinuskurve, gehört also zu f).
Der zweite Graph ist die um $\frac{\pi}{4}$ nach links verschobene Sinuskurve, gehört also zu a).
Der dritte Graph ist die um $\frac{\pi}{8}$ nach rechts verschobene Sinuskurve, gehört also zu e).

5 siehe Tabelle 2

Funktion	f(x) = sin(4x)	f(x) = sin(πx)	f(x) = sin$(\frac{1}{4}x)$	f(x) = sin$(\frac{1}{5}x)$	f(x) = sin$(\frac{\pi}{2}x)$	Tabelle 1
b	4	π	$\frac{1}{4}$	$\frac{1}{5}$	$\frac{\pi}{2}$	
p	$\frac{\pi}{2}$	2	8π	10π	4	

	f(x) = 5 sin(x + 3) – 1	g(x) = 1,4 sin$(\frac{x}{5})$ + 3	h(x) = 0,4 cos$(\frac{4x}{\pi})$ – 0,2	Tabelle 2
Streckung in x-Richtung:	mit Faktor 1	mit Faktor 5	mit Faktor $\frac{\pi}{4}$	
Streckung in y-Richtung:	Amplitude ist 5	Amplitude ist 1,4	Amplitude ist 0,4	
Verschiebung in y-Richtung:	um 1 nach unten	um 3 nach oben	um 0,2 nach unten	
Verschiebung in x-Richtung:	um 3 nach links	nein	nein	

6 a) a = 1, p = 4, Verschiebung in x-Richtung um 0; Verschiebung in y-Richtung um −1,5
b) a = 1,5; p = 4; Verschiebung in x-Richtung um 2, Verschiebung in y-Richtung um 0
c) a = 1; p = $\frac{4\pi}{3}$; Verschiebung in x-Richtung um −$\frac{\pi}{2}$; Verschiebung in y-Richtung um 0,5

7 f_1 ist um −0,5 in y-Richtung und um −0,5 in x-Richtung verschoben, zusätzlich in x-Richtung mit Faktor $\frac{1}{2}$ gestreckt, d.h. p = π ≈ 1,5. Die Funktionsgleichung f_1 gehört zu Graph II.
f_2 ist um +1 in y-Richtung verschoben, mit Faktor 2 in y-Richtung und mit Faktor 2 in x-Richtung gestreckt. Die Funktionsgleichung f_2 gehört zu Graph III.
f_3 ist um 2 in y-Richtung und um +1 in x-Richtung verschoben sowie in y-Richtung mit Faktor 0,5 gestreckt. Die Funktionsgleichung f_3 gehört zu keinem der drei Graphen.
f_4 ist um 1 in y-Richtung verschoben und in y-Richtung mit Faktor 0,5 gestreckt. Die Funktionsgleichung f_4 gehört zu Graph I.

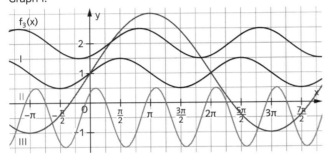

8 a) p = 2π; a = 1; (verschoben um π in x-Richtung oder verschoben um −π in x-Richtung oder gespiegelt an der x-Achse):
f(x) = sin(x − π) oder f(x) = sin(x + π) oder f(x) = −sin(x)
b) p = π, also ist b = 2; a = 1,5; (um $\frac{\pi}{2}$ in x-Richtung verschoben bzw. an der x-Achse gespiegelt):
f(x) = 1,5 sin$\left(2\left(x - \frac{\pi}{2}\right)\right)$ oder f(x) = −1,5 sin(x)
c) p = 4; damit ist b = $\frac{\pi}{2}$; a = 2; (um 1 in y-Richtung verschoben):
f(x) = 2 sin$\left(\frac{\pi}{2}x\right)$ + 1
d) p = 1, damit ist b = 2π; a = 3; (um −1 in y-Richtung und um +0,5 in x-Richtung verschoben):
f(x) = 3 sin(2π(x − 0,5)) − 1

Trigonometrische Gleichungen, Seite 77

1 a) 5 sin(x) − 4 = 1 | + 4
5 sin(x) = 5 | : 5
sin(x) = 1
Für 0 ≤ x ≤ 2π erfüllt nur x = $\frac{\pi}{2}$ die Gleichung.

b) 1,5 cos(x) + 2,5 = 2,5 | − 2,5
1,5 cos(x) = 0 | : 1,5
cos(x) = 0
Für 0 ≤ x ≤ 2π gilt $x_1 = \frac{\pi}{2}$ und $x_2 = \frac{3\pi}{2}$.

2 a) 0,1 sin(x) − 0,25 = −0,3 | + 0,25
0,1 sin(x) = −0,05 | : 0,1
sin(x) = −0,5
x ≈ −0,52 ist für −$\frac{\pi}{2}$ ≤ x ≤ π die einzige Lösung.

b) 2 cos(x) + 1 = 2,2 | − 1
2 cos(x) = 1,2 | : 2
cos(x) = 0,6
x ≈ 0,93 ist für 0 ≤ x ≤ π die einzige Lösung.

3 a)

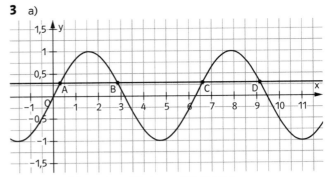

Lösung: x ≈ 0,3; weitere Werte: x ≈ 2,8; 6,6; 9,1
b)

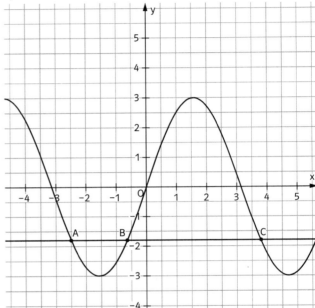

Lösung: x ≈ −2,5; weitere Werte: x ≈ −0,6; 3,8
c)

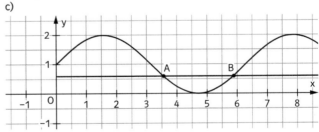

Lösung: x ≈ 3,6; weitere Werte: x ≈ 5,9

4 a) x_1 ≈ 1,37; x_2 ≈ 4,91; x_3 ≈ 7,65; x_4 ≈ 11,20; x_5 ≈ 13,94
b) x_1 ≈ −0,32; x_2 ≈ 0,32

5 a) 3 cos(2x) = 1,5; x ∈ [0; 4]
3 cos(2x) = 1,5 | : 3
cos(2x) = 0,5 | z = 2x
cos(z) = 0,5
z_1 = 1,05
z_2 = 1,05 + 2π = 7,3332
z_3 = 2π − 1,05 = 5,2332
Rücksubstitution:
$2x_1$ = 1,05 | : 2
x_1 = 0,53
$2x_2$ = 7,3332 | : 2; $2x_3$ = 5,2332 | : 2
x_2 = 3,6667 x_3 = 2,6167
L = {0,53; 2,62; 3,67}

124 Lösungen Kapitel V

b) $0{,}5\sin\left(\frac{\pi x}{2}\right) = 0{,}3$; $x \in [-1; 5]$

$0{,}5\sin\left(\frac{\pi x}{2}\right) = 0{,}3 \quad |:0{,}5$

$\sin\left(\frac{\pi x}{2}\right) = 0{,}6 \quad |z = \frac{\pi x}{2}$

$\sin(z) = 0{,}6$

$z_1 = 0{,}6435$

$z_2 = 0{,}6435 + 2\pi = 6{,}9266$

$z_3 = \pi - 0{,}6435 = 2{,}4981$

Rücksubstitution:

$\frac{\pi x_1}{2} = 0{,}6435 \quad |\cdot \frac{2}{\pi}$

$x_1 = 0{,}4097$

$\frac{\pi x_2}{2} = 6{,}9266 \quad |\cdot \frac{2}{\pi} \qquad \frac{\pi x_3}{2} = 2{,}4981 \quad |\cdot \frac{2}{\pi}$

$x_2 = 4{,}4096 \qquad\qquad\qquad\qquad x_3 = 1{,}5903$

$L = \{0{,}41; 1{,}59; 4{,}41\}$

6 Zu A gehört c) und 5; zu B gehört e) und 6;
zu C gehört d) und 3; zu D gehört f) und 1;
zu E gehört b) und 6; zu F gehört a) und 3.

7 a) $\sin(3x) = 1 \quad |z = 3x$
$\sin(z) = 1$
$z_1 = \frac{\pi}{2}$; $z_2 = 2{,}5\pi$; $z_3 = 4{,}5\pi$ usw.

$\frac{\pi}{2} = 3x_1 \quad |:3$

$\frac{\pi}{6} = x_1$

$\frac{5}{2}\pi = 3x_2 \quad |:3$

$\frac{5}{6}\pi = x_2$

$x_3 = \frac{9}{6}\pi = \frac{3}{2}\pi$

$L = \left\{\frac{\pi}{6}; \frac{5\pi}{6}; \frac{3\pi}{2}\right\}$

b) $\cos(0{,}5x) = -1 \quad |z = 0{,}5x$
$\cos(z) = -1$
$z_1 = \pi$; $z_2 = 3\pi$; $z_3 = 5\pi$ usw.
$\pi = 0{,}5x_1 \quad |:0{,}5$
$x_1 = 2\pi$;
$3\pi = 0{,}5x_2 \quad |:0{,}5$
$x_2 = 6\pi$
$L = \{2\pi\}$

c) $5\sin\left(\frac{x}{2}\right) + 1 = 1 \quad |-1$

$5\sin\left(\frac{x}{2}\right) = 0 \quad |:5$

$\sin\left(\frac{x}{2}\right) = 0 \quad |z = \frac{x}{2}$

$\sin(z) = 0$

$z_1 = 0$; $z_2 = \pi$; $z_3 = 2\pi$ usw.

$0 = \frac{x_1}{2}$

$x_1 = 0$

$\pi = \frac{x_2}{2} \quad |\cdot 2$

$x_2 = 2\pi$; $x_3 = 4\pi$; $x_4 = 6\pi$; $x_5 = 8\pi$

$L = \{0; 2\pi; 4\pi; 6\pi; 8\pi\}$

d) $1{,}5\cos(\pi x) = 1{,}2 \quad |:1{,}5$
$\cos(\pi x) = 0{,}8 \quad |z = \pi x$
$\cos(z) = 0{,}8$
$z_1 = 0{,}6435$; $z_2 = -0{,}6435$
$z_3 = 6{,}9267$; $z_4 = 5{,}6397$ usw.
$0{,}6435 = \pi x_1 \quad |:\pi$
$x_1 = 0{,}2048$
$-0{,}6435 = \pi x_2 \quad |:\pi$
$x_2 = -0{,}2048$ usw. mit x_3, x_4, x_5
$L = \{-0{,}20; 0{,}20; 1{,}80; 2{,}20; 3{,}80\}$

Ableiten trigonometrischer Funktionen, Seite 79

1 a) $\cos(x) + 1$ b) $-\sin(x)$ c) $\cos(x) - \sin(x)$
d) $-\cos(x)$ e) $8x + 2\cos(x)$ f) $12x^2 + 0{,}5\sin(x)$
g) $2{,}1\cos(x) + e^x$ h) $4\cos(x) + 3\sin(x)$

2
a) $f'(x) = \cos(x)$; $f''(x) = -\sin(x)$; $f'''(x) = -\cos(x)$; $f''''(x) = \sin(x)$
b) $f'(x) = -\sin(x)$; $f''(x) = -\cos(x)$; $f'''(x) = \sin(x)$; $f''''(x) = \cos(x)$
$f''''(x)$ führt bei beiden trigonometrischen Funktionen wieder auf die jeweilige Ausgangsfunktion $f(x)$ zurück. Die trigonometrischen Funktionen bilden also beim Ableiten gewissermaßen eine geschlossene „Kette".

3 a) $f'(x) = 3 + \cos(x)$; $f''(x) = -\sin(x)$; $f'(0) = 3 + \cos(0) = 4$;
Tangentengleichung für $x = 0$: $f(0) = 0$.
$y - 0 = (x - 0) \cdot 4$, also $y = 4x$
b) $f'(x) = 1{,}5 + \sin(x)$; $f''(x) = \cos(x)$; $f'(0) = 1{,}5$;
Tangentengleichung für $x = 0$: $f(0) = -1$;
$y + 1 = (x - 0) \cdot 1{,}5$, also $y = 1{,}5x - 1$
c) $f'(x) = \cos(x) - \sin(x)$; $f''(x) = -\sin(x) - \cos(x)$; $f'\left(\frac{\pi}{2}\right) = 0 - 1 = -1$;
Tangentengleichung für $x = \frac{\pi}{2}$: $f\left(\frac{\pi}{2}\right) = 1 + 0 = 1$;
$y - 1 = \left(x - \frac{\pi}{2}\right) \cdot (-1)$, also $y = -x + \frac{\pi}{2} + 1$
d) $f'(x) = -3\sin(x) - 2\cos(x)$; $f''(x) = -3\cos(x) + 2\sin(x)$;
$f'(2\pi) = 0 - 2 = -2$;
Tangentengleichung für $x = 2\pi$: $f(2\pi) = 3$;
$y - 3 = (x - 2\pi) \cdot (-2)$, also $y = -2x + 4\pi + 3$
e) $f'(x) = 0{,}4\cos(x) - 6x$; $f''(x) = -0{,}4\sin(x) - 6$; $f'(0) = 0{,}4$;
Tangentengleichung für $x = 0$: $f(0) = 0$;
$y - 0 = (x - 0) \cdot 0{,}4$, also $y = 0{,}4x$
f) $f'(x) = 2e^x + 0{,}1\cos(x)$; $f''(x) = 2e^x - 0{,}1\sin(x)$; $f'(0) = 2 + 0{,}1 = 2{,}1$
Tangentengleichung für $x = 0$: $f(0) = 2$;
$y - 2 = (x - 0) \cdot 2{,}1$, also $y = 2{,}1x + 2$

4 a) gehört zu D)
b) gehört zu A)
c) gehört zu E)
d) gehört zu C)
e) gehört zu B).

5 1. Zeile: Falsch, das π aus der Kettenregel wurde vergessen.
Es muss $-0{,}3\pi\sin(\pi x + 1)$ sein.
2. Zeile: Richtig
3. Zeile: Falsch, das Pluszeichen in der Ableitung muss ein Minuszeichen sein, da cos abgeleitet $-$sin ergibt.

6 a) – e) – m) – k);
o) – f) – g) – b);
l) – h) – p) – j);
d) – c) – i) – h)

7 a) $\int_{-\frac{\pi}{2}}^{\frac{\pi}{2}} \cos(x)\,dx = [\sin(x)]_{-\frac{\pi}{2}}^{\frac{\pi}{2}} = \sin\left(\frac{\pi}{2}\right) - \sin\left(-\frac{\pi}{2}\right) = 1 - (-1) = 2$

b) $\int_{\frac{\pi}{2}}^{\pi} \sin(x)\,dx = [-\cos(x)]_{\frac{\pi}{2}}^{\pi} = -\cos(\pi) - \left(-\cos\left(\frac{\pi}{2}\right)\right) = 1 - 0 = 1$

c) $\int_{0}^{3} 2\sin(x)\,dx = [-2\cos(x)]_{0}^{3} = -2\cos(3) - (-2\cos(0))$
$= 1{,}97998 + 2 = 3{,}97998$

d) $\int_{5}^{8} 0{,}5\cos(x)\,dx = [0{,}5\sin(x)]_{5}^{8} = 0{,}5\sin(8) - 0{,}5\sin(5)$
$= 0{,}4947 - (-0{,}4795) = 0{,}9742$

8 f_1 gehört zu b) und k);
f_2 gehört zu c) und g);
f_3 gehört zu a);
f_4 gehört zu e) und f);
f_5 gehört zu d) und h);
f_6 lässt sich nicht zuordnen: Zur Funktion $f_6(x) = 0{,}2\sin(4x)$ gehört z. B. die Stammfunktion $F_6(x) = -0{,}05\cos(4x)$.
Der Stammfunktion i) kann keine Funktion zugeordnet werden:
Zur Stammfunktion $F(x) = -6\cos(2x + 1)$ gehört die Funktion $f(x) = 12\sin(2x + 1)$.

9 a) untere Grenze: $x_1 = -\frac{\pi}{2}$; obere Grenze: $x_2 = \frac{3\pi}{2}$;
$\int_{-\frac{\pi}{2}}^{\frac{3\pi}{2}} (\sin(x) + 1)\,dx = [-\cos(x) + x]_{-\frac{\pi}{2}}^{\frac{3\pi}{2}}$
$= -\cos\left(\frac{3\pi}{2}\right) + \frac{3\pi}{2} - \left(-\cos\left(-\frac{\pi}{2}\right) - \frac{\pi}{2}\right) = \frac{3\pi}{2} + \frac{\pi}{2} = 2\pi$

b) untere Grenze: $x_1 = 0$; obere Grenze: $x_2 = 3$;
$\int_{0}^{3} (2\sin(0{,}5\pi x) + 2)\,dx = \left[-\frac{4}{\pi}\cos(0{,}5\pi x) + 2x\right]_{0}^{3}$
$= -\frac{4}{\pi}\cos(0{,}5\pi \cdot 3) + 6 - \left(-\frac{4}{\pi}\cos(0)\right) = 6 + \frac{4}{\pi} \approx 6{,}79$

c) untere Grenze: $x_1 = -\frac{\pi}{4}$; obere Grenze: $x_2 = \frac{\pi}{4}$;
$\int_{-\frac{\pi}{4}}^{\frac{\pi}{4}} 0{,}5\cos(2x)\,dx = [0{,}25\sin(2x)]_{-\frac{\pi}{4}}^{\frac{\pi}{4}} = 0{,}25\sin\left(\frac{\pi}{2}\right) - 0{,}25\sin\left(-\frac{\pi}{2}\right)$
$= 0{,}25 + 0{,}25 = 0{,}5$

Untersuchung von Funktionen, Seite 81

1 a) und c)

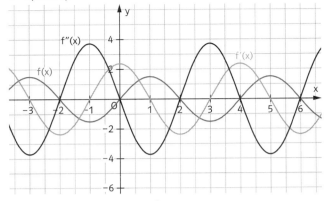

b) $f'(x) = \frac{3}{4}\pi\cos\left(\frac{\pi}{2}x\right)$; $f''(x) = -\frac{3}{8}\pi^2\sin\left(\frac{\pi}{2}x\right)$

d) An den Stellen der Hochpunkte schneidet der Graph von f' die x-Achse (von + nach –). f'' verläuft an diesen Stellen unterhalb der x-Achse.
An den Stellen der Tiefpunkte schneidet der Graph von f' die x-Achse (von – nach +). f'' verläuft an diesen Stellen oberhalb der x-Achse.
An den Stellen der Wendepunkte schneidet der Graph von f'' die x-Achse. Der Graph von f' hat an diesen Stellen einen Extrempunkt (Hoch- oder Tiefpunkt).

2 siehe Tabelle 1

3 siehe Tabelle 2

4 1. Zeile: Richtig
2. Zeile: Falsch, denn es gibt noch eine weitere Nullstelle $N(3\pi\,|\,0)$.
3. Zeile: Richtig
4. Zeile: Falsch, denn für $x = 2\pi$ gibt es keinen Hochpunkt, sondern einen Tiefpunkt $T(2\pi\,|\,-4)$.
5. Zeile: Falsch, denn W_3 liegt außerhalb des vorgegebenen Intervalls.

Tabelle 1

Funktion f	Ableitung f'	Lösungen von $f'(x_0) = 0$	2. Ableitung f''	$f''(x_0)$	Extrema
$2\cos(3x)$; $[0;\,1{,}5]$	$-6\sin(3x)$	$x_1 = 0$; $x_2 = \frac{\pi}{3}$	$-18\cos(3x)$	$f''(0) = -18$; $f''\left(\frac{\pi}{3}\right) = 18$	Maximum; Minimum
$0{,}2\sin(5\pi x)$; $[0;\,0{,}5]$	$\pi\cos(5\pi x)$	$x_1 = 0{,}1$; $x_2 = 0{,}3$	$-5\pi^2\sin(5\pi x)$	$f''(0{,}1) = -5\pi^2$; $f''(0{,}3) = 5\pi^2$	Maximum; Minimum
$3\cos\left(\frac{x}{2}\right) + 2$; $[-1;\,6]$	$-\frac{3}{2}\sin\left(\frac{x}{2}\right)$	$x_1 = 0$	$-3\cos\left(\frac{x}{2}\right)$	$f''(0) = -3$	Maximum

Tabelle 2

Funktion	$f(x) = 5\cos(x) - 1$; $[0;\,6]$	$f(x) = \sin\left(\frac{x}{4}\right) + 2$; $[0;\,5\pi]$	$f(x) = 0{,}8\sin(0{,}2x)$; $[0;\,20]$
Ableitung f'	$-5\sin(x)$	$\frac{1}{4}\cos\left(\frac{x}{4}\right)$	$0{,}16\cos(0{,}2x)$
2. Ableitung f''	$-5\cos(x)$	$-\frac{1}{16}\sin\left(\frac{x}{4}\right)$	$-0{,}032\sin(0{,}2x)$
3. Ableitung f'''	$5\sin(x)$	$-\frac{1}{64}\cos\left(\frac{x}{4}\right)$	$-0{,}0064\cos(0{,}2x)$
Lösungen von $f''(x_0) = 0$	$x_1 = \frac{\pi}{2}$; $x_2 = \frac{3\pi}{2}$	$x_1 = 0$; $x_2 = 4\pi$	$x_1 = 0$; $x_2 = 5\pi$
Prüfen mit f'''	$f'''\left(\frac{\pi}{2}\right) = 1 \neq 0$; $f'''\left(\frac{3\pi}{2}\right) = -1 \neq 0$	$f'''(0) = -\frac{1}{64} \neq 0$; $f'''(4\pi) = \frac{1}{64} \neq 0$	$f'''(0) = -0{,}0064 \neq 0$; $f'''(5\pi) = 0{,}0064 \neq 0$
y-Wert bestimmen: $f(x_0)$	$f\left(\frac{\pi}{2}\right) = -1$; $f\left(\frac{3\pi}{2}\right) = -1$	$f(0) = 2$; $f(4\pi) = 2$	$f(0) = 0$; $f(5\pi) = 0$
Koordinaten der WP	$W_1\left(\frac{\pi}{2}\,\middle|\,-1\right)$; $W_2\left(\frac{3\pi}{2}\,\middle|\,-1\right)$	$W_1(0\,|\,2)$; $W_2(4\pi\,|\,2)$	$W_1(0\,|\,0)$; $W_2(5\pi\,|\,0)$

5 Zur Funktion f(x):
Schnittpunkt mit y-Achse: B; Schnittpunkte mit der x-Achse: B und J; Hochpunkt: G; Tiefpunkt: A; Wendepunkte: B und J.
Zur Funktion h(x):
Schnittpunkt mit der y-Achse: C; Schnittpunkt mit der x-Achse: H; Hochpunkte: C und L; Tiefpunkt: H; Wendepunkte: F und K.

6 Nullstellen: f(x) = 0 hat die Lösung: $x_1 = 1$ und $x_2 = 3$.
Integral:
$\int_1^3 \frac{3}{2}\cos\left(\frac{\pi}{2}x\right)dx = \left[\frac{3}{\pi}\sin\left(\frac{\pi}{2}x\right)\right]_1^3 = \frac{3}{\pi}\sin\left(\frac{3\pi}{2}\right) - \frac{3}{\pi}\sin\left(\frac{\pi}{2}\right) = -\frac{3}{\pi} - \frac{3}{\pi} = -\frac{6}{\pi}$.
Flächeninhalt: Der Flächeninhalt beträgt $\frac{6}{\pi}$ FE.

7 Bestimmung des Tiefpunktes:
$f'(x) = 10\cos(2x)$; $f''(x) = -20\sin(2x)$; $f'(x) = 0$ hat die Lösung $x_1 = \frac{\pi}{4}$ und $x_2 = \frac{3\pi}{4}$. $f''\left(\frac{\pi}{4}\right) = -20 < 0$, also HP.
$f''\left(\frac{3\pi}{4}\right) = 20 > 0$, also TP. $f\left(\frac{3\pi}{4}\right) = -5$.
Berechnen des Integrals:
$\int_0^{\frac{3\pi}{4}} (5\sin(2x) - (-5))dx = [-2,5\cos(2x) + 5x]_0^{\frac{3\pi}{4}}$
$= 0 + \frac{15\pi}{4} - (-2,5) = 2,5 + \frac{15\pi}{4}$
Flächeninhalt: Der Flächeninhalt beträgt $\left(2,5 + \frac{15\pi}{4}\right)$ FE.

8 Ableitungen:
$f'(x) = 1,56\cos(0,3x)$; $f''(x) = -0,468\sin(0,3x)$; $f'''(x) = -0,1404\cos(0,3x)$
Wendestellen:
$f''(x) = 0$ hat die Lösungen $x_1 = 0$; $x_2 = \frac{\pi}{0,3} \approx 10,47$; $x_3 = \frac{2\pi}{0,3} \approx 20,94$
Prüfen mit f''':
$f'''(0) = -0,1404 \neq 0$; $f'''\left(\frac{\pi}{0,3}\right) = 0,1404 \neq 0$; $f'''\left(\frac{2\pi}{0,3}\right) = -0,1404 \neq 0$
y-Wert bestimmen: $f(0) = 2 = f\left(\frac{\pi}{0,3}\right) = f\left(\frac{2\pi}{0,3}\right)$
Gerade durch Wendepunkte: y = 2
Berechnen des Integrals:
$2\int_0^{\frac{\pi}{0,3}} (5,2\sin(0,3x) + 2 - 2)dx = 2\left[-\frac{52}{3}\cos\left(0,3 \cdot \frac{\pi}{0,3}\right) - \left(-\frac{52}{3}\cos(0)\right)\right]$
$= 2\left(\frac{52}{3} + \frac{52}{3}\right) = \frac{208}{3} \approx 69,33$
Der Flächeninhalt beträgt etwa 69,33 FE.

9 H(0 | -0,5); T$\left(\frac{\pi}{2} | -1,5\right)$: $a_1 = 0,5$; $d_1 = -1$; $b_3 = 2$
H(π | 3); T(3π | -1): $a_4 = 2$; $d_4 = 1$; $b_1 = 0,5$
H(1 | 2); T(1,5 | -1): $a_3 = 1,5$; $d_3 = 0,5$; $b_4 = 2\pi$
H(5 | 0,25); T(7 | -1,25): $a_2 = 0,75$; $d_2 = -0,5$; $b_2 = \frac{\pi}{2}$

10 siehe Tabelle 1

11 a) Einsetzen von P in f: $0 = a\sin\left(\frac{\pi}{4} + b\right)$, also $0 = \sin\left(\frac{\pi}{4} + b\right)$.
Diese Gleichung stimmt für $b = -\frac{\pi}{4}$.
Zwischenergebnis: $f(x) = a\sin\left(\frac{x}{4} - \frac{\pi}{4}\right)$.
$f'(x) = \frac{a}{4}\cos\left(\frac{x}{4} - \frac{\pi}{4}\right)$ und $f'(\pi) = \frac{a}{4}\cos\left(\frac{\pi}{4} - \frac{\pi}{4}\right) = \frac{a}{4}$. Es gilt $f'(\pi) = 0,5$, also ist a = 2. $f(x) = 2\sin\left(\frac{x}{4} - \frac{\pi}{4}\right)$.

b) Einsetzen von P in f: $0 = a\sin\left(\frac{1}{2} + b\right)$, also $0 = \sin\left(\frac{1}{2} + b\right)$.
Diese Gleichung stimmt für $b = -\frac{1}{2}$.
Zwischenergebnis: $f(x) = a\sin\left(\frac{x}{2} - \frac{1}{2}\right)$.
$f'(x) = \frac{a}{2}\cos\left(\frac{x}{2} - \frac{1}{2}\right)$ und $f'(1) = \frac{a}{2}\cos\left(\frac{1}{2} - \frac{1}{2}\right) = \frac{a}{2}$. Es gilt $f'(1) = 7$, also ist a = 14. $f(x) = 14\sin\left(\frac{x}{2} - \frac{1}{2}\right)$.

c) Einsetzen von P in f: $3 = 2\sin(\pi + b) + d$.
$f'(x) = 2\pi\cos(\pi x + b)$. Es gilt $f'(1) = 0$, also $2\pi\cos(\pi + b) = 0$
bzw. $\cos(\pi + b) = 0$, diese Gleichung stimmt für $b = -\frac{\pi}{2}$.
Einsetzen in f(1) ergibt: $3 = 2\sin\left(\pi - \frac{\pi}{2}\right) + d = d$.
$f(x) = 2\sin\left(\pi x - \frac{\pi}{2}\right) + 3$.

d) Einsetzen von P in f: $3,5 = 0,5\sin(\pi + b) + d$.
$f'(x) = \frac{\pi}{4}\cos\left(\frac{\pi}{2}x + b\right)$. Es gilt $f'(2) = \frac{\pi}{4}$ bzw. $\frac{\pi}{4}\cos(\pi + b) = \frac{\pi}{4}$ bzw. $\cos(\pi + b) = 1$. Diese Gleichung stimmt für $b = -\pi$.
Einsetzen in f(2) = 3,5: $3,5 = 0,5\sin(\pi - \pi) + d = d$.
$f(x) = 0,5\sin\left(\frac{\pi}{2}x - \pi\right) + 3,5$.

Test, Seite 84

1 a) a = -2; p = 4

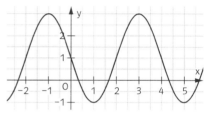

b) a = 1,5; p = 2π

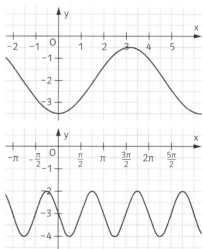

c) a = -1; p = π

2 a) $f(x) = 3 \cdot \sin(\pi(x + 4)) - 5$ b) $f(x) = \sin(x - 2)$; b = -2
c) $f(x) = -1,5 \cdot \sin(x)$ d) $f(x) = 3 \cdot \sin\left(\pi\left(x - \frac{1}{3}\right)\right)$

3 A → f_2; B → f_1; C → f_3; D → f_4

	Amplitude	Verschiebung	Periode	Funktionsgleichung	Tabelle 1
H(1,5π | 5,4); T(4,5π | 4,6)	a = 0,4	d = 5	p = 6π	$f(x) = 0,4\sin\left(\frac{x}{3}\right) + 5$	
H(0,125 | 3); T(0,375 | -1,8)	a = 2,4	d = 0,6	p = 0,5	$f(x) = 2,4\sin(4\pi x) + 0,6$	
H(0,5 | 1); T(1,5 | -0,4)	a = 0,7	d = 0,3	p = 2	$f(x) = 0,7\sin(\pi x) + 0,3$	
H(2 | 5,2); T(6 | -1,2)	a = 3,2	d = 2	p = 8	$f(x) = 3,2\sin\left(\frac{\pi}{4}x\right) + 2$	

4 a) Dieser Graph ist nicht entlang der x-Achse verschoben, der Graph von f aber ist um 0,25 nach rechts verschoben. Deshalb ist der Graph in Teilaufgabe a) nicht der Graph von f.
b) Der Graph von f ist mit Faktor 3 entlang der y-Achse gestreckt, hat die Periode 2, ist um 0,25 entlang der x-Achse und um −2 entlang der y-Achse verschoben. Der Graph in Teilaufgabe b) hat genau diese Eigenschaften, deshalb ist der Graph in Teilaufgabe b) der Graph von f.
c) Dieser Graph ist nicht entlang der x-Achse verschoben, also kann er nicht Graph von f sein.

5 $f'(x) = 5\frac{\pi}{3}\cos\left(\frac{\pi}{3}x\right)$; $f''(x) = -5\frac{\pi^2}{9}\sin\left(\frac{\pi}{3}x\right)$; $f'''(x) = -5\frac{\pi^3}{27}\cos\left(\frac{\pi}{3}x\right)$;

Extrempunkte: $f'(x) = 0$ hat die Lösungen $x_1 = 1{,}5$ und $x_2 = 4{,}5$ und $x_3 = 7{,}5$.

$f''(1{,}5) = -5\frac{\pi^2}{9} < 0$, also HP; $f(1{,}5) = 6$, also $H_1(1{,}5\,|\,6)$.

$f''(4{,}5) = 5\frac{\pi^2}{9} > 0$, also TP; $f(4{,}5) = -4$, also $T(4{,}5\,|\,-4)$.

$f''(7{,}5) = -5\frac{\pi^2}{9} < 0$, also HP; $f(7{,}5) = 6$, also $H_2(7{,}5\,|\,6)$.

Wendepunkte: $f''(x) = 0$ hat die Lösungen $x_1 = 0$, $x_2 = 3$; $x_3 = 6$.

$f'''(0) = -5\frac{\pi^3}{27} \neq 0$, also WP: $W_1(0\,|\,1)$.

$f'''(3) = 5\frac{\pi^3}{27} \neq 0$, also WP: $W_2(3\,|\,1)$.

$f'''(6) = -5\frac{\pi^3}{27} \neq 0$, also WP: $W_3(6\,|\,1)$.

Graph von f:

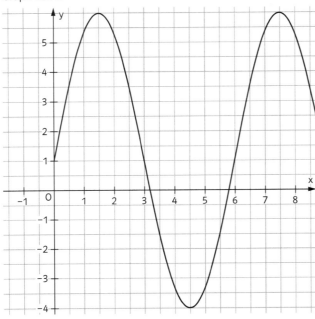

6 a) $a = 10$; $p = 18$, damit ist $b = \frac{\pi}{9}$ und $d = 7$.

Zwischenergebnis: $f(x) = 10\sin\left(\frac{\pi}{9}(x-c)\right) + 7$.

Einsetzen von H in f ergibt: $17 = 10\sin\left(\frac{\pi}{9}(3-c)\right) + 7$, also $1 = \sin\left(\frac{\pi}{9}(3-c)\right)$, damit $c = -1{,}5$.

Der gesuchte Funktionsterm lautet also:
$f(x) = 10\sin\left(\frac{\pi}{9}(x+1{,}5)\right) + 7$.

b) Einsetzen von A in f ergibt: $0 = a\sin(4+b)$ bzw. $0 = \sin(4+b)$, damit ist $b = -4$.
Zwischenergebnis: $f(x) = a\sin(x-4)$. $f'(x) = a\cos(x-4)$.
Es gilt: $f'(6) = -3$ und damit $-3 = a\cos(6-4)$, also $a \approx 7{,}2$.
Der gesuchte Funktionsterm lautet: $f(x) = 7{,}2\sin(x-4)$.

VI Gebrochenrationale Funktionen

Potenzfunktionen mit negativen Exponenten, Seite 85

1 a) $f(x) = x^{-2}$

x	0	0,5	1	1,5	2	2,5	3
f(x)	n.d.	4	1	0,44	0,25	0,16	0,11

x	−0,5	−1	−1,5	−2	−2,5	−3
f(x)	4	1	0,44	0,25	0,16	0,11

$f(100) = 0{,}0001$; $f(100\,000) = 0{,}0000000001$
$f(0{,}01) = 10000$; $f(0{,}00001) = 10\,000\,000\,000$

b) $g(x) = x^{-3}$

x	0	0,5	1	1,5	2	2,5	3
g(x)	n.d.	8	1	0,296	0,125	0,064	0,037

x	−0,5	−1	−1,5	−2	−2,5	−3
g(x)	−8	−1	−0,296	−0,125	−0,064	−0,037

$g(100) = 0{,}000001$; $g(100\,000) = 1 \cdot 10^{-15}$
$g(0{,}01) = 1\,000\,000$; $g(0{,}0001) = 1 \cdot 10^{15}$

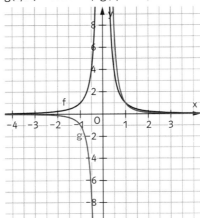

2 …, dann nähern sich die Funktionswerte null.
…, dann nähern sich die Funktionswerte null.
…, immer größer.
…, immer kleiner.

3
(A): (1), (2), (4), (5), (7), (8), (9), (10), (11), (14), (15), (16)
(B): (1), (2), (3), (6), (7), (8), (9), (10), (11), (13), (15), (16)
(C): (1), (2), (4), (5), (7), (8), (9), (10), (11), (14), (15), (16)
(D): (1), (2), (3), (6), (7), (8), (9), (10), (11), (13), (15), (16)
(E): (1), (2), (4), (5), (7), (8), (9), (10), (11), (14), (15), (16)
(F): (1), (2), (3), (6), (7), (8), (9), (10), (11), (13), (15), (16)

4 $f(x) \to C$; $g(x) \to A$; $h(x) \to D$; $i(x) \to B$

5 siehe Tabelle 1

6 1. Schaubild: Der abgebildete Graph hat eine senkrechte Asymptote bei x = 4, die Funktion f hat die einzige Definitionslücke aber bei x = −4.
2. Schaubild: Der abgebildete Graph hat eine waagerechte Asymptote mit der Gleichung y = −2, der Graph der Funktion f hat aber nur eine waagerechte Asymptote mit der Gleichung y = 2.
3. Schaubild: Der abgebildete Graph hat eine Polstelle ohne Vorzeichenwechsel, der Nenner des Funktionsterms von f hat aber nur eine einfache Nullstelle und damit eine Polstelle mit Vorzeichenwechsel.

7 a) $f(x) = \frac{1}{(x-2)^2} + 1$

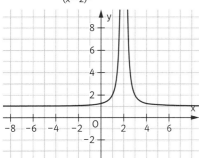

b) $g(x) = \frac{1}{(x+3)^2} - 2$

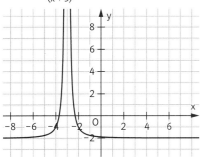

c) $h(x) = \frac{1}{(x+1)^2} - 1$

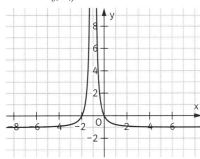

d) $i(x) = \frac{1}{x+2} + 3$

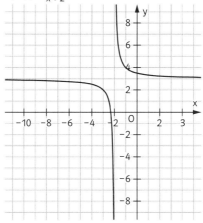

Eigenschaften gebrochenrationaler Funktionen, Seite 88

1 a) $D = \mathbb{R}\setminus\{-1\}$; Polstelle: −1;
Gleichung der senkrechten Asymptote: x = −1
b) $D = \mathbb{R}\setminus\{3\}$; Polstelle: 3;
Gleichung der senkrechten Asymptote: x = 3
c) $D = \mathbb{R}\setminus\{0; 5\}$; Polstellen: 0 und 5;
Gleichungen der senkrechten Asymptoten: x = 0 und x = 5
d) $D = \mathbb{R}\setminus\{-2; 2\}$; Polstellen: −2 und 2;
Gleichungen der senkrechten Asymptoten: x = −2 und x = 2
e) $D = \mathbb{R}\setminus\{0; 7\}$; Polstellen: 0 und 7;
Gleichungen der senkrechten Asymptoten: x = 0 und x = 7

2 a) f_1 gehört zu Graph V, denn der Graph von f_1 hat eine senkrechte Asymptote bei x = −2 und eine Nullstelle bei x = 0.
f_2 gehört zu Graph III, denn der Graph von f_2 hat bei x = −2 eine Polstelle ohne Vorzeichenwechsel.
f_3 gehört zu Graph IV, denn f_3 hat keine Definitionslücke und damit keine senkrechte Asymptote.
f_4 gehört zu Graph II, denn f_4 hat zwei Definitionslücken, eine bei −2 und eine bei 2. Der Graph von II hat dort senkrechte Asymptoten.
b) Graph I gehört zu keiner Funktion. Die Funktionsgleichung lautet: $f_5(x) = \frac{2}{x+2}$, denn der Graph hat eine senkrechte Asymptote bei x = −2 und den y-Achsenabschnitt 1.

3 a) $x_0 = \frac{1}{3}$; Verhalten in der Nähe von x_0: f(0,3) = −3;
f(0,33) = −33; für $x \to \frac{1}{3}$ von „links" gilt: $f(x) \to -\infty$; f(0,4) = 2;
f(0,35) = 7; für x für $x \to \frac{1}{3}$ von „rechts" gilt: $f(x) \to \infty$
b) $x_0 = 3$; Verhalten in der Nähe von x_0: f(2,9) ≈ −1,7;
f(2,99) ≈ −16,7; f(2,999) ≈ −166,7; für x → 3 von „links" gilt: $f(x) \to -\infty$; f(3,1) ≈ 1,6; f(3,01) ≈ 16,6; f(3,001) ≈ 166,6;
für x → 3 von „rechts" gilt: $f(x) \to \infty$;
$x_1 = -3$; Verhalten in der Nähe von x_1: f(−3,1) ≈ 1,6;
f(−3,01) ≈ 16,6; f(−3,001) ≈ 166,6; für x → −3 von „links" gilt: $f(x) \to \infty$; f(−2,9) ≈ −1,6; f(−2,99) ≈ −16,6; f(−2,999) ≈ −166,6
für x → −3 von „rechts" gilt: $f(x) \to -\infty$

f(x)	a	x_0	y_0	Definitionsbereich	Senkrechte Asymptote	Waagerechte Asymptote
$\frac{0,5}{x-3} + 4$	0,5	3	4	$D = \mathbb{R}\setminus\{3\}$	x = 3	y = 4
$\frac{7}{x-1} - 2$	7	1	−2	$D = \mathbb{R}\setminus\{1\}$	x = 1	y = −2
$\frac{3}{(x+2)^2} - 6$	3	−2	−6	$D = \mathbb{R}\setminus\{-2\}$	x = −2	y = −6
$\frac{2,5}{(x+1)^2} + 2$	2,5	−1	2	$D = \mathbb{R}\setminus\{-1\}$	x = −1	y = 2

Tabelle 1

4 $\frac{4x-3}{1-2x}$: 2. Fall; ja; y = –2, D = ℝ\{0,5}

$\frac{2x^3 - x^2 + 3}{3x^2 - x}$: 3. Fall; nein; D = ℝ\{0; $\frac{1}{3}$}

$\frac{7x^2 - 4}{x - 2}$: 3. Fall; nein; D = ℝ\{2}

$\frac{1-x}{8-2x^2}$: 1. Fall; ja; y = 0; D = ℝ\{–2; 2}

$3 + \frac{2}{1-x} = \frac{3-3x+2}{1-x}$: 2. Fall; ja; y = 3; D = ℝ\{1}

5 a) y = x + 3 b) y = 7x + 14
c) y = x d) y = 3x² – 6

Ableitungsregeln, Seite 90

1 b) f(x) = 4x⁻⁵; f'(x) = –20x⁻⁶
c) f(x) = 5x⁻²; f'(x) = –10x⁻³
d) f(x) = 15x⁻³; f'(x) = –45x⁻⁴
e) f(x) = 0,5x⁻⁴; f'(x) = –2x⁻⁵
f) f(x) = –2x⁻¹; f'(x) = 2x⁻²
g) f(x) = x⁻² – x⁻¹; f'(x) = –2x⁻³ + x⁻²;
h) f(x) = 2x⁻³ + 7x⁻²; f'(x) = –6x⁻⁴ – 14x⁻³

2 siehe Tabelle 1

3 a) f(x) = 0,5(4x – 3)⁻²;
u(x) = 4x – 3; u'(x) = 4; g(u) = 0,5u⁻²;
g'(u) = –2 · 0,5u⁻³; damit ist f'(x) = –(4x – 3)⁻³ · 4
b) f(x) = –2(3x² – 1)⁻¹;
u(x) = 3x² – 1; u'(x) = 6x; g(u) = –2u⁻¹;
g'(u) = 2u⁻²; damit ist f'(x) = 2(3x² – 1)⁻² · 6x

4 a) gehört zu 4)
b) gehört zu 1)
c) gehört zu 6)
d) gehört zu 5)
e) gehört zu 3)
f) gehört zu 2)

5 siehe Tabelle 2

6 siehe Tabelle 3

7 a) $f'(x) = \frac{1 \cdot (x+1) - 1 \cdot (x+2)}{(x+1)^2}$ b) $f'(x) = \frac{3 \cdot (x+5) - 1 \cdot (3x-1)}{(x+5)^2}$

c) $f'(x) = \frac{6 \cdot (2x-1) - 2 \cdot (6x+2)}{(2x-1)^2}$ d) $f'(x) = \frac{2x \cdot (x+1) - 1 \cdot x^2}{(x+1)^2}$

8 a) $f'(x) = \frac{2(3x-2) - 3(2x+1)}{(3x-2)^2} = \frac{6x - 4 - 6x - 3}{(3x-2)^2} = \frac{-7}{(3x-2)^2}$

b) $f'(x) = \frac{2(4-x) + 1(2x-3)}{(4-x)^2} = \frac{8 - 2x + 2x - 3}{(4-x)^2} = \frac{5}{(4-x)^2}$

c) $f'(x) = \frac{1(2+5x) - 5(x-2)}{(2+5x)^2} = \frac{2 + 5x - 5x + 10}{(2+5x)^2} = \frac{12}{(2+5x)^2}$

d) $f'(x) = \frac{1(x^2+3) - 2x(x-3)}{(x^2+3)^2} = \frac{x^2 + 3 - 2x^2 + 6x}{(x^2+3)^2} = \frac{-x^2 + 6x + 3}{(x^2+3)^2}$

e) $f'(x) = \frac{2x(x^2-4) - 2x(x^2+1)}{(x^2-4)^2} = \frac{2x^3 - 8x - 2x^3 - 2x}{(x^2-4)^2} = \frac{-10x}{(x^2-4)^2}$

Tabelle 1

f(x) = g(u(x))	u(x)	u'(x)	g(u)	g'(u)	f'(x) = g'(u) · u'(x)
$\frac{2}{4x+1} = 2(4x+1)^{-1}$	4x + 1	4	2u⁻¹	–2u⁻²	–2u⁻² · 4 = –8(4x + 1)⁻²
$\frac{1}{5x+3} = (5x+3)^{-1}$	5x + 3	5	u⁻¹	–u⁻²	–u⁻² · 5 = –5(5x + 3)⁻²
$\frac{3}{x^2+4} = 3(x^2+4)^{-1}$	x² + 4	2x	3u⁻¹	–3u⁻²	–3u⁻² · 2x = –6x(x² + 4)⁻²
$\frac{3}{(4x+1)^2} = 3(4x+1)^{-2}$	4x + 1	4	3u⁻²	–6u⁻³	–6u⁻³ · 4 = –24(4x + 1)⁻³

Tabelle 2

f(x)	u(x)	u'(x)	v(x)	v'(x)	f'(x) = u'(x) · v(x) + u(x) · v'(x)
$\frac{2x}{5x-3} = 2x(5x-3)^{-1}$	2x	2	(5x – 3)⁻¹	–5(5x – 3)⁻²	2 · (5x – 3)⁻¹ + 2x(–5(5x – 3)⁻²) = 2 · (5x – 3)⁻¹ – 10x(5x – 3)⁻²
$\frac{2x+1}{2-3x} = (2x+1)(2-3x)^{-1}$	2x + 1	2	(2 – 3x)⁻¹	3(2 – 3x)⁻²	2(2 – 3x)⁻¹ + (2x + 1)3(2 – 3x)⁻²
$\frac{x^2}{x-3} = x^2(x-3)^{-1}$	x²	2x	(x – 3)⁻¹	–(x – 3)⁻²	2x(x – 3)⁻¹ + x²(–(x – 3)⁻²) = 2x(x – 3)⁻¹ – x²(x – 3)⁻²

Tabelle 3

f(x)	u(x)	u'(x)	v(x)	v'(x)	$f'(x) = \frac{u'(x) \cdot v(x) - u(x) \cdot v'(x)}{(v(x))^2}$
$\frac{2x}{x+1}$	2x	2	x + 1	1	$\frac{2(x+1) - 2x \cdot 1}{(x+1)^2} = \frac{2x + 2 - 2x}{(x+1)^2} = \frac{2}{(x+1)^2}$
$\frac{3x+1}{x-5}$	3x + 1	3	x – 5	1	$\frac{3(x-5) - (3x+1) \cdot 1}{(x-5)^2} = \frac{3x - 15 - 3x - 1}{(x-5)^2} = \frac{-16}{(x-5)^2}$
$\frac{4x+1}{2-5x}$	4x + 1	4	2 – 5x	–5	$\frac{4(2-5x) - (-5)(4x+1)}{(2-5x)^2} = \frac{8 - 20x + 20x + 5}{(2-5x)^2} = \frac{13}{(2-5x)^2}$
$\frac{x^2}{3x-1}$	x²	2x	3x – 1	3	$\frac{2x(3x-1) - x^2 \cdot 3}{(3x-1)^2} = \frac{6x^2 - 2x - 3x^2}{(3x-1)^2} = \frac{3x^2 - 2x}{(3x-1)^2}$

Anwendungen – Kurvendiskussion, Seite 92

1 $f(x) = \frac{3x-1}{x^2}$; Definitionslücke: x = 0; Schnittpunkt mit y-Achse: existiert nicht; Schnittpunkt mit x-Achse: $N(\frac{1}{3}|0)$

$f(x) = \frac{x+2}{x-4}$; Definitionslücke: x = 4; Schnittpunkt mit y-Achse: S(0|−0,5); Schnittpunkt mit x-Achse: N(−2|0)

$f(x) = \frac{1}{x} - \frac{3}{x^2}$; Definitionslücke: x = 0; Schnittpunkt mit der y-Achse: existiert nicht; Schnittpunkt mit x-Achse: N(3|0)

2 $f(x) = \frac{x^2}{x+3}$; $f'(x) = \frac{x^2+6x}{(x+3)^2}$; $f''(x) = \frac{18}{(x+3)^3}$;

Extremstellen: $x_1 = 0$ und $x_2 = -6$;

$f''(0) = \frac{18}{27} > 0$, also Minimalstelle;

$f''(-6) = -\frac{18}{27} < 0$, also Maximalstelle.

$f(x) = \frac{x^2}{x-5}$; $f'(x) = \frac{x^2-10x}{(x-5)^2}$; $f''(x) = \frac{50}{(x-5)^2}$;

Extremstellen: $x_1 = 0$ und $x_2 = 10$;

$f''(0) = 2 > 0$, also Minimalstelle;

$f''(10) = 2 > 0$, also Minimalstelle.

$f(x) = \frac{x^2+4}{x}$; $f'(x) = \frac{x^2-4}{x^2}$; $f''(x) = \frac{8}{x^3}$;

Extremstellen: $x_1 = -2$ und $x_2 = 2$;

$f''(-2) = -1 < 0$, also Maximalstelle;

$f''(2) = 1 > 0$, also Minimalstelle.

$f(x) = \frac{x}{x^2+9}$; $f'(x) = \frac{9-x^2}{(x^2+9)^2}$; $f''(x) = \frac{2x^3-54x}{(x^2+9)^3}$;

Extremstellen: $x_1 = -3$ und $x_2 = 3$;

$f''(-3) = \frac{1}{54} > 0$, also Minimalstelle;

$f''(3) = -\frac{1}{54} < 0$, also Maximalstelle.

3 $f(x) = \frac{x^2-6}{x^3}$; $f''(x) = \frac{2x^2-72}{x^5}$; $f'''(x) = \frac{360-x^2}{x^6}$;

$f''(x) = 0$: $x_1 = -6$ und $x_2 = 6$;

$f'''(-6) = \frac{1}{324} \neq 0$, also Wendestelle;

$f'''(6) = \frac{1}{324} \neq 0$, also Wendestelle.

$f(x) = \frac{x-3}{x^4}$; $f''(x) = \frac{12x-60}{x^6}$; $f'''(x) = \frac{360-60x}{x^7}$;

$f''(x) = 0$: x = 5; $f'''(5) = 0{,}0008 \neq 0$, also Wendestelle.

$f(x) = \frac{x^2-4}{x}$; $f''(x) = \frac{-8}{x^3}$; $f'''(x) = \frac{24}{x^4}$;

keine Wendestelle, da keine Lösung von $f''(x) = 0$.

$f(x) = \frac{x}{x^2+9}$; $f''(x) = \frac{2x^3-54x}{(x^2+9)^3}$; $f'''(x) = \frac{-6x^4+324x^2-486}{(x^2+9)^4}$;

$f''(x) = 0$: $x_1 = 0$ und $x_2 = -\sqrt{27}$ und $x_3 = \sqrt{27}$;

$f'''(0) = -\frac{2}{27} \neq 0$, also Wendestelle;

$f'''(-\sqrt{27}) = \frac{1}{432} \neq 0$, also Wendestelle;

$f'''(\sqrt{27}) = \frac{1}{432} \neq 0$, also Wendestelle.

4 $f(x) = \frac{x+1{,}5}{x^2-1}$; $x_{1,2} = \pm 1$; x = −1,5; (0|−1,5); H_2; W_1.

$g(x) = \frac{x+4}{x^2+9}$; keine Definitionslücke; x = −4; (0|0,44); H_3; W_2 und W_3.

$h(x) = \frac{x^2+9}{x-4}$; x = 4; keine Nullstelle; (0|−2,25); H_1 und T_1; kein WP.

5 $f(x) = \frac{x-1}{x+1}$; senkrechte Asymptote: x = −1; waagerechte Asymptote: y = 1; keine Näherungskurve

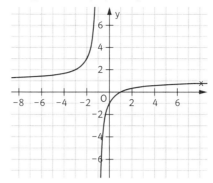

$f(x) = \frac{x^2-9}{x+2}$; senkrechte Asymptote: x = −2; keine waagerechte Asymptote; Näherungskurve: y = x − 2

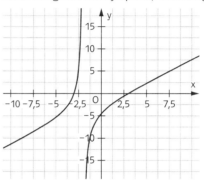

6 a) Waagerechte Asymptote: y = 0; senkrechte Asymptote: x = −2; $S_y(0|1)$: $f(x) = \frac{2}{x+2}$

b) Waagerechte Asymptote: y = 2; senkrechte Asymptote: x = 1; $S_y(0|0)$: $f(x) = \frac{2}{x-1} + 2$

c) Waagerechte Asymptote: y = 1; senkrechte Asymptoten bei x = −2 und x = 2; $S_y(0|0)$: $f(x) = \frac{4}{(x+2)(x-2)} + 1$

7 a) Die Funktion f gehört nicht zum Graphen, da der abgebildete Graph eine Polstelle ohne Vorzeichenwechsel hat, der Graph der Funktion f aber eine Polstelle mit Vorzeichenwechsel haben muss.

b) Die Funktion f gehört nicht zum Graphen, weil der abgebildete Graph eine Polstelle bei x = +3 hat, der Graph der Funktion f aber eine Polstelle bei x = −3 haben muss.

c) Der abgebildete Graph kann zur Funktion f gehören, da der Graph der Funktion f eine senkrechte Asymptote bei x = −2 und eine waagerechte Asymptote mit der Gleichung y = 1 + 3 = 4 haben muss. Der abgebildete Graph erfüllt alle diese Bedingungen.

Test, Seite 94

1 a) Falsch, es gilt f(−x) = f(x), der Graph von f ist also achsensymmetrisch zur y-Achse
b) Wahr
c) Wahr
d) Falsch, die waagerechte Asymptote ist y = 3
e) Wahr
f) Falsch, sie schneidet die x-Achse bei +5
g) Wahr
h) Wahr

2 a) Für $x \to \infty$ gilt: $f(x) \to 0$; für $x \to -\infty$ gilt: $f(x) \to 0$;
waagerechte Asymptote: $y = 0$; senkrechte Asymptote: $x = 1$

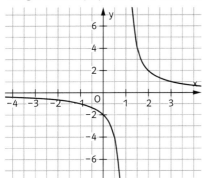

b) Für $x \to \infty$ gilt: $f(x) \to 0$; für $x \to -\infty$ gilt: $f(x) \to 0$;
waagerechte Asymptote: $y = 0$; senkrechte Asymptoten: $x = -2$ und $x = 2$

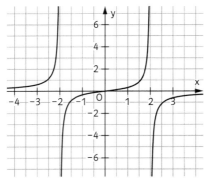

c) Für $x \to \infty$ gilt: $f(x) \to 2$; für $x \to -\infty$ gilt: $f(x) \to 2$;
waagerechte Asymptote: $y = 2$; senkrechte Asymptote: $x = 0$

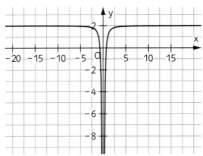

d) Für $x \to \infty$ gilt: $f(x) \to \infty$; für $x \to -\infty$ gilt: $f(x) \to -\infty$;
senkrechte Asymptote: $x = -0{,}5$; Näherungskurve: $y = 1{,}5x - 0{,}75$

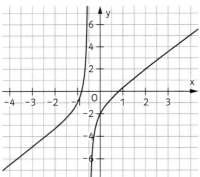

3 $f(x) \to B$; $g(x) \to C$; $h(x) \to A$

4 a) $-5x^{-6}$ b) $-\frac{2}{(x-6)^2}$ c) $\frac{-21}{(2x-5)^2}$
d) $\frac{4x^2 + 6x}{(4x+3)^2}$ e) $\frac{x-4}{x^3}$ f) $\frac{-26}{(4x^2-1)^2}$

5 a) K und J b) B und E c) F
d) C und G e) C, I und H f) A, D und K

6 a) $f'(x) = -9x^{-4} + 4x^{-3}$; $f''(x) = 36x^{-5} - 12x^{-4}$;
$f'''(x) = -180x^{-6} + 48x^{-5}$; $T\left(\frac{9}{4} \middle| -\frac{32}{243}\right)$; $W\left(3 \middle| -\frac{1}{9}\right)$

b) $f'(x) = \frac{4x^2 + 5}{x^2}$; $f''(x) = \frac{-10}{x^3}$;
keine Extrem- und keine Wendepunkte

c) $f'(x) = \frac{3x^2 + 10x}{(3x+5)^2}$; $f''(x) = \frac{50}{(3x+5)^3}$;
$T(0|0)$; $H\left(-\frac{10}{3} \middle| -\frac{20}{9}\right)$; keine Wendepunkte

d) $f'(x) = \frac{-2x^2 - 8x}{(x^2 - 4)^2}$; $f''(x) = \frac{4x^3 + 48x}{(x^2 - 4)^3}$;
$f'''(x) = \frac{-12x^4 - 288x^2 - 192}{(x^2 - 4)^4}$; $W(0|0)$

7 a) Richtig

b) Falsch, in diesem Fall liegt eine waagerechte Asymptote mit der Gleichung $y = 0$ vor.

c) Falsch, als Gegenbeispiel kann $f(x) = \frac{x}{x^2 + 1}$ dienen, denn diese gebrochenrationale Funktion hat keine Definitionslücke und damit auch keine senkrechte Asymptote.

1. Auflage 1 5 4 3 2 1 | 2017 16 15 14 13

Alle Drucke dieser Auflage sind unverändert und können im Unterricht nebeneinander verwendet werden.
Die letzte Zahl bezeichnet das Jahr des Druckes.
Das Werk und seine Teile sind urheberrechtlich geschützt. Jede Nutzung in anderen als den gesetzlich zugelassenen Fällen bedarf der vorherigen schriftlichen Einwilligung des Verlages. Hinweis § 52a UrhG: Weder das Werk noch seine Teile dürfen ohne eine solche Einwilligung eingescannt und in ein Netzwerk eingestellt werden. Dies gilt auch für Intranets von Schulen und sonstigen Bildungseinrichtungen. Fotomechanische oder andere Wiedergabeverfahren nur mit Genehmigung des Verlages.

© Ernst Klett Verlag GmbH, Stuttgart 2013. Alle Rechte vorbehalten. www.klett.de

Autorinnen und Autoren: Heidi Buck, Wannweil; Rolf Dürr, Reutlingen; Heike Jacoby-Schäfer, Tübingen; Barbara Kemmler, Kusterdingen; Dr. Stefan Knorr, Ludwigsburg; Ingrid Kolupa, Niedereschach; Peter Neumann, Markkleeberg; Sven Rempe, Gauselfingen; Siegfried Schwehr, Freiburg; Carsten Kreutz, Bochum; Manfred Wagner, Wittlich; Dr. Torsten Schatz, Reutlingen;

Redaktion: Stephanie Aslanidis, Martina Müller
Herstellung: Ulrike Glauner

Umschlaggestaltung: Koma Amok, Stuttgart
Titelbilder: Gateway Arch: Getty Images RF (David Madison | Digital Division), München; Kaktushalme: Avenue Images GmbH (Jack Dykinga | Riser), Hamburg
Illustrationen: Da-TeX Gerd Blumenstein, Leipzig
Satz: Da-TeX Gerd Blumenstein, Leipzig
Reproduktion: Meyle & Müller Medienmanagement, Pforzheim
Druck: Medienhaus Plump, Rheinbreitbach

Printed in Germany
ISBN 978-3-12-732694-9

Stichwortverzeichnis

a-b-c-Formel 14
Ableiten von trigonometrischen Funktionen 79
Ableitung einer gebrochenrationalen Funktion 90
Ableitungsfunktion 31
Ableitungsregeln 32
Absolutglied 19
allgemeine Form 14
allgemeine Form der Parabel 11
allgemeine quadratische Funktion 11
Amplitude 72
Änderungsrate 29
Anfangswert 61
Anwendungsaufgaben 8
Asymptote 85, 88

Basis 61
Bedeutung des Flächeninhalts 58
Bestimmung einer ganzrationalen Funktion 45
Bogenmaß 71

Definitionslücke 85, 88
Definitionsmenge 4

Erlösfunktion 26, 44
Eulersche Zahl e 63
Exponentialfunktion 61, 63, 64, 66
Exponentialgleichungen 65
Extremwertaufgaben 41
Extremwerte 38

Faktorregel 32, 51
Fixkosten 26
Fixkostenfunktion 44
Flächeninhalt 47
  – Bedeutung 58
Fläche zwischen Graph und x-Achse 54
Fläche zwischen zwei Graphen 56
Funktion 4
Funktionsgleichung 4
Funktionsgleichung bestimmen 13
Funktionsgraph 4
Funktionswert 4

ganzrationale Funktion 19
ganzrationale Funktion bestimmen 25

gebrochenrationale Funktion 88
gerade Funktion 20
Geradengleichung 5
Gewinnfunktion 26
Gewinnzone 26
Grad des Polynoms 19
Graph der Funktion 4

Halbwertszeit 68
Hauptsatz der Differenzial- und Integralrechnung 52
Hochpunkt 38
höhere Ableitungen 37

Integral 49
Integralfunktion 49

Kettenregel 90
Koeffizienten 19
Kosinusfunktion 71
Kostenfunktion 26, 44
Kurvendiskussion 92

Lagebeziehung 7
Linearfaktoren 14
Linearfaktorzerlegung 22
Logarithmengesetze 65
lokale Änderungsrate 29

Maximum 38
Minimum 38
momentane Änderungsrate 29
monoton fallend 37
monoton steigend 37

natürlicher Logarithmus 65
Normale 35
Normalform 14
Normalparabel 9
Nullprodukt 14
Nullstelle einer ganzrationalen Funktion 21
Nullstellen
  – Vielfachheit 23
Nullstellen von quadratischen Funktionen 14
Nutzengrenze 26
Nutzenschwelle 26

orientierter Flächeninhalt 49
orthogonale Gerade 6

Parabel
  – allgemeine Form 11

  – Scheitelform 11
Parabel n-ter Ordnung 17
Periode 71, 73
Polynomdivision 22
Polynomfunktion 19
Potenzfunktion 17
Potenzfunktionen mit negativen Exponenten 85
Potenzregel 32, 51
p-q-Formel 14
Preis-Absatz-Funktion 44
Produktregel 91
Punktprobe 5
Punkt-Steigungsform 6

quadratische Funktion 9
quadratische Ergänzung 12
Quotientenregel 91

Scheitel 9
Scheitelform der Parabel 11
Schnittpunkte von Graphen 24
Sinusfunktion 71
Spiegelung 17
Stammfunktion 51
Steigung 5
Steigungswinkel 5
Streckung 17
Stückkostenfunktion 44
Summenregel 32, 51
Symmetrie 20

Tangente 35, 36
Tiefpunkt 38
trigonometrische Gleichungen 77

ungerade Funktion 20

variable Kosten 26
variable Stückkostenfunktion 44

Wachstum 68
Wachstumsfaktor 62, 68
Wachstumsgeschwindigkeit 69
Wendepunkt 40
Wertemenge 4

y-Achsenabschnitt 5

Zerfall 68
Zielfunktion 42
Zuordnung 3